# 全国计算机技术与软件专业技术资格（水平）考试历年真题必练
## （含关键考点点评）
### ——信息系统管理工程师（第2版）

全国计算机专业技术资格考试真题研究组　编写

北京邮电大学出版社
·北京·

## 内容简介

本书以最新版的计算机技术与软件专业技术资格（水平）考试信息系统管理工程师考试大纲为指导，内容包括最新7套全真试题（上、下午）+试题详细解析+关键考点评注。7套全真试题，给考生提供7次实战演练机会。特别需要指出的是，本书每套试卷后均配有关键考点评注，方便考生快速重温重点难点，迅速提高应试能力。特别地，本书在深入研究历年真题的基础上，梳理归类出同源考点真题，总结命题规律，指引命题方向。

本书可供全国计算机技术与软件专业技术资格（水平）考试信息系统管理工程师考生复习使用，特别适合考前冲刺使用，同时也可作为相关培训班的教材。

### 图书在版编目（CIP）数据

全国计算机技术与软件专业技术资格（水平）考试历年真题必练．信息系统管理工程师：含关键考点点评/全国计算机专业技术资格考试真题研究组编写．--2版．--北京：北京邮电大学出版社，2015.6
ISBN 978-7-5635-4350-2

Ⅰ.①全… Ⅱ.①全… Ⅲ.①管理信息系统—工程师—资格考试—习题集 Ⅳ.①TP3-44

中国版本图书馆 CIP 数据核字（2015）第 094540 号

| | |
|---|---|
| 书　　名 | 全国计算机技术与软件专业技术资格（水平）考试历年真题必练（含关键考点点评）<br>——信息系统管理工程师（第2版） |
| 作　　者 | 全国计算机专业技术资格考试真题研究组 |
| 责任编辑 | 姚　顺 |
| 出版发行 | 北京邮电大学出版社 |
| 社　　址 | 北京市海淀区西土城路10号（邮编：100876） |
| 发 行 部 | 电话：010-62282185　传真：010-62283578 |
| E-mail | publish@bupt.edu.cn |
| 经　　销 | 各地新华书店 |
| 印　　刷 | 北京鑫丰华彩印有限公司 |
| 开　　本 | 787 mm×1 092 mm　1/16 |
| 印　　张 | 10 |
| 字　　数 | 366 千字 |
| 版　　次 | 2015年6月第2版　2015年6月第1次印刷 |

ISBN 978-7-5635-4350-2　　　　　　　　　　　　　　　　　定价：26.00 元

・如有印装质量问题，请与北京邮电大学出版社发行部联系・

# 前 言

全国计算机技术与软件专业技术资格(水平)考试(以下简称计算机软件考试)是由国家人力资源和社会保障部、工业和信息化部领导下的国家级考试,其目的是,科学、公正地对全国计算机与软件专业技术人员进行职业资格、专业技术资格认定和专业技术水平测试。该考试由于其权威性和严肃性,得到了社会及用人单位的广泛认同,并为推动我国信息产业特别是软件产业的发展和提高各类IT人才的素质做出了积极的贡献。

全国计算机软件考试是一种水平性考试,历年真题具有极强的规律性和重复性,通过研究我们发现一个惊人的事实:几乎每年都有2~3题是以前考过的真题,约有72%是雷同的考点,有变化的新考题仅仅有约9%! 也就是说,只要把考过的真题都会做,就能轻松过关。为了帮助准备参加计算机软件考试的应试者更好地复习迎考,我们组织编写了这套《全国计算机技术与软件专业技术资格(水平)考试历年真题必练》丛书。

本丛书突出如下特点:

(1)真题套数多。本书包括最新7套全真试题(上、下午)+试题详细解析+关键考点评注,供考生全面复习与突破过关。

(2)答案解析,详略得当。试卷不仅给出了参考答案,且一一予以解题分析,突出重点、难点,详略得当,力求通过解析的学习,强化理解、记忆。

(3)每套试题解析最后附有关键考点评注。同类图书一般是"试卷+解析"的风格,我们根据培训老师的实际培训经验,在每套试卷解析最后加了"关键考点评注",对本套试卷中难点、重点进行剖析,使考生能达到举一反三功效;对重点考点进行链接,使考生重温了相关知识点,备考更有信心。

(4)真题归类研究,把握命题规律。本书在深入研究历年真题的基础上,梳理归类出同源考点真题,总结命题规律,指引命题方向。

(5)装帧独特,便于自测。每套试题按"试卷+解析+评注"装成一份,非常适合考生每份试题按"练、学、查"方式实战,而且充分考虑到培训班的特点,方便教学使用。

(6)作者实力强。作者团队系从事计算机软件考试近10年的辅导、培训、命题、阅卷及编写之经验,有较高的权威性,图书质量有保障。

本书可供全国计算机技术与软件专业技术资格(水平)考试信息系统管理工程师考生复习使用,特别适合考前冲刺使用,同时也可作为相关培训班的教材。

本书由全国软考新大纲命题研究组主编,参与编写的人员有:张源源、董自涛、牛雪飞、王芳、周汉、高玲云、朱恽、汤小燕、刘志强、钟彩华、张天云、任培花、王莉、朱廷昕、赵鹏、孙玫、杨剑、王玉玺、曹愚、刘鹏、何光明等。在本书编写过程中,参考了许多相关的书籍和资料,编者在此对这些参考文献的作者表示感谢。

因作者水平有限,书中难免存在错漏和不妥之处,望读者批评指正,联系邮箱iteditor@126.com。

编 者

# 目 录

**2014 年 5 月全国计算机技术与软件专业技术资格(水平)考试信息系统管理工程师　　　　　(共 22 页)**
 上午考试 …………………………………………… 1
 下午考试 …………………………………………… 7
 上午试卷答案解析 ………………………………… 10
 下午试卷答案解析 ………………………………… 17
 关键考点点评 ……………………………………… 20

**2013 年 5 月全国计算机技术与软件专业技术资格(水平)考试信息系统管理工程师　　　　　(共 22 页)**
 上午考试 …………………………………………… 1
 下午考试 …………………………………………… 7
 上午试卷答案解析 ………………………………… 10
 下午试卷答案解析 ………………………………… 17
 关键考点点评 ……………………………………… 19

**2012 年 5 月全国计算机技术与软件专业技术资格(水平)考试信息系统管理工程师　　　　　(共 21 页)**
 上午考试 …………………………………………… 1
 下午考试 …………………………………………… 6
 上午试卷答案解析 ………………………………… 9
 下午试卷答案解析 ………………………………… 16
 关键考点点评 ……………………………………… 18

**2011 年 5 月全国计算机技术与软件专业技术资格(水平)考试信息系统管理工程师　　　　　(共 22 页)**
 上午考试 …………………………………………… 1
 下午考试 …………………………………………… 6

 上午试卷答案解析 ………………………………… 9
 下午试卷答案解析 ………………………………… 16
 关键考点点评 ……………………………………… 20

**2009 年 11 月全国计算机技术与软件专业技术资格(水平)考试信息系统管理工程师　　　　(共 23 页)**
 上午考试 …………………………………………… 1
 下午考试 …………………………………………… 7
 上午试卷答案解析 ………………………………… 9
 下午试卷答案解析 ………………………………… 17
 关键考点点评 ……………………………………… 21

**2008 年 5 月全国计算机技术与软件专业技术资格(水平)考试信息系统管理工程师　　　　　(共 21 页)**
 上午考试 …………………………………………… 1
 下午考试 …………………………………………… 7
 上午试卷答案解析 ………………………………… 10
 下午试卷答案解析 ………………………………… 16
 关键考点点评 ……………………………………… 19

**2007 年 5 月全国计算机技术与软件专业技术资格(水平)考试信息系统管理工程师　　　　　(共 21 页)**
 上午考试 …………………………………………… 1
 下午考试 …………………………………………… 8
 上午试卷答案解析 ………………………………… 10
 下午试卷答案解析 ………………………………… 17
 关键考点点评 ……………………………………… 19

# 2014年5月全国计算机技术与软件专业技术资格(水平)考试信息系统管理工程师

## 上午考试

**(考试时间150分钟,满分75分)**

本试卷共有75空,每空1分,共75分。

- 并行性是指计算机系统具有可以同时进行运算或操作的特性,它包含 __(1)__ 。
  - (1) A. 同时性和并发性　　　　　　　B. 同步性和异步性
  　　C. 同时性和同步性　　　　　　　D. 并发性和异步性
- 某计算机系统的机构如下图所示,其中,$PU\_i(i=1,\cdots,n)$为处理单元,CU为控制部件,$MM\_j=(j=1,\cdots,n)$,为存储部件。该计算机 __(2)__ 。

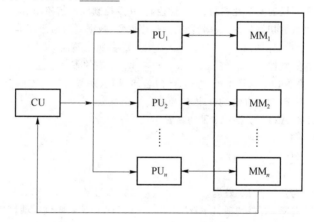

  - (2) A. 通过时间重叠实现并行性　　　B. 通过资源重复实现并行性
  　　C. 通过资源共享实现并行性　　　D. 通过精简指令系统实现并行性
- 在高速缓冲存储器Cache—主存层次结构中,地址映像以及和主存数据的交换由 __(3)__ 完成。
  - (3) A. 硬件　　　B. 中断机构　　　C. 软件　　　D. 程序计数器
- 计算机系统的内存储器主要由 __(4)__ 构成。
  - (4) A. Flash存储器　B. 只读存储器　C. 辅助存储器　D. 半导体存储器
- __(5)__ 是指CPU一次可以处理的二进制数的位数,它直接关系到计算机的计算精度、速度等指标;运算速度是指计算机每秒能执行的指令条数,通常以 __(6)__ 为单位来描述。
  - (5) A. 带宽　　　B. 主频　　　C. 字长　　　D. 存储容量
  - (6) A. MB　　　B. Hz　　　C. MIPS　　　D. BPS
- 与高级程序语言相比,用机器语言精心编写的程序的特点是 __(7)__ 。
  - (7) A. 程序的执行效率低,编写效率低,可读性强
  　　B. 程序的执行效率低,编写效率高,可读性差
  　　C. 程序的执行效率高,编写效率低,可读性强

D.程序的执行效率高,编写效率低,可读性差

- 更适合于开发互联网络应用的程序设计语言是 __(8)__ 。
  (8) A. SQL　　　　B. Java　　　　C. Prolog　　　　D. Fortran
- 编写源程序时在其中增加注释,是为了 __(9)__ 。
  (9) A. 降低存储空间的需求量　　　　B. 提高执行效率
  　　C. 推行程序设计的标准化　　　　D. 提高程序的可读性
- __(10)__ 不属于线性的数据结构。
  (10) A. 栈　　　　B. 广义表　　　　C. 队列　　　　D. 串
- 概括来说,算法是去解决特定问题的方法, __(11)__ 不属于算法的5个特性之一。
  (11) A. 正确性　　　B. 有穷性　　　C. 确定性　　　D. 可行性
- 关系模型是采用 __(12)__ 结构表达实体类型及实体间联系的数据模型。在数据库设计过程中,设计用户外模式属于 __(13)__ 。
  (12) A. 树型　　　B. 网状　　　C. 线型　　　D. 二维表格
  (13) A. 概念结构设计　　　　B. 物理设计
  　　C. 逻辑结构设计　　　　D. 数据库实施
- 数据库管理系统(D8MS)提供的数据定义语言的功能是 __(14)__ 。某单位开发的信息系统要求:员工职称为"工程师"的月基本工资和奖金不能超过5000元;该要求可以通过 __(15)__ 约束条件来完成。
  (14) A. 实现对数据库的检索、插入、修改和删除
  　　B. 描述数据库的结构,为用户建立数据库提供手段
  　　C. 用于数据的安全性控制、完整性控制、并发控制和通信控制
  　　D. 提供数据初始装入、数据转储、数据库恢复、数据库重新组织等手段
  (15) A. 用户定义完整性　　　　B. 参照完整性
  　　C. 实体完整性　　　　D. 主键约束完整性
- 设有一个员工关系EMP(员工号、姓名、部门名、6具位、薪资),若需查询不同部门中担任"项目主管"职位的员工平均薪资,则相应的SQL语句为:
  SELECT 部门名,AVG(薪资)AS 平均薪资
  FROM EMP
  GROUP BY __(16)__
  __(17)__ ;
  (16) A. 员工号　　　B. 姓名　　　C. 部门名　　　D. 薪资
  (17) A. HAVING 职位="项目主管"　　　B. HAVING"职位=项目主管"
  　　C. WHERE"职位=项目主管"　　　D. WHERE"职位=项目主管"
- 计算机病毒是一种 __(18)__ 。
  (18) A. 软件故障　　　B. 硬件故障　　　C. 程序　　　D. 黑客
- 通过 __(19)__ 不能减少用户计算机被攻击的可能性。
  (19) A. 选用比较长和复杂的用户登录口令　　　B. 使用防病毒软件
  　　C. 尽量避免开放更多的网络服务　　　　D. 定期使用硬盘碎片整理程序
- 计算机加电以后,首先应该将 __(20)__ 装入内存并运行,否则,计算机不能做任何事情。
  (20) A. 操作系统　　　B. 编译程序　　　C. Office 系列软件　　　D. 应用软件
- 软件开发过程中,常采用甘特(Gantt)图描述进度安排。甘特图以 __(21)__。
  (21) A. 时间为横坐标、人员为纵坐标　　　B. 时间为横坐标、任务为纵坐标
  　　C. 任务为横坐标、人员为纵坐标　　　D. 人数为横坐标、时间为纵坐标
- __(22)__ 不属于DFD(Data Flow Diagram,数据流图)的要素。如果使用DFD对某企业的财务系统进行建模,那么该系统中 __(23)__ 可以被认定为外部实体。
  (22) A. 加工　　　B. 联系　　　C. 数据流　　　D. 数据存储

- (23) A. 转账单 B. 转账单输入
  C. 接收转账单的银行 D. 财务系统源代码程序
- 某软件公司举行程序设计竞赛,软件设计师甲、乙针对同一问题、按照规定的技术标准、采用相同的程序设计语言、利用相同的开发环境完成了程序设计,两个程序相似,软件设计师甲先提交,软件设计师乙的构思优于甲。此情形下 (24) 享有软件著作权。
  (24) A. 软件设计师甲 B. 软件设计师甲、乙都
  C. 软件设计师乙 D. 软件设计师甲、乙都不
- 在我国商标专用权保护对象是指 (25) 。
  (25) A. 商标 B. 商品 C. 已使用商标 D. 注册商标
- 利用 (26) 可以保护软件的技术信息、经营信息。
  (26) A. 著作权 B. 专利权 C. 商业秘密权 D. 商标权
- 某企业通过对风险进行了识别和评估后,采用买保险来 (27) 。
  (27) A. 避免风险 B. 降低风险 C. 接受风险 D. 转嫁风险
- (GB 8567-88 计算机软件产品开发文件编制指南)是 (28) 标准,违反该标准而造成不良后果时,将依法根据情节轻重受到行政处罚或追究刑事责任。
  (28) A. 强制性国家 B. 强制性软件行业
  C. 推荐性国家 D. 推荐性软件行业
- 以下媒体中, (29) 是表示媒体, (30) 是表现媒体。
  (29) A. 图像 B. 图像编码 C. 电磁波 D. 鼠标
  (30) A. 图像 B. 图像编码 C. 电磁波 D. 鼠标
- (31) 是表示显示器在横向(行)上具有的像素点数目指标。
  (31) A. 显示分辨率 B. 水平分辨率
  C. 垂直分辨率 D. 显示深度
- 可用于 Internet 信息服务器远程管理的是 (32) 。
  (32) A. SMTP B. RASC C. FTPD D. Telnet
- 给定 URL 为:http://www.xxx.com.cn/index.htm,其中 index.htm 表示 (33) ;顶级域名是 (34) 。
  (33) A. 使用的协议 B. 查看的文档 C. 网站的域名 D. 邮件地址
  (34) A. www B. http C. cn D. Html
- 企业 IT 管理可分为战略规划、系统管理、技术管理及支持三个层次,其中战略规划工作主要由公司的 (35) 完成。
  A. 高层管理人员 B. IT 部门员工 C. 一般管理人员 D. 财务人员
- 信息资源管理(IRM)工作层上最重要的角色是 (36) 。
  A. 企业领导 B. 数据管理员 C. 数据处理人员 D. 项目组组长
- 在企业 IT 预算中其软件维护与故障处理方面的预算属于 (37) 。
  (37) A. 技术成本 B. 服务成本 C. 组织成本 D. 管理成本
- 从数据处理系统到管理信息系统再到决策支持系统,信息系统的开发是把计算机科学、数学、管理科学和运筹学的理论研究工作和应用的实践结合起来,并注量社会学、心理学的理论与实践成果。这种方法从总体和全面的角度把握信息系统工程。在信息系统工程中我们把这种研究方法称为 (38) 。
  (38) A. 技术方法 B. 社会技术系统方法
  C. 行为方法 D. 综合分析法
- 某企业使用的电子数据处理系统主要用来进行日常业务的记录、汇总、综合、分类。该系统输入的是原始单据,输出的是分类或汇总的报表,那么该系统应该是 (39) 。
  (39) A. 面向作业处理的系统 B. 面向管理控制的系统
  C. 面向决策计划的系统 D. 面向数据汇总的系统
- 在系统分析阶段,需要再全面掌握现实情况、分析用户信息需求的基础上才能提出新系统的 (40) 。

(40) A. 战略规划　　B. 逻辑模型　　C. 物理模型　　D. 概念模型
- 以下 __(41)__ 能够直接反映企业中各个部门的职能定位、管理层次和管理幅度。
  (41) A. 数据流程图　B. 信息关联图　C. 业务流程图　D. 组织结构图
- 在系统分析过程中，编写数据字典时各成分的命名和编号必须依据 __(42)__ 。
  (42) A. 数据流程图　B. 决策表　　C. 数据结构　　D. U/C矩阵
- 信息系统总体设计阶段的任务包括 __(43)__ 。
  (43) A. 软件总体结构设计、数据库设计和网络配置设计
  　　 B. 软件总体结构设计、代码设计和网络配置设计
  　　 C. 用户界面设计、数据库设计和代码设计
  　　 D. 用户界面设计、数据库设计和软件总体结构设计
- 确定存储信息的数据模型和所用数据库管理系统，应在 __(44)__ 。
  (44) A. 系统规划阶段　　　　　　B. 系统设计阶段
  　　 C. 系统分析阶段　　　　　　D. 系统实施阶段
- 系统抵御各种外界干扰、正常工作的能力成为系统的 __(45)__ 。
  (45) A. 正确性　　B. 可靠性　　C. 可维护性　　D. 稳定性
- 某企业信息化建设中，业务流程重组是对企业原有业务流程进行 __(46)__ 。
  (46) A. 改良调整　B. 循序渐进的修改　C. 局部构造　D. 重新构造
- 现代企业对信息处理不仅要求及时，而且要准确反映实际情况。所以，信息准确性还包括的另一层含义是 __(47)__ 。
  (47) A. 信息的统一性　　　　　　B. 信息的共享性
  　　 C. 信息的概括性　　　　　　D. 信息的自动化
- 系统开发的特点中"质量要求高"的含义是 __(48)__ 。
  (48) A. 系统开发的结果不容许有任何错误，任何一个语法错误或语义错误，都会使运行中断或出现错误的处理结果
  　　 B. 系统开发一般都要耗费大量的人力、物力和时间资源
  　　 C. 系统开发的结果是无形的
  　　 D. 系统开发的结果只要在规定的误差范围内就算是合格品
- 按结构化设计的思想编制应用程序时，最重要的是 __(49)__ 。
  (49) A. 贯彻系统设计的结果　　　　B. 避免出现系统或逻辑错误
  　　 C. 具有丰富的程序设计经验　　D. 必须具有系统的观点
- 在系统测试中发现的子程序调用错误属于 __(50)__ 。
  (50) A. 功能错误　B. 系统错误　C. 数据错误　D. 编程错误
- 某企业的信息中心要自行开发一套信息管理系统，在系统设计阶段需要完成的主要任务有 __(51)__ 。
  (51) A. 逻辑模型设计、物理模型设计、数据模型
  　　 B. 系统总体设计、系统详细设计、编写系统设计报告
  　　 C. 系统可行性分析、系统测试设计、数据库设计
  　　 D. 数据库系统设计、系统切换设计、代码设计
- 为提高软件系统的可重用性、可扩充性和可维护性，目前较好的开发方法是 __(52)__ 。
  (52) A. 生命周期法　B. 面向对象方法　C. 原型法　D. 结构化分析方法
- 在信息时代，企业将一些不具备竞争优势或效率相对低下的业务内容外包并虚拟化的改革创新行为称为 __(53)__ 。
  (53) A. 业务流程重组　　　　　　B. 供应链管理
  　　 C. 虚拟企业　　　　　　　　D. 电子商务
- 现有一部分 U/C 矩阵如下表所示，则下列描述不正确的是 __(54)__ 。

| 数据\功能 | 成品库存 | 材料供应 |
|---|---|---|
| 库存控制 | C | U |
| 材料需求 |  | C |

- (54) A. 成品库存信息是在库存控制功能中产生的
  - B. 材料供应信息是在库存控制功能中产生的
  - C. 材料供应信息是在材料需求功能中产生的
  - D. 库存控制功能要应用材料供应信息
- 绘制数据流程图时,系统中的全系统共享的数据存储常花在 (55) 。
  - (55) A. 任意层次数据流程图　　　　B. 扩展数据流程图
  　　　C. 低层次数据流程图　　　　　D. 顶层数据流程图
- 建立系统平台、培训管理人员及基础数据的准备等工作所属阶段为 (56) 。
  - (56) A. 系统分析　　B. 系统设计　　C. 系统实施　　D. 系统维护
- 系统安全性保护措施包括物理安全控制、人员及管理控制和 (57) 。
  - (57) A. 存取控制　　B. 密码控制　　C. 用户控制　　D. 网络挂潮
- 原型法开发信息系统,先要提供一个原型,再不断完善,原型是 (58) 。
  - (58) A. 系统的逻辑模型　　　　　　B. 系统的物理模型
  　　　C. 系统工程概念模型　　　　　D. 可运行模型
- 在决定管理信息系统应用项目之前,首先要做好系统开发的 (59) 。
  - (59) A. 详细调查工作　　　　　　　B. 可行性分析
  　　　C. 逻辑设计　　　　　　　　　D. 物理设计
- (60) 是由管理信息系统与计算机辅助设计系统以及计算机辅助制造系统结合在一起形成的。
  - (60) A. 计算机集成制造系统　　　　B. 决策支持系统
  　　　C. 业务处理系统　　　　　　　D. 业务控制系统
- 当信息系统的功能集中于为管理者提供信息和支持决策时,这种信息系统就发展为 (61) 。
  - (61) A. 信息报告系统　　　　　　　B. 专家系统
  　　　C. 决策支持系统　　　　　　　D. 管理信息系统
- (62) 是开发单位与用户间交流的桥梁,同时也是系统设计的基础和依据。
  - (62) A. 系统分析报告　　　　　　　B. 系统开发计划书
  　　　C. 可行性分析报告　　　　　　D. 系统设计说明书
- 管理信息系统成熟的标志是 (63) 。
  - (63) A. 计算机系统普遍应用
  　　　B. 广泛采用数据库技术
  　　　C. 可以满足企业各个管理层次的要求
  　　　D. 普遍采用联机响应方式装备和设计应用系统
- 在信息中心的人口资源管理中,对县级以上的城市按人口多少排序,其序号为该城市的编码,如上海为001,北京为002,天津为003。这种编码方式属于 (64) 。
  - (64) A. 助忆码　　B. 尾数码　　C. 顺序码　　D. 区间码
- 若想了解一个组织内部处理活动的内容与工程流程的图表,通常应该从 (65) 着手。
  - (65) A. 系统流程图　　　　　　　　B. 数据流程图
  　　　C. 程序流程图　　　　　　　　D. 业务流程图
- 通常,在对基础设施进行监控中会设置相应的监控阀值(如监控吞吐量、响应时间等),这些阀值必须低于 (66) 中规定的值,以防止系统性能进一步恶化。

(66) A. 服务级别协议（SLA） B. 性能最大值的30％
C. 性能最大值的70％ D. 性能最大值

- 对监控数据进行分析主要针对的问题是 (67) 。
①服务请求的突增；②低效的应用逻辑设计；③资源争夺（数据、文件、内存、CPU等）。
(67) A. ①③ B. ①② C. ②③ D. ①②③

- 系统响应时间是衡量计算机系统负载和工作能力的常用指标。小赵在某台计算机上安装了一套三维图形扫描系统，假设小赵用三维图扫描系统完成一项扫描任务所占用的计算机运行时间 $T_{user}=100\ s$；而启动三维图形扫描系统需要运行时间 $T_{sys}=30\ s$，那么该系统对小赵这次扫描的响应时间应该是 (68) 。
(68) A. 100 s B. 30 s C. 130 s D. 70 s

- 信息系统建成后，根据信息系统的特点、系统评价的要求与具体评价指标体系的构成原则，可以从三个方面对信息系统进行评价，这些评价一般不包括 (69) 。
(69) A. 技术性能评价 B. 管理效益评价
C. 经济效益评价 D. 社会效益评价

- 企业信息化建设需要大量的资金投入，成本支出项目多且数额大。在企业信息化建设成本支出项目中，系统切换费用属于 (70) 。
(70) A. 设备购置费用 B. 设施费用
C. 开发费用 D. 系统运行维护费用

- Information systems planners in accordance with the specific information system planning methods developed information architecture. Information Engineering follow (71) approach, in which specific information systems from a wide range of information needs in the understanding derived from (for example, we need about customers, products, suppliers, sales and processing of the data center), rather than merging many detailed information requested (orders such as a screen or in accordance with the importation of geographical sales summary report). Top-down planning will enable developers (72) information system, consider system components provide an integrated approach to enhance the information system and the relationship between the business objectives of the understanding, deepen their understanding of information systems throughout the organization in understanding the impact.
Information Engineering includes four steps: (73) , (74) , design and implementation. The planning stage of project information generated information system architecture, (75) enterprise data model.

(71) A. Down-top planning B. sequence planning
C. Top-down planning D. parallel planning
(72) A. to plan more comprehensive B. to study more comprehensive
C. to analysis more comprehensive D. to plan more unilateral
(73) A. studying B. planning C. researching D. considering
(74) A. consider B. study C. plan D. analysis
(75) A. including B. excepting C. include D. except

# 下午考试

### （考试时间 150 分钟，满分 75 分）

## 试题一（15 分）

在下列答题中，请阅读说明材料，根据提问进行解答。

【说明】

信息系统测试是信息系统开发过程中的一个非常重要的环节，主要包括软件测试、硬件测试和网络测试三个部分，它是保证系统质量和可靠性的关键步骤，是对系统开发过程中的系统分析，系统设计与实施的最后审查。

在软件测试中，逻辑覆盖法可分为语句覆盖、判定覆盖、路径覆盖等方法，其中：语句覆盖的含义是设计若干个测试用例，使得程序中的每条语句至少执行一次；判定定覆盖也称为分支覆盖，其含义是设计若干个测试用例，使得程序中的每个判断的取真值和取假值至少执行一次；路径覆盖的含义是设计足够多的测试用例，使被测程序中的所有可能路径至少执行一次。

【问题 1】（3 分）

一个规范化的测试过程如图 1-1 所示，请将图 1-1 所示的测试过程中的(1)～(3)处的内容填入答题纸上相应的位置。

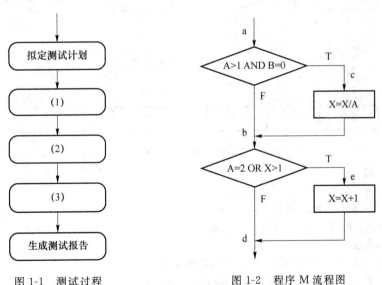

图 1-1　测试过程　　　　　图 1-2　程序 M 流程图

【问题 2】（6 分）

信息系统测试应包括软件测试、硬件测试和网络测试三个部分，请简要描述这三个部分需要做的工作。

【问题 3】（6 分）

程序 M 流程如图 1-2 所示，假设设计的测试用例及覆盖路径如下：

① 输入数据的数据 A＝3，B＝0，X＝3(覆盖路径 acd)
② 输入数据的数据 A＝2，B＝0，X＝6(覆盖路径 ace)
③ 输入数据的数据 A＝2，B＝1，X＝6(覆盖路径 abe)
④ 输入数据的数据 A＝1，B＝1，X＝1(覆盖路径 abd)

(1) 采用语句覆盖法应选用(a),判定覆盖法应选用(b)路,路径覆盖法应选用(c)测试用例。
(2) 就图 1-2 所示的程序 M 流程简要说明语句覆盖和判定覆盖会存在什么问题。

**试题二(15 分)**

阅读下列说明,回答【问题1】至【问题3】,将解答填入答题纸的对应栏内。

【说明】

某酒店拟构建一个信息系统以方便酒店管理及客房预订业务运作活动,该系统的部分功能及初步需求分析的结果如下所述:

(1) 酒店有多个部门,部门信息包括部门号,部门名称、经理、电话和邮箱。每个部门可以有多名员工,每名员工只属于一个部门;每个部门有一名经理,负责管理本部门的事务和员工。

(2) 员工信息包括员工号、姓名、职位、部门号、电话号码和工资。职位包括:经理、业务员等,其中员工号唯一标识员工关系中的每一个元组。

(3) 客户信息包括客户号、单位名称、联系人、联系电话、联系地址,其中客户号唯一标识客户关系中的每一个元组。

(4) 客户要进行客房预订时,需要填写预订申请,一个预订申请;一个客户可以有多个预订申请,但一个预订申请对应唯一的一个客户号。

(5) 当客户入住时,业务员根据客户预订申请负责安排入住事宜,如入住的客户的姓名、性别、身份证号、电话、入住时间、天数,一个业务员可以安排多个预订申请,但一个预订申请只由一个业务员处理。

【概念模型设计】

根据需求阶段收集的信息,设计的实体联系图如图 2-1 所示。

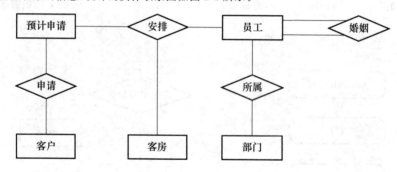

图 2-1 实体联系图

【关系模式设计】

部门(部门号,部门名称,经理,电话,邮箱)
员工(员工号,姓名,(a),职位,电话号码,工资)
客户((b),单位名称,联系人,联系电话,联系地址)
客房(客房号,客房类型)
预订申请((c),(d),入住时间,天数,客房类型,客房数量)
安排(申请号,客房号,姓名,性别,身份证号,电话,(e),(f),业务员)

【问题1】(6 分)

根据题意,将关系模式中的空(a)~(f)的属性补充完整,并填入答题纸对应的位置上。

【问题2】(4 分)

根据题意,可以得出图 2-1 所示的实体联系图中四个联系的类型,两个实体集之间的联系类型分为三类:一对一(1:1)、一对多(1:n)和多对多(m:n),请按以下描述确定联系类型并填入答题纸对应的位置上。

客户与预订申请之间的"申请"联系类型为(g);

部门与员工之间的"所属"联系类型为(h);

员工与员工之间的"婚姻"联系类型为(i);

员工、预订申请和客房之间的"安排"联系类型为(j)。

**【问题3】(5分)**

若关系中的某一属性或属性组的值能唯一地标识一个元组,则称该属性或属性组为主键。本题"客户号唯一标识客户关系的每一个元组",故为客户关系的主键,指出部门、员工、安排关系模式的主键。

## 试题三(15分)

阅读下列说明,回答【问题1】至【问题3】,将解答填入答题纸的对应栏内。

**【说明】**

目前我国有一部分企业的IT管理还处在IT技术及运作管理层,即主要侧重于对IT基础设施本身的技术性管理工作,为了提升IT管理工作水平,必须协助企业在实现有效IT技术及运作管理的基础之上,通过进行IT系统管理的规划。设计和建立完成IT战略规划,真正实现IT与企业业务目标的融合。为了完成上述转变,要求企业相应地改变IT部门在组织架构中的定位,同时把IT部门从仅为业务部门提供IT支持的辅助部门改造成一个成本中心,甚至利润中心。一方面以先进的管理理念和方法、标准来为业务部门提供高质量、低成本、高效率的IT支持服务,同时依照约定的服务级别协议、监控IT服务并评价最终结果;另一方面也使IT部门所提供的服务透明化,不仅让业务部门,更让企业高层管理者清楚地知道IT部门提供了什么服务,通过将企业战略目标与信息系统整体部署,从不同层次和角度的结合来促进企业信息化建设工作。

**【问题1】(5分)**

企业在"IT系统"上巨大的投资没有达到所期望的效果,业界称之为"信息悖论"现象,请说明企业可以采取哪些管理手段,引入哪些措施来避免"信息悖论",提高投资效益。

**【问题2】(6分)**

请简要叙述,为了IT部门组织架构及职责充分支持IT战略规划并使IT与业务目标趋于一致,IT部门进行组织及职责设计对应该注重哪些原则。

**【问题3】(4分)**

如果将IT部门定位为成本中心或利润中心,使IT部门从IT支持角色转变为IT服务角色,请针对成本中心与利润中心分析二者的管理有何不同。

## 试题四(15分)

阅读下列说明,回答【问题1】至【问题3】,将解答填入答题纸的对应栏内。

**【说明】**

据中国国家互联网应急中心CNCERT监测,2013年1～11月,我国境内被篡改网站数量为21860个,其中政府网站有2191个,较去年分别增长了33%和22%;被暗中植入后门的网站有93917个,较去年月均增长79%,其中政府网站有2322个。

针对日益严重的信息系统安全问题,各行业信息系统主管单位进一步加强信息安全标准、规范的落实工作,对各类信息系统的等级保护工作的备案情况进行检查,请结合你本人的实际工作经验回答以下问题。

**【问题1】(5分)**

《计算机信息安全保护等级划分准则》(GB 17859-1999)中规定的计算机信息系统安全保护能力分为五个等级,请将下图级别与名称的对应关系画线连接。

**【问题2】(4分)**

针对信息系统可能出现的运行安全问题,实现系统应急处理的安全管理措施应包括哪些内容?

**【问题3】(6分)**

请说明网站篡改攻击有哪些特征、影响和危害?企事业单位防范网站攻击可以选择哪些网络安全产品进行部署?

## 试题五(15分)

阅读下列说明,回答【问题1】至【问题3】,将解答填入答题纸的对应栏内。

**【说明】**

某学校原购买的OA系统具有协同办公、公文管理、内部邮件、计划管理、信息发布、会议管理、车辆管理等基本功能模块,主要用于学校内部上下级单位、部门之间的公文流转、信息发布、日常事务管理等,系统的用户主要分为学校领导和部门领导,普通教职工没有使用OA系统的权限,部门内部工作部署与信息沟通主要通过传统的直接交流、文件传阅、会议讨论等方式进行。

随着学校信息化建设的深入开展,学校要求全部教职工使用OA系统,以便规范管理程序,提高工作效率,促进学校管理效益的提升,考虑到原购买的OA系统在总体技术水平、功能覆盖范围等方面已经不能满足现有需求,学校从多家公司提供的产品中选定了B公司的OA系统(新系统)替换原有OA系统,该校信息化管理办公室将系统转换的计划工作安排给工程师小张来完成,并采取其他相应的措施来保证系统建设工作顺利实施。

【问题1】(5分)
请简述什么是管理效益?你认为新系统的全面实施应该从哪些方面对学校管理效益的提升起到促进作用?

【问题2】(5分)
请说明该学校要将原有OA系统转换成新系统,工程师小张做的系统转换计划应该包括哪些内容?

【问题3】(5分)
请结合实际项目经验说明B公司提供系统用户支持的前提是什么,新用户的用户支持方案中应该包含哪些内容?

 上午试卷答案解析

(1) 答案:A

解析:本题考查并行处理的概念。所谓并行性,是指计算机系统具有可以同时进行运算或操作的特性。它包括同时性与并发性两种含义。同时性指的是两个或两个以上的事件在同一时刻发生,并发性指的是两个或两个以上的事件在同一时间间隔发生。

(2) 答案:B

解析:本题考查提高并行性的3条基本途径。

时间重叠。在并行性概念中引入时间因素,即多个处理过程在时间上相互错开,轮流重叠地使用同一套硬件设备的各个部分,以加快硬件周转时间而赢得速度。

资源重复。在并行性概念中引入空间因素,以数量取胜的原则。通过重复设置硬件资源,大幅度提高计算机系统的性能。随着硬件价格的降低,这种方式在单处理机中广泛使用,而多处理机本身就是实施"资源重复"原理的结果。因此资源重复可称为空间并行技术。

资源共享。这是一种软件方法,它使多个任务按一定时间顺序轮流使用同一套硬件设备。例如多道程序、分时系统就是遵循"资源共享"原理而产生的,资源共享既降低了成本,又提高了计算机设备的利用率。

由图可知,是重复设置使用硬件资源,答案选B。

(3) 答案:A

解析:高速缓冲存储器(Cache)其原始意义是指存取速度比一般随机存取记忆体(RAM)来得快的一种RAM,一般而言它不像系统主记忆体那样使用DRAM技术,而使用昂贵但较快速的SRAM技术,也有快取记忆体的名称。在计算机存储系统的层次结构中,介于中央处理器和主存储器之间的高速小容量存储器。它和主存储器一起构成一级的存储器。高速缓冲存储器和主存储器之间信息的调度和传送是由硬件自动进行的。

(4) **答案**:D

✽ **解析**:主存储器一般是半导体读写存储器。半导体读写存储器简称 RWM,习惯上称为 RAM,按工艺不同可分为:双极型 RAM 和 MOS 型 RAM。因此,答案选择 D。

(5) **答案**:C

✽ **解析**:本题考查计算机系统性能方面的基础知识。因为字长是 CPU 能够直接处理的二进制数据位数,它直接关系到计算机的计算精度和速度。字长越长处理能力就越强。常见的微机字长有 8 位、16 位和 32 位。

(6) **答案**:C

✽ **解析**:本题考查计算机系统性能方面的基础知识。因为通常所说的计算机运算速度(平均运算速度是指每秒钟所能执行的指令条数,一般用"百万条指令/秒"(Million Instruction Per Second,MIPS)来描述。

(7) **答案**:D

✽ **解析**:只有机器语言才能被计算机直接识别,但机器语言可读性是最差的。汇编语言是符号化的机器语言,但不是机器语言,其程序计算机也不能直接识别。高级语言编写的程序是高级语言源程序,不能被直接运行,必须翻译成机器语言才能执行。

(8) **答案**:B

✽ **解析**:SQL 是结构化查询语言。
Java 是一种可以撰写跨平台应用软件的面向对象的程序设计语言。
Prolog(Programming in Logic 的缩写)是一种逻辑编程语言。
FORTRAN 是世界上最早出现的高级编程语言,是工程界最常用的编程语言,它在科学计算中(如航空航天、地质勘探、天气预报和建筑工程等领域)发挥着极其重要的作用。

(9) **答案**:D

✽ **解析**:作为程序开发者,编写代码不仅要自己能看懂,小组成员和其他人员也要看明白。如果不对代码添加说明信息,也许我们自己过一段时间后都不明白自己当时编写的是什么,这是一件很糟糕的事。为了避免这种情况,程序员的一个非常重要的工作就是给程序添加说明信息,也就是注释。显然,注释是为了增加程序的可读性。

(10) **答案**:B

✽ **解析**:数据结构课程中数据的逻辑结构分为线性结构和非线性结构。
常用的线性结构有:线性表、栈、队列、双队列、数组、串。

常见的非线性结构有:二维数组、多维数组、广义表、树(二叉树等)、图。
显然答案选 B。

(11) **答案**:A

✽ **解析**:本题考查算法的特性。算法应该具备以下 5 个特性:有穷性、确定性、可行性、输入、输出。

(12~13) **答案**:D、C

✽ **解析**:关系模型由关系数据结构、关系操作集合和关系完整性约束三部分组成。关系模型的数据结构单一,现实世界的实体以及实体间的各种联系均用关系来表示。在用户看来,关系模型中数据的逻辑结构是一张二维表。
数据库设计包括:①需求分析;②概念设计;③逻辑设计;④物理设计;⑤数据库实施;⑥数据库运行和维护。这 6 个阶段,外模式、模式在逻辑设计阶段得到,内模式在物理设计阶段得到。

(14)(15) **答案**:B A

✽ **解析**:数据库定义包括对数据库的结构进行描述(包括外模式、模式、内模式的定义)、数据库完整性的定义、安全保密定义(例如用户密码、级别、存取权限)、存取路径(如索引)的定义,这些定义存储在数据字典中,是 DBMS 运行的基本依据。
完整性通常包括域完整性,实体完整性、参照完整性和用户定义完整性;实体完整性是指关系的主关键字不能重复也不能取"空值\";参照完整性是定义建立关系之间联系的主关键字与外部关键字引用的约束条件;实体完整性和参照完整性适用于任何关系型数据库系统,它主要是针对关系的主关键字和外部关键字取值必须有效而做出的约束。用户定义完整性则是根据应用环境的要求和实际的需要,对某一具体应用所涉及的数据提出约束性条件。这一约束机制一般不应由应用程序提供,而应有由关系模型提供定义并检验,用户定义完整性主要包括字段有效性约束和记录有效性。由题意可知属于用户定义完整性约束。

(16)(17) **答案**:C A

✽ **解析**:本题考查应试者对 SQL 语言的掌握程度。根据题意查询不同部门中担任"项目主管"职位的平均工资,首先需按"部门名"进行分组,然后再按条件 职位="项目主管"分类。

(18) **答案**:C

✽ **解析**:计算机病毒是指编制或者在计算机程序中插入的破坏计算机功能或者摧毁计算机数据,影响计算机使用,且能自我复制的一组计算机指令或者程序代码。

(19) **答案**:D

✽ **解析**:本题考查的是在计算机日常操作安全方面的一些基本常识。在实际中,人们往往为了"易于记忆"、"使用方便"而选择简单的登录口令,例如生日或电话号码等,但也因此易于遭受猜测,攻击或字典攻击。因此,使用比较长和复杂的口令有助于减少猜测攻击、字典攻击或暴力攻击的成功率。使用防病毒软件，并且即时更新病毒库，有助于防止已知病毒的攻击。人们编制的软件系统经常会出现各种各样的问题(Bug)，因此，尽量避免开放过多的网络服务，意味着减少可能出错的服务器软件的运行，能够有效减少对服务器攻击的成功率。尽量避免开放过多的网络服务，还可以避免针对相应网络服务漏洞的攻击。定期扫描系统磁盘碎片对系统效率会有所帮助，但是对安全方面的帮助不大。

(20) 答案：A

✹ 解析：操作系统是裸机上的第一层软件，是对硬件系统功能的首次扩充。它在计算机系统中占据重要而特殊的地位，所有其他软件，如编辑程序、汇编程序、编译程序和数据库管理系统等系统软件，以及大量的应用软件都是建立在操作系统基础上的，并得到它的支持和取得它的服务。当计算机配置了操作系统后，用户不再直接使用计算机系统硬件，而是利用操作系统所提供的命令和服务去操纵计算机，操作系统已成为现代计算机系统中必不可少的最重要的系统软件，因此把操作系统看作是用户与计算机之间的接口。操作系统紧贴系统硬件之上，所有其他软件之下(是其他软件的共同环境)。

(21) 答案：B

✹ 解析：本题考查甘特图的使用方法。甘特图时间为横坐标、任务为纵坐标，表现了一个系统开发过程中各个活动(子任务)的时间安排，也反映了各个活动的持续时间和软件开发的进度，但是不能反映各个活动之间的依赖关系。活动之间依赖关系要用工程网络图(又称活动图)来表现。

(22)(23) 答案：B C

✹ 解析：数据流图用到4个基本符号，即外部实体、数据流、数据存储和处理逻辑(加工)。因此(22)的答案B是不符合的。外部实体指不受系统控制，在系统以外又与系统有联系的事物或人。它表达了目标系统数据的外部来源或去处。外部实体也可以是另外一个信息系统。因此C答案正确。

(24) 答案：A

✹ 解析：计算机软件著作权是指软件的开发者或者其他权利人依据有关著作权法律的规定，对于软件作品所享有的各项专有权利。就权利的性质而言，它属于一种民事权利，具备民事权利的共同特征。著作权是知识产权中的例外，因为著作权的取得无须经过个别确认，这就是人们常说的"自动保护"原则。软件经过登记后，软件著作权人享有发表权、开发者身份权、使用权、使用许可权和获得报酬权。本题中虽然是乙先有了构思，但是甲先提交登记了，因此，甲具有软件著作权。

(25) 答案：D

✹ 解析：商标法第37条规定："注册商标专用权，以核准注册的商标和核定使用的商品为限"，因此选择D答案。

(26) 答案：C

✹ 解析：根据《反不正当竞争法》的规定，"商业秘密是指不为公众所知悉，能为权利人带来经济利益，具有实用性并经权利人采取保密措施的技术信息和经营信息。"即商业秘密包括技术信息和经营信息两个方面。所谓技术信息，是指经权利人采取了保密措施不为公众所知晓的，具有经济价值的技术知识(包括产品工艺、产品设计、工艺流程、配方、质量控制和管理措施等方面的技术知识)。技术秘密持有人一般是出于独占的考虑而不申请专利避免其公开。技术秘密通常包括制造技术、设计方法、生产方案、产品配方、研究手段、工艺流程、技术规范、操作技巧、测试方法等。技术秘密的载体，可以是文件、设计图纸、软件等；也可以是实物性载体，如样品、动植物新品种等。所谓经营信息，是指经权利人采取了保密措施不为公众所知晓的，具有经济价值的有产商业、管理等方面的方法、经验或其他信息。因此选择C答案。

(27) 答案：D

✹ 解析：对风险进行了识别和评估后，可通过降低风险(例如安装防护措施)、避免风险、转嫁风险(例如买保险)、接受风险等多种风险管理方式得到的结果来协助管理部门根据自身特点来制定安全策略。因此选择D答案。

(28) 答案：D

✹ 解析：我国国家标准的代号由大写汉字拼音字母构成，强制性国家标准代号为GB，推荐性国家标准的代号为GB/T。

强制性标准是国家技术法规，具有法律约束性。其范围限制在国家安全、防止欺诈行为、保护人身健康与安全等方面。根据《标准化法》的规定，企业和有关部门对涉及其经营、生产、服务、管理有关的强制性标准都必须严格执行，任何单位和个人不得擅自更改或降低标准。对违反强制性标准而造成不良后果以至重大事故者，由法律、行政法规定的行政主管部门依法根据情节轻重给予行政处罚，直至由司法机关追究刑事责任。

推荐性标准是自愿采用的标准。这类标准是指导性标准，不具有强制性，一般是为了通用或反复使用的目的，为产品或相关生产方法提供规则、指南或特性的文件。任何单位均有权决定是否采用，违犯这类标准，不构成经济或法律方面的责任。由于推荐性标准是协调一致的文件，不受政府和社会团体的利益干预，能更科学地规定特性或指导生产，我国《标准化法》鼓励企业积极采用推荐性标准。应当指出的是，推荐性标准一经接受并采用，或由各方商定后同意纳入经济合同中，就成为各方必须共同遵守的技术依据，具有法律上的约束性。

由行业机构、学术团体或国防机构制定，并适用于某个业务领域的标准。行业标准代号由国务院各有关行政主管部门提出其所管理的行业标准范围的申请报告，国务院标准化行政主管部门审查确定并正式公布该行业标准代号。

已正式公布的行业代号:QJ(航天)、SJ(电子)、JB(机械)、JR(金融)等等,暂无软件行业。行业标准代号由汉字拼音大写字母组成,再加上斜线 T 组成推荐性行业标准(如 SJ/T)。

(29)(30)答案:B D

✹解析:表示媒体指的是为了传输感觉媒体而人为研究出来的媒体,借助于此种媒体,能有效地存储感觉媒体或将感觉媒体从一个地方传送到另一个地方。如语言编码、电报码、条形码等。表现媒体指的是用于通信中使电信号和感觉媒体之间产生转换用的媒体。如输入、输出设备,包括键盘、鼠标器、显示器、打印机等。

(31)答案:B

✹解析:分辨率:分辨率(Resolution)就是指构成图像的像素和,即屏幕包含的像素多少。它一般表示为水平分辨率(一个扫描行中像素的数目)和垂直分辨率(扫描行的数目)的乘积。

(32)答案:D

✹解析:Telnet 是进行远程登录的标准协议和主要方式,它为用户提供了在本地计算机上完成远程主机工作的能力。在终端使用者的电脑上使用 telnet 程序,用它连接到服务器。终端使用者可以在 telnet 程序中输入命令,这些命令会在服务器上运行,就像直接在服务器的控制台上输入一样。所以 telnet 具有 Internet 信息服务器远程管理功能。

(33)(34)答案:B C

✹解析:考查域名知识。

(35)答案:A

✹解析:IT 战略及投资管理,这一部分主要由公司的高层及 IT 部门的主管及核心管理人员组成,其主要职责是制定 IT 战略规划以支撑业务发展,同时对重大 IT 授资项目予以评估决策。

(36)答案:B

✹解析:企业信息资源开发利用做得好坏的关键人物是企业领导和信息系统负责人。IRM 工作层上的最重要的角色就是数据管理员(Data Administrator,DA)。数据管理员负责支持整个企业目标的信息资源的规划、控制和管理;协调数据库和其他数据结构的开发,使数据存储的冗余最小而具有最大的相容性;负责建立有效使用数据资源的标准和规程,组织所需要的培训;负责实现和维护支持这些目标的数据字典;审批所有数据字典做的修改;负责监督数据管理部门中的所有职员的工作。

(37)答案:B

✹解析:

• 技术成本(硬件和基础设施)。
• 服务成本(软件开发与维护、偶发事件的校正、帮助台支持)。

• 组织成本(会议、日常开支)。

(38)答案:B

✹解析:考查信息系统的概念。信息系统工程的研究是一个多学科领域,主要涉及计算机科学、运筹学、管理科学、社会学、心理学以及政治学等。由于信息系统是一个社会技术系统,因此,信息系统工程的研究方法不能仅限于工程技术方法。目前,信息系统工程的研究方法分为技术方法、行为方法和社会技术系统方法。

(39)答案:B

(39)✹解析:根据信息服务对象的不同,企业中的信息系统可以分为三类。

① 面向作业处理的系统

是用来支持业务处理,实现处理自动化的信息系统。

1) 办公自动化系统(Office Automation System,OAS)。

2) 事务处理系统(Transaction Processing System,TPS)。

3) 数据采集与监测系统(Data Acquiring and Monitoring System,DAMS)。

② 面向管理控制的系统

是辅助企业管理、实现管理自动化的信息系统。

1) 电子数据处理系统(EDPS)有时又叫数据处理系统(DPS)或事务处理信息系统。

2) 知识工作支持系统(Knowledge Work Support System,KWSS)。

3) 计算机集成制造系统(Computer Integrated Manufacturing System,CIMS)。

③ 面向决策计划的系统

1) 决策支持系统(Decision Support Syste,DSS)。

2) 战略信息系统(Strategic Information System,SIS)。

3) 管理专家系统(Management Expert System,MES)。

(40)答案:B

✹解析:考查系统分析的任务。

• 了解用户需求。通过对现行系统中数据和信息的流程以及系统的功能给出逻辑的描述,得出现行系统的逻辑模型。
• 确定系统逻辑模型,形成系统分析撤告。在调查和分析中得出新系统的功能需求,并给出明确的描述。根据需要与实现可能性,确定新系统的功能,用一系列图表和文字给出系统功能的逻辑描述,进而形成系统的逻辑模型。完成系统分析报告,为系统设计提供依据。

(41)答案:D

✹解析:组织结构图是组织架构的直观反映,是最常见的表现雇员、职称和群体关系的一种图表,它形象地反映了组织内各机构、岗位上下左右相互之间的关系。

组织架构图是从上至下、可自动增加垂直方向层次的组织单元、图标列表形式展现的架构图,以图形形式直观地表现了组织单元之间的相互关联,并可通过组织架构图直接查看组织单元的详细信息,还可以查看与组织架构关联的职位、人员信息。

(42) 答案:A

✻ 解析:考查数据字典的定义。数据字典是以特定格式记录下来的、对系统的数据流图中各个基本要素(数据流、处理逻辑、数据存储和外部实体)的内容和特征所做的完整的定义和说明。它是结构化系统分析的重要工具之一,是对数据流图的重要补充和说明。

(43) 答案:A

✻ 解析:总体设计的主要任务是完成对系统总体结构和基本框架的设计。系统总体结构设计包括两方面的内容,系统总体布局设计和系统模块化结构设计。系统总体布局方案包括系统网络拓扑结构设计和系统资源配置设计方案。

(44) 答案:B

✻ 解析:系统分析阶段要回答的中心问题是系统"做什么",即要明确系统的功能和用途,为系统的具体设计和实现提供一个逻辑模型。因而系统设计阶段要回答的中心问题就是系统"怎么做",即如何实现系统规格说明书所规定的系统功能,满足业务的功能处理需求。在进行系统设计时,要根据实际的技术、人员、经济和社会条件确定系统的实施方案,建立起信息系统的物理模型。

(45) 答案:B

✻ 解析:系统的可靠性是只保证系统正常工作的能力。这是对系统的基本要求,系统在工作时,应当对所有可能发生的情况都予以考虑,并采取适当的防范措施,提高系统的可靠性。

(46) 答案:D

✻ 解析:BPR 就是对企业的业务流程(Process)进行根本性(Fundamental)地再思考和彻底性(Radical)地再设计,从而获得在成本、质量、服务和速度等方面业绩的戏剧性地(Dramatic)改善。

(47) 答案:B

✻ 解析:考查现代企业对信息处理的要求。现代企业对信息处理的要求归结为及时、准确、适用、经济四个方面。①及时:及时处理信息,以提供给各级决策和管理部门。②准确:准确反映实际情况,加工出准确信息。③适用:适用于各级决策和故那里部门所需的信息。④经济:经济高效地进行信息处理工作。

(48) 答案:A

✻ 解析:系统开发的特点有复杂性高、集体的创造性活动、质量要求高、产品是无形的、历史短、经验不足的特点。质量要求高的含义包括两个方面,硬件:在规定的误差范围内算合格。软件:任何与法和语义的错误时运行中断或出现错误的处理结果。

(49) 答案:D

✻ 解析:结构化方法规定了一系列模块的分解协调原则和技术,提出了结构化设计的基础是模块化,即将整个系统分解成相对独立的若干模块,通过对模块的设计和模块之间关系的协调来实现整个软件系统的功能。

(50) 答案:A

✻ 解析:软件测试的错误主要包括:

① 需求错误。主要是针对需求文档进行分析,是否存在需求不合理或是逻辑错误等。

② 功能错误。包括功能是否遗漏、冗余,或是出现意外情况的异常处理等。

③ 性能错误。包括处理时间、运行速度或其他性能指标。(参照需求规格说明书),不做额外的逾越测试。

④ 软件结构错误。程序控制流或控制顺序及处理过程是否有误等。

⑤ 数据错误。包括数据的定义、存取或操作等错误。

⑥ 软件实现和编码错误。是否按照代码的相关编写标准进行的。

⑦ 软件集成错误。接口和数据的吞吐量是否不协调等。

⑧ 软件系统结构错误。包括引用环境是否正确等。

⑨ 测试定义与测试执行错误。包括测试方案及实施、测试文档的一些问题,还有测试用例不够充分等。

(51) 答案:B

✻ 解析:系统设计的内容和任务因系统目标的不同和处理问题不同而各不同,但一般而言,系统设计包括总体设计(也被称为概要设计)和详细设计。在实际系统设计工作中,这两个设计阶段的内容往往是相互交叉和关联的。

(52) 答案:B

✻ 解析:随着OOP(面向对象编程)向OOD(面向对象设计)和OOA(面向对象分析)的发展,最终形成面向对象的软件开发方法OMT(Object Modelling Technique)。这是一种自底向上和自顶向下相结合的方法,而且它以对象建模为基础,从而不仅考虑了输入、输出数据结构,实际上也包含了所有对象的数据结构。所以OMT彻底实现了PAM没有完全实现的目标。不仅如此,OO 技术在需求分析、可维护性和可靠性这三个软件开发的关键环节和质量指标上有了实质性的突破,彻底地解决了在这些方面存在的严重问题,从而宣告了软件危机末日的来临。

(53) 答案:A

✻ 解析:考查业务流程重组的概念。业务流程重组是对企业的业务流程作根本性的思考和彻底重建,其目的是在成本、质量、服务和速度等方面取得显著的改善,使得企业能最大限度地适应以顾客(customer)、竞争(competition)、变化(change)为特征的现代企业经营环境"。

**(54) 答案:B**

✱ 解析:考查 U/C 矩阵的概念。U/C 矩阵是用来表达过程与数据两者之间的关系。矩阵中的行表示数据类,列表示过程,并以字母 U(Use)和 C(Create)来表示过程对数据类的使用和产生。U/C 矩阵是 MIS 开发中用于系统分析阶段的一个重要工具。提出了一种用关系数据库实现 U/C 矩阵的方法,并对其存储、正确性检验、表上作业等做了分析,同时利用结果关系进行了子系统划分。

U/C 矩阵是一张表格。它可以表示数据/功能系统化分析的结果。它的左边第一列列出系统中各功能的名称,上面第一行列出系统中各数据类的名称。表中在各功能与数据类的交叉处,填写功能与数据类的关系。利用 U/C 矩阵方法划分子系统的步骤如下。

① 用表的行和列分别记录下企业住处系统的数据类和过程。表中功能与数据类交叉点上的符号 C 表示这类数据由相应功能产生,U 表示这类功能使用相应的数据类。

② 对表做重新排列,把功能按功能组排列。然后调换"数据类"的横向位置,使得矩阵中 C 最靠近对角线。

③ 将 U 和 C 最密集的地方框起来,给框起个名字,就构成了子系统。落在框外的 U 说明了子系统之间的数据流。这样就完成了划分系统的工作。

**(55) 答案:D**

✱ 解析:结构化分析方法是一种单纯的自顶向下逐步求精的功能分解方法,它按照系统内部数据传递、以变换的关系建立抽象模型,然后自顶向下逐层分解,对于顶层不考虑任何细节,只考虑系统对外部的输入和输出,然后,一层层地了解系统内部的情况。数据流图(Data Flow Diagram,DFD)是一种最常用的结构化分析工具,它从数据传递和加工的角度,以图形的方式刻画系统内数据的运动情况。因此它满足结构化分析方法的原则,自顶向下,顶层数据流程

图是全系统共享的数据存储。

**(56) 答案:C**

✱ 解析:系统实施是开发信息系统的最后一个阶段。这个阶段的任务,是实现系统设计阶段提出的物理模型。具体讲,这一阶段的任务包括以下几个方面内容:①硬件配置;②软件编制;③人员培训;④数据准备。

**(57) 答案:A**

✱ 解析:为保证系统安全,除加强行政管理外,并采取下列措施:

① 物理安全控制。物理安全控制是指为保证系统各种设备和环境设施的安全而采取的措施。

② 人员及管理控制。主要指用户合法身份的确认和检验。用户合法身份检验是防止有意或无意的非法进入系统的最常用的措施。

③ 存取控制。通过用户鉴别,获得使用计算机权的用户,应根据预先定义好的用户权限进行存取,称为存取控制。

④ 数据加密。数据加密由加密(编码)和解密(解码)两部分组成。加密是将明文信息进行编码,使它转换成一种不可理解的内容。这种不可理解的内容称为密文。解密是加密的逆过程,即将密文还原成原来可理解的形式。

**(58) 答案:D**

✱ 解析:原型模型是在需求阶段快速构建一部分系统的生存期模型,主要是在项目前期需求不明确,或者需要减少项目不确定性的时候采用。原型化可以尽快地推出一个可执行的程序版本,有利于尽早占领市场。可执行的程序版本即可运行的模型。

**(59) 答案:B**

✱ 解析:由 MIS 生命周期模型可知,此题选 B。

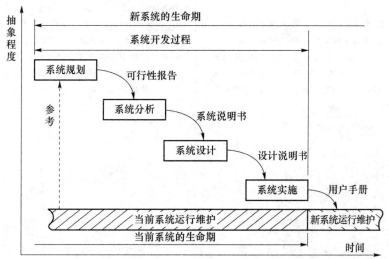

(60) **答案**：A

**解析**：计算机集成制造系统（Computer Integrated Manufacturing System 简称 CIMS）是随着计算机辅助设计与制造的发展而产生的。它是在信息技术自动化技术与制造的基础上，通过计算机技术把分散在产品设计制造过程中各种孤立的自动化系统有机地集成起来，形成适用于多品种、小批量生产，实现整体效益的集成化和智能化制造系统。

(61) **答案**：D

**解析**：很显然，此题选 D。

(62) **答案**：A

**解析**：很显然，此题选 D。

(63) **答案**：C

(63) **解析**：管理信息系统的发展经历了以下几个发展阶段：①事务处理系统：这一阶段的特点是数据处理的计算机化，目的是提高数据处理的效率。②管理信息系统：这一阶段最大的特点是有一个中心数据库和计算机网络系统，另一特点是利用定量化的科学管理方法，通过预测、计划优化、管理、调节和控制等手段来支持决策。③决策支持系统：它是管理信息系统发展的新阶段，它把数据库处理与经济管理数学模型的优化计算结合起来，是具有管理、辅助决策和预测功能的管理信息系统。④集成一体化信息系统：它的特点是将企业中针对管理、控制、设计等方面的信息系统结合为一个有机的整体，把企业中的产供销、人财物统一管理起来，更好地发挥信息技术的作用。

(64) **答案**：C

**解析**：本题考查标准化基础知识。顺序码是一种最简单最常用的代码，它把顺序的自然数或字母赋予编码对象是一种特殊的顺序码，它将顺序码分为若干段（系列），并与编码对象的分段一一对应，赋予一定的顺序码。如 GB 4657《国务院各部、委、局及其他机构名称代码》就代用了三为数字的系列顺序码。

(65) **答案**：D

**解析**：业务流程图是一种描述系统内各单位、人员之间业务关系、作业顺序和管理信息流向的图表，利用它可以帮助分析人员找出业务流程中的不合理流向，它是物理模型。业务流程图主要是描述业务走向，比如说病人，病人首先要去挂号，然后再到医生那里看病开药，然后再到药房领药，然后回家。业务流程图描述的是完整的业务流程，以业务处理过程为中心，一般没有数据的概念。

(66) **答案**：A

**解析**：对部分组件的监控活动应当设有与正常运转时所要求基准水平，亦即阀值。一旦监控数据超过了这些阀值，应当触发替报，并生成相应的例外报告。这些阀值和基准水平值一般根据对历史记录数据的经验分析得出。

(67) **答案**：D

**解析**：对监控数据进行分析主要针对的问题包括如下项。

- 资源争夺（数据、文件、内存、处理器）。
- 资源负载不均衡。
- 不合理的锁机制。
- 低效的应用逻辑设计。
- 服务请求的突增。
- 内存占用效率低。

(68) **答案**：C

**解析**：系统响应时间（Elapsed Time）。是衡量计算机性能最主要和最为可靠的标准，系统响应能力根据各种响应时间进行衡量，它指计算机系统完成某一任务（程序）所花费的时间，比如访问磁盘、访问主存、输入、输出等待、操作系统开销，等等。而完成此三维扫描系统的响应时间应包括启动时间＋运行时间＝100 s＋30 s＝130 s

(69) **答案**：D

**解析**：根据信息系统的特点、系统评价的要求与具体评价指标体系的构成原则，可从技术性能评价、管理效益评价和经济效益评价等三个方面对信息系统进行评价。

(70) **答案**：D

**解析**：系统切换属于系统运行维护范围，因此产生的费用属于运维费用。

(71～75) **答案**：C C B D D

**解析**：信息系统开发人员依照特定的信息系统来规划方法开发信息体系结构。信息工程遵循自上而下的规划方法，这种方法需要我们分析一个特定的信息系统的广泛的系统需求信息（例如，我们需要了解客户、产品、供应商、销售和数据中心的处理过程），而不是请求合并许多详细的信息（如屏幕订单或依照区域的销售总结报告）。自上而下的规划将使开发人员可以更全面的分析系统。

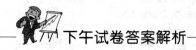

## 试题一分析

**【问题1】**

本题考查系统测试的过程。一个规范化的测试过程通常包括以下基本的测试活动：拟定测试计划、编制测试大纲、设计和生成测试用例、实施测试、生成测试报告。

**【问题2】**

本题考查系统测试的内容。信息系统测试分别按硬件系统、网络系统和软件系统进行测试，最后对整个系统进行总的综合测试。

（1）硬件测试。在进行信息系统开发中，通常需要根据项目的情况选购硬件设备。在设备到货后，应在各个相关厂商配合下进行初验测试，初验通过后将硬件与软件、网络等一起进行系统测试。初验测试所做的工作主要如下。

- 配置检测，检测是否按合同提供了相应的配置，如系统软件、硬盘、内存、CPU 等的配置情况。
- 硬件设备的外观检查，所有设备及配件开箱后，外观有无明显划痕和损伤。这些包括计算机主机、工作站、磁带库、磁盘机柜和存储设备等。
- 硬件测试，首先进行加电检测，观看运行状态是否正常，有无报警、屏幕有无乱码提示和死机现象，是否能进入正常提示状态。然后进行操作检测，用一些常用的命令来检测机器是否能执行命令，结果是否正常。例如，文件复制、显示文件内容、建立目录等。最后检查是否提供了相关的工具，如帮助系统、系统管理工具等。

通过以上测试，要求形成相应的硬件测试报告，在测试报告中包含测试步骤、测试过程和测试的结论等。

（2）网络测试。如果信息系统不是单机，需要在局域网或广域网运行，按合同会选购网络设备。在网络设备到货后，应在各个相关厂商配合下进行初验测试。初验通过后网络将与软件、硬件等一起进行系统测试。初验测试所做的工作主要如下。

- 网络设备的外观检查，所有设备及配件开箱后，外观有无明显划痕和损伤，这些包括交换机、路由器等。
- 硬件测试，进行加电检测，观看交换机、路由器等工作状态是否正常，有无错误和报警。
- 网络连通测试，检测网络是否连通，可以用 ping、telnet、ftp 等命令来检查。

通过以上测试，要求形成相应的网络测试报告，在测试报告中包含测试步骤、测试过程和测试的结论等。

（2）软件测试。软件测试实际上分成 4 步：单元测试、组装测试、确认测试和系统测试，它们将按顺序进行。首先是单元测试（Unit Testing）。对源程序中的每一个程序单元进行测试。验证每个模块是否满足系统设计说明书的要求。组装测试（Integration Testing）是将已测试过的模块组合成子系统，重点测试各模块之间的接口和联系。确认测试（Validation Testing）是对整个软件进行验收。根据系统分析说明书来考察软件是否满足要求。系统测试（System Testing）是将软件、硬件、网络等系统的各个部分连接起来，对整个系统进行总的功能。

**【问题3】**

本题考查软件白盒测试的基本知识。

在软件白盒测试中，进行测试用例的设计时，主要的设计技术有逻辑覆盖法和基本路径测试等。语句覆盖是指选择足够的测试用例，使得运行这些测试用例时，被测程序的每一个语句至少执行一次，其覆盖标准无法发现判定中逻辑运算的错误；判定覆盖是指选择足够的测试用例，使得运行这些测试用例时，每个判定的所有可能结果至少出现一次，但若程序中的判定是有几个条件联合构成时，它未必能发现每个条件的错误；条件覆盖是指选择足够的测试用例，使得运行这些测试用例时，判定中每个条件的所有可能结果至少出现一次，但未必能覆盖全部分支；判定/条件覆盖是使判定中每个条件的所有可能结果至少出现一次，并且每个判定本身的所有可能结果也至少出现一次；条件组合覆盖是使每个判定中条件结果的所有可能组合至少出现一次，因此判定本身的所有可能解说也至少出现一次，同时也是每个条件的所有可能结果至少出现一次；路径覆盖是每条可能执行到的路径至少执行一次；其中语句覆盖是一种最弱的覆盖，判定覆盖和条件覆盖比语句覆盖强，满足判定/条件覆盖标准的测试用例一定也满足判定覆盖、条件覆盖和语句覆盖，条件组合覆盖是除路径覆盖外最强的，路径覆盖也是一种比较强的覆盖，但未必考虑判定条件结果的组合，并不能代替条件覆盖和条件组合覆盖。

**参考答案：**

**【问题1】**

编制测试大纲、设计和生成测试用例、实施测试。

**【问题2】**

硬件测试：配置检测，检测是否按合同提供了相应的配置；硬件设备的外观检查，所有设备及配件开箱后，外观有无明显划痕和损伤；硬件测试，首先进行加电检测，观看运行状态是否正常，有无报警、屏幕有无乱码提示和死机现象，是否能进入正常提示状态。然后进行操作检测，用一些常用的命令来检测机器是否能执行命令，结果是否正常。

网络测试：网络设备的外观检查，所有设备及配件开箱后，外观有无明显划痕和损伤；硬件测试，进行加电检测，观看交换机、路由器等工作状态是否正常，有无错误和报警；网络联通测试，检测网络是否联通。

软件测试：单元测试，对源程序中的每一个程序单元进行测试验证每个模块是否满足系统设计说明书的要求。组装测试是将已测试过的模块组合成子系统,重点测试各模块之间的接口和联系。确认测试时对这个软件进行验收,根据系统分析说明书来考察软件是否满足要求。系统测试是讲软件、硬件、网络等系统的各个部分连接起来起来,对整个系统进行总的功能、性能等方面的测试。

【问题3】

a. ②　　b. ①③或②④　　c. ①③④或②③④

语句覆盖问题:如果把第一个判断语句中的 AND 错写成 OR,或者把第二个判断语句中的 OR 错写成 AND,用上面的测试用例是不能发现问题,这说明语句覆盖有可能发现不了判断条件中算法出现的错误;

判定覆盖问题:上述测试用例不能发现把第二个判断语句中的 X>1 错写成 X<1 的错误。所以,判断覆盖还不能保证一定能查出判断条件中的错误。因此,需要更强的逻辑覆盖来检测内部条件的错误。

## 试题二分析

本题考查的是关系数据库 E-R 模型的相关知识。关系模式的名称取联系的名称,关系模式的属性取联系所关联的两个多方实体的主键及联系的属性,关系的码是多方实体的主键构成的同组属性。部门与员工之间、客户与预定申请之间是一对多的联系,预定申请和客房之间是多对多联系。

### 参考答案:

【问题1】

a. 部门名　　b. 客户号　　c. 申请号　　d. 客户号

e. 入住时间　　f. 天数

【问题2】

(g) 1:n　　(h) 1:n　　(i) 1:1　　(j) 1:n:m

【问题3】

部门关系主键:部门号

员工关系主键:员工号

安排关系主键:申请号、客房号

## 试题三分析

本题考查系统管理规划的知识。

【问题1】

考查 IT 管理服务知识。许多企业发现 IT 并没有达到它们所期望的效果,这就是业界所说的"IT 黑洞"、"信息悖论"等现象。这些现象的产生,首先是由信息系统本身特点所决定的。现在企业信息系统有几个特点:首先规模越来越大;其次是功能越来越多;再次是变化快;最后是异构性。为了改变此种现象,必须转变系统管理的理念,可以从这几个方面回答:从独立的 IT 项目管理到经营计划管理的转变;从项目的自由竞争到受约束的组合管理的转变;从传统项目管理周期到全周期管理的转变。

【问题2】

考查长期的 IT 规划战略。企业信息化建设的根本就是实现企业战略目标与信息系统整体部署的有机结合,这种结合当然是可以从不同的层次或者角度出发来考虑,但这种不同层次和角度的结合能够给企业带来的最终效益是不一样的。IT 战略有助于确保 IT 活动支持总体经营战略,使该组织实现其经营的目标和目的。通过了解企业整体的经营战略、管理模式和组织架构,理解企业生存和发展面临的主要挑战和关键业务策略和计划,同时了解企业信息技术应用现状和目前的信息技术应用对企业业务和管理的限制,明确未来企业对信息技术应用的主要需求,并据此分析现状与需求的差距,从而确保信息技术战略的制定从根本上符合企业发展的长远目标。

【问题3】

考查 IT 部门的定位的知识。成本中心和利润中心均属于责任会计的范畴。成本中心是成本发生单位,一般没有收入,或仅有无规律的少量收入,其责任人可以对成本的发生进行控制;与之相对应,利润中心是既能控制成本,又能控制收入的责任单位,不但要对成本和收入负责,也要对收入和成本的差额即利润负责。

(1) 成本中心,当 IT 部门被确立为一个成本中心时,对其 IT 支出和产出(服务)要进行全面核算,并从客户收费中收取补偿。这种政策要求核算所有的付现和非付现成本,确认 IT 服务运作的所有经济成本。

(2) 利润中心,作为利润中心来运作的 IT 部门相当于一个独立的营利性组织,一般拥有完整的会计核算体系。在这种政策下,IT 部门的管理者通常可以像一个独立运营的经济实体一样,有足够的自主权去管理 IT 部门,但其目标必须由组织确定。IT 部门从成本中心向利润中心的转变需要清晰地界定服务模式,与业务部门进行充分的内部沟通,定义好关键性的服务等级协议(SLA),充分展现 IT 价值的透明度与可信度。

### 参考答案:

【问题1】

通过 IT 财务管理流程对 IT 服务项目的规划、实施和运作进行星化管理是一种有效的手段;IT 部门的角色转换;IT 投资预算;IT 会计核算;IT 服务计费;服务级别与成本的权衡等。

【问题2】

(1) IT 部门首先应该设立清晰的远景和目标。

(2) 根据 IT 部门的服务内容重新思考和划分部门职能,进行组织机构调整,清晰部门职责。

(3) 建立目标管理制度、项目管理制度、使整个组织的目标能够落实和分解,建立有利于组织生产的项目管理体制。

(4) 作为组织机构调整、目标管理制度和项目管理体制的配套工程,建立科学的现代人力资源管理体系,特别是薪酬和考核体系。

(5) 通过薪酬和考核体系的建立,促进信息中心的绩效得以提高。

(6) IT 组织的柔性化,能够较好地适应企业对 IT 服务的需求变更及技术发展。

**【问题3】**

成本中心和利润中,均属于责任会计的范畴。成本中心事成本发生单位,一般没有收入,或仅有无规律的少量收入,其责任人可以对成本的发生进行控制;与之相对应,利润中心是既能控制成本,又能控制收入的责任单位,不但要对成本和收入负责,也要对收入和成本的差额即利润负责。

成本中心,当IT部门被确立为一个成本中心时,对其IT支持和产出(服务)要进行全面核算,并从客户收费中收取补偿。这种政策要求核算所有的付现和非付现成本,确认IT服务运作的所有经济成本。

利润中心,作为利润中心来运作的IT部门相当于一个独立的营利性组织,一般拥有完整的会计核算体系。在这种政策下,IT部门的管理者通常可以像一个独立运营的经济实体一样,有足够的自主权去管理IT部门,但其目标必须由组织确定。IT部门从成本中心向利润中心的转变需要清晰地界定服务模式,与业务部门进行充分的内部沟通,定义好关键性的服务等级协议,充分展现IT价值的透明度和可信度。

## 试题四分析

**【问题1】**

本标准规定了计算机系统安全保护能力的五个等级,即:

第一级:用户自主保护级;

第二级:系统审计保护级;

第三级:安全标记保护级;

第四级:结构化保护级;

第五级:访问验证保护级。

本标准适用计算机信息系统安全保护技术能力等级的划分。计算机信息系统安全保护能力随着安全保护等级的增高,逐渐增强。

**【问题2】**

考查安全管理措施。紧急事故恢复计划是系统安全性的一项重要元素。应事先拟好系统紧急恢复计划,在事故发生时,按照计划以最短时间、最小的损失来恢复系统。紧急恢复计划的制定要简单明了、便于操作,同时必须确认相关人员充分了解了这份系统紧急恢复计划内容。系统紧急恢复计划应说明当紧急事件发生时,应向谁报告、谁负责回应、谁来做恢复决策,并且在计划中应包括情景模拟。此外,应定期对系统做试验、检查,发现问题或环境有改变时,应立即检查计划并决定是否需要修正,以保证其可靠性和可行性。

**【问题3】**

考查网络安全管理知识。

**参考答案:**

**【问题1】**

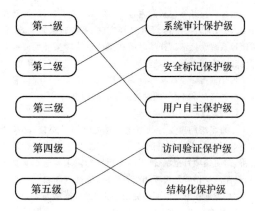

**【问题2】**

事先拟定好系统紧急恢复计划在事故发生时,按照计划以最短时间、最小的损失来恢复系统,同时必须确认相关人员充分了解这份系统紧急恢复计划内容。在系统紧急恢复计划中应说明紧急事件发生时,应向谁报告、谁负责回应、谁来做恢复决策,并且在计划中应包括情景模拟。应定期对系统做实验、检查,发现问题或环境改变时,应立即查计划并决定是否需要修正,以保证其可靠性和可行性

**【问题3】**

特征:非授权的文件操作,非法获取控制权;改者"正常"的页面内容等。

影响:导致网站终止,服务不能正常开展,和政府信誉带来极其不好的影响。

危害:销售收入下降、舞弊交易、非法数据入侵、数据窃取及修改。

网络安全产品:WEB应用防火墙;入侵检测系统;防病毒软件;备份/恢复技术。

## 试题五分析

本题考查系统实施的知识。

**【问题1】**

考查信息系统评价中管理效益评价知识。管理效益即社会效益,是间接的经济效益,是通过改进组织结构及运作方式、提高人员素质等途径,促使成本下降、利润增加而逐渐地间接获得的效益。管理效益评价可以反过来从系统运行所产生的间接管理作用和价值来进行评价。

(1) 系统对组织为适应环境所做的结构、管理制度与管理模式等的变革所起的作用。

(2) 系统帮助改善企业形象、对外提高客户对企业的信任度,对内增强员工的自信心和自豪感的程度。

(3) 系统使管理人员获得许多新知识、新技术与新方法和提高技能素质的作用。

(4) 系统对实现系统信息共享的贡献,对提高员工的工作精神及企业的凝聚力的作用。

(5) 系统提高企业的基础管理效率,为其他管理工作提供有利条件的作用。

**【问题2】**

系统转换计划包括的内容有：系统转换项目、系统转换负责人、系统转换工具、系统转换方法、系统转换时间表（包括预计系统转换测试开始时间和预计系统转换开始时间）、系统转换费用预算、系统转换方案、用户培训、突发事件、后备处理计划等。系统转换计划详细地描述了用户及信息服务人员的义务和责任，同时规定了时间限制。

**【问题3】**

考查系统用户支持的概念。要提供用户支持，必须弄清企业对用户支持的范围是什么，通过哪些方式进行用户支持，即明确项目范围、清晰界定用户的需求。这点看似简单，但实际操作者却需要相当有经验，能够判断自己所拥有的资源；能够在既定时间内完成多少工作；能够与客户有技巧地谈判并将其需求控制在最恰当的水平并维持到项目结束。用户支持包括如下内容。

（1）软件升级服务。

（2）软件技术支持服务。

（3）远程热线支持服务（Support Line for Middle-Ware）。

（4）全面维护支持服务（EPSA for Middle-Ware）。

（5）用户教育培训服务。

（6）提供帮助服务台，解决客户的一些常见问题。

**参考答案：**

**【问题1】**

管理效益即社会效益，是间接的经济效益，是通过改进组织结构及运作方式、提高人员素质等途径，促使成本下降，利润增加而逐渐地间接获得的效益。

对组织为适应环境所做的结构、管理制度与管理模式等的变革所起的作用。

系统帮助改善学校形象，对外提高客户对学校的信任度，对内增强员工的自信心和自豪感的程度。

使管理人员获得许多新知识、新技术与新方法和提高技能素质的作用。

对实现系统信息共享的共享，对提高员工写作精神及企业的凝聚力的作用。

系统提高企业的基础管理效率，为其他管理工作提供有利条件的作用。

**【问题2】**

系统转换项目、系统转换负责人、系统转换工具、系统转换方法、系统转换时间表、系统转换费用预算、系统转换方案、用户培训、突发事件/后备处理计划等。

**【问题3】**

要提供用户支持，必须弄清楚对用户支持的范围是什么，通过哪些方式进行用户支持，即明确项目范围、清晰界定用户的需求。

软件升级服务。

软件技术支持服务。

远程热线支持服务。

全面维护支持服务。

用户教育培训服务。

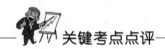

## 关键考点点评

### ●考点1：计算机组成及系统结构

**评注：** 本考点考查关于计算机基本组成和计算机的系统结构的基本概念。

计算机基本组成包括中央处理器、存储器、常用I/O设备。

计算机的系统结构包括并行处理的概念、流水线处理机系统、并行处理机系统、CISC/RISC指令系统。

CPU是计算机的控制中心，主要由运算器、控制器、寄存器组和内部总线等部件组成。控制器由程序计数器、指令寄存器、指令译码器、时序产生器和操作控制器组成，它是发布命令的"决策机构"，即完成协调和指挥整个计算机系统的操作。它的主要功能有：从内存中取出一条指令，并指出下一条指令在内存中的位置；对指令进行译码或测试，并产生相应的操作控制信号，以便启动规定的动作；指挥并控制CPU、内存和输入/输出设备之间数据的流动。

程序计数器（PC）是专用寄存器，具有寄存信息和计数两种功能，又称为指令计数器，在程序开始执行前，将程序的起始地址送入PC，该地址在程序加载到内存时确定，因此PC的初始内容即是程序第一条指令的地址。执行指令时，CPU将自动修改PC内容，以便使其保持的总是将要执行的下一条指令的地址。由于大多数指令都是按顺序执行的，因此修改的过程通常只是简单地对PC加1。当遇到转移指令时，后继指令的地址根据当前指令的地址加上一个向前或向后转移的位移量得到，或者根据转移指令给出的直接转移的地址得到。

**历年真题链接**

| 2007年5月上午(2) | 2008年5月上午(1) |
| 2009年11月上午(1) | 2011年5月上午(1) |
| 2012年5月上午(1) | 2014年5月上午(1) |

### ●考点2：计算机存储结构

**评注：** 本考点考查关于计算机存储系统的基本概念，包括存储系统概述及分类、存储器层次结构、主存储器、高速缓冲存储器、辅助存储器。

存储系统由存放程序和数据的各类存储设备及有关的软件构成，是计算机系统的重要组成部分，用于存放程序和数据。有了存储器，计算机就具有记忆能力，因而能自动地进行操作。存储系统分为内存储器和外存储器,两者按一定的结构有机地组织在一起,程序和数据按不同的层次存放在各级存储器中,而整个存储系统具有较好的速度、容量和价格等方面的综合性能指标。

存储系统的层次结构就是把各种不同容量和不同存取速度的存储器按一定的结构有机地组织在一起,程序和数据按不同的层次存放在各级存储器中,而整个存储系统具有较好的速度、容量和价格等方面的综合性能指标。

存储系统层次系统由三类存储器构成:①高速缓冲存储器;②主存储器;③辅助存储器。主存和辅存构成一个层次,高速缓存和主存构成另一个层次。

1)"高速缓存—主存"层次:这个层次主要解决存储器的速度问题。

2)"主存—辅存"层次:这个层次主要解决存储器的容量问题

**历年真题链接**

| 2006年5月上午(3) | 2007年5月上午(3) |
| 2008年5月上午(4) | 2009年11月上午(4) |
| 2011年5月上午(3) | 2012年5月上午(4) |
| 2013年5月上午(2) | 2014年5月上午(3) |

### ●考点3:操作系统、处理机管理

**评注**:本考点考查关于操作系统和处理机的基本概念。

操作系统简介:操作系统的定义与作用、操作系统的功能及特征、操作系统的类型。

处理机管理:进程的基本概念、进程的状态与转换、进程的描述、进程的同步与互斥、死锁。

操作系统的类型:批处理操作系统、分时操作系统、实时操作系统。

批处理操作系统根据一定的调度策略把要求计算的算题按一定的组合和次序执行,从而使得系统资源利用率高,作业的吞吐量大。批处理系统的主要特征是:(1)用户脱机工作;(2)成批处理作业;(3)多道程序运行;(4)作业周转时间长。

分时系统是多道程序的一个变种,不同之处在于每个用户都有一台联机终端。分时操作系统成为最流行的一种操作系统,几乎所有的现代通用操作系统都具备分时系统的特征。分时操作系统具有以下特性:(1)同时性;(2)独立性;(3)及时性;(4)交互性。

实时操作系统是指当外界事件或数据产生时,能够接收并以足够快的速度予以处理,其处理的结果又能在规定的时间内控制监控的生产过程或对处理系统做出快速响应,并控制所有实行任务协调一致运行的操作系统。由实时操作系统控制的过程控制系统,较为复杂,通常由4个部分组成:(1)数据采集;(2)加工处理;(3)操作控制;(4)反馈处理。

进程一般有3种基本状态:运行、就绪和阻塞。其中运行状态表示当一个进程在处理机上运行时,则称该进程处于运行状态。显然对于单处理机系统,处于运行状态的进程只有一个。就绪状态表示一个进程获得了除处理机外的一切所需资源,一旦得到处理机即可运行,则称此进程处于就绪状态。阻塞状态也称等待或睡眠状态,一个进程正在等待某一事件发生(例如请求I/O而等待I/O完成等)而暂时停止运行,这时即使把处理机分配给进程也无法运行,故称该进程处于阻塞状态。

**历年真题链接**

| 2006年5月上午(3) | 2007年5月上午(9) |
| 2008年5月上午(7) | 2009年11月上午(11) |
| 2012年5月上午(5) | 2014年5月上午(60) |

### ●考点4:存储、设备、文件、作业管理

**评注**:本考点考查关于存储管理、设备管理、文件管理以及作业管理的基本概念。

存储管理:存储器的层次、地址转换与存储保护、分区存储管理、分页式存储管理、分段式存储管理的基本原理、虚拟存储管理基本概念。

设备管理:I/O硬件原理、I/O软件原理、Spooling系统、磁盘调度。

文件管理:文件与文件系统、文件目录、文件的结构与组织、文件的共享和保护。

作业管理:作业及作业管理的概念、作业调度、多道程序设计。

存储管理有下面几个方面的功能:① 主存空间的分配与回收;② 地址转换和存储保护;③ 主存空间的共享;④ 主存空间的扩充。

Windows 中的文件关联是为了更方便用户操作,将一类数据文件与一个相关的程序建立联系,当用鼠标双击这类文件时,Windows 就会自动启动关联的程序,打开数据文件供用户处理。

操作系统引入多道程序设计的好处:一是提高了 CPU 的利用率;二是提高了内存和 I/O 设备的利用率;三是改进了系统的吞吐量;四是充分发挥了系统的并行性。主要缺点是作业周转时间长。

**历年真题链接**

| 2006年5月上午(19) | 2007年5月上午(11) |
| 2008年5月上午(12) | 2009年11月上午(13) |
| 2011年5月上午(5) | 2014年5月上午(54) |

### ●考点5:程序设计语言

**评注**:本考点考查程序设计语言基本概念、程序设计语言的基本成分、程序的编译及解释、编译程序基本原理、解释程序基本原理。

程序设计语言分为低级语言和高级语言两大类,低级语言包括机器语言和汇编语言,高级语言包括面向过程的语言和面向问题的语言。

程序设计语言的基本成分:数据成分、运算成分、控制成分、函数。

程序语言的数据成分指的是一种程序语言的数据类

型。大多数程序设计语言的基本运算可分为算术运算、关系运算、逻辑运算。为了确保运算结果的唯一性,运算符号规定优先级和结合性。

控制成分指明语言允许表达的控制结构,程序员使用控制成分来构造程序中的控制逻辑。理论上已经表明,可计算问题的程序都可以用顺序、选择和循环这三种控制结构来描述。

函数都是由函数说明和函数体两部分组成。

### 历年真题链接
2006年5月上午(36)　　2007年5月上午(12)
2009年11月上午(71)　　2011年5月上午(7)
2012年5月上午(7)　　　2014年5月上午(8)

● **考点6:系统配置方法**

**评注**:本考点考查关于系统配置技术、系统性能以及系统可靠性的基本概念。

系统配置技术:系统架构、系统配置方法、系统处理模式、系统事务管理。系统性能:系统性能定义和指标、系统性能评估。系统可靠性:可靠性定义和指标、计算机可靠性模型。

研究系统配置的主要目的就是提高系统的可用性、稳健性,下面是几种常用的系统配置方法:双机互备、双机热备、群集系统、容错服务器。

双机互备、双机热备系统切换时机:系统软件或应用软件造成服务器死机;服务器没有死机,但系统软件或应用软件工作不正常;SCSI卡损坏,造成服务器与磁盘阵列无法存取数据;服务器内硬件损坏,造成服务器不正常关机。

群集技术与双机热备技术的本质区别是能否实现并行处理和某结点失效后的应用程序的平滑接管,双机热备技术只是在两台服务器上实现的。

群集服务优点:① 高可用性;② 修复返回;③ 易管理性;④ 可扩展性。

容错服务器通过CPU时钟锁频,系统中所用硬件的备份,系统中所有冗余部件的同步运行,实现容错。可靠性和可用性可实现99.999%。

一个系统的性能通常需要多个方面的指标来衡量,而且多个性能指标之间存在着有利的和不利的影响,所以在设计一个系统时,应充分考虑利弊,全面权衡。系统的可移植性指将系统从一种硬件环境、软件环境下移植到另一种硬件环境、软件环境下所需付出努力的程度。在给出的各选项中,可维护性、可靠性和可用性等方面的提高,将有利于提高系统可移植性。而由于要提高系统效率,则势必存在一些与具体硬件环境、软件环境相关的部分,这些都是不利于系统移植工作的因素。

计算机的可靠性用平均无故障时间(MTTF)来度量,可维护性用平均维修时间(MTTR)来度量,可用性定义: $MTTF/(MTTF+MTTR) \times 100\%$

### 历年真题链接
2007年5月上午(5)　　　2011年5月上午(15)
2012年5月上午(3)　　　2014年5月上午(45)

# 2013年5月全国计算机技术与软件专业技术资格(水平)考试信息系统管理工程师

## 上午考试

（考试时间 150 分钟，满分 75 分）

本试卷共有 75 空，每空 1 分，共 75 分。

- CPU 主要包括 (1) 。
  - (1) A. 运算器和寄存器　　　　B. 运算器和控制器
  　　　C. 运算器和存储器　　　　D. 控制器和寄存器
- (2) 是能够反映计算精度的计算机性能指标。
  - (2) A. 字长　　B. 数据通路宽度　　C. 指令系统　　D. 时钟频率
- 操作系统的主要功能是 (3) 。
  - (3) A. 把源程序转换为目标代码
  　　　B. 管理计算机系统中所有的软硬件资源
  　　　C. 管理存储器中各种数据
  　　　D. 负责文字格式编排和数据计算
- 将 C 语言编写的源程序转换为目标程序的软件属于 (4) 。
  - (4) A. 汇编　　B. 编译　　C. 解释　　D. 装配
- 按逻辑结构的不同，数据结构通常可分为 (5) 两类。
  - (5) A. 线性结构和非线性结构　　B. 紧凑结构和稀疏结构
  　　　C. 动态结构和静态结构　　　D. 内部结构和外部结构
- 对于一棵非空二叉树，若先访问根结点的每一颗子树，然后再访问根节点的方式通常称为 (6) 。
  - (6) A. 先序遍历　　B. 中序遍历　　C. 后序遍历　　D. 层次遍历
- 以下关于 UML 的表述中，不正确的是 (7) 。
  - (7) A. UML 是一种文档化语言　　B. UML 是一种构造语言
  　　　C. UML 是一种编程语言　　　D. UML 是统一建模语言
- 在需求分析阶段，可利用 UML 中的 (8) 描述系统的外部角色和功能要求。
  - (8) A. 用例图　　B. 静态图　　C. 交换图　　D. 实现图
- 关系数据库系统能实现的专门关系运算包括 (9) 。
  - (9) A. 排序、索引、统计　　B. 选择、投影、连接
  　　　C. 关联、更新、排序　　D. 显示、打印、制表
- SQL 语言是用于 (10) 的数据操纵语言。
  - (10) A. 层次数据库　　B. 网络数据库
  　　　C. 关系数据库　　D. 非数据库
- E-R 图是数据库设计的工具之一，它适用于建立数据库的 (11) 。
  - (11) A. 概念模型　　B. 逻辑模型
  　　　C. 结构模型　　D. 物理模型

- ___(12)___ 是为防止非法用户进入数据库应用系统的安全措施。
  (12) A. 存取控制　　　　　　　　B. 用户标识与鉴别
  　　　C. 视图机制　　　　　　　　D. 数据加密
- ___(13)___ 是一种面向数据结构的开发方法。
  (13) A. 结构化方法　　　　　　　B. 原型化方法
  　　　C. 面向对象开发方法　　　　D. Jackson方法
- ___(14)___ 是指系统或其组成部分能在其他系统中重复使用的特性。
  (14) A. 可重用性　　　　　　　　B. 可移植性
  　　　C. 可维护性　　　　　　　　D. 可扩充性
- 在结构化开发中，数据流图是 ___(15)___ 阶段产生的成果。
  (15) A. 总体设计　　　　　　　　B. 程序编码
  　　　C. 详细设计　　　　　　　　D. 需求分析
- 软件设计过程中，___(16)___ 设计确定各模块之间的通信方式以及各模块之间如何相互作用。
  (16) A. 接口　　　B. 数据　　　　C. 结构　　　　D. 模块
- 在数据库设计过程的 ___(17)___ 阶段，完成将概念结构转换为某个DBMS所支持的数据模型，并对其进行优化。
  (17) A. 需求分析　　　　　　　　B. 概念结构设计
  　　　C. 逻辑结构设计　　　　　　D. 物理结构设计
- 若信息系统的使用人员分为录用人员、处理人员和查询人员三类，则用户权限管理的策略适合采用 ___(18)___ 。
  (18) A. 针对所有人员简历用户名并授权
  　　　B. 对关系进行分解，每类人员对应一组关系
  　　　C. 建立每类人员的视图并授权给每个人
  　　　D. 建立用户角色并授权
- ___(19)___ 是主程序设计过程中进行编码的依据。
  (19) A. 程序流程图　　　　　　　B. 数据流图
  　　　C. E-R图　　　　　　　　　D. 系统流程图
- 在面向对象软件开发过程中，___(20)___ 不属于面向对象分析阶段的活动。
  (20) A. 评估分析模型　　　　　　B. 确定接口规格
  　　　C. 构建分析模型　　　　　　D. 识别分析类
- 为验证程序模块A是否实现了系统设计说明书的要求，需要进行 ___(21)___ ；该模块能否与其他模块按照规定方式正确工作，还需要进行 ___(22)___ 。
  (21) A. 模块测试　B. 集成测试　　C. 确认测试　　D. 系统测试
  (22) A. 模块测试　B. 集成测试　　C. 确认测试　　D. 系统测试
- 在执行设计的测试用例后，对测试结果进行分析，找出错误原因和具体的位置，并进行纠正（排除）的检测方法通常是指 ___(23)___ 。
  (23) A. 黑盒测试　　　　　　　　B. 排错测试
  　　　C. 白盒测试　　　　　　　　D. 结构测试
- 媒体可分为感觉媒体、表示媒体、表现媒体、存储媒体和传输媒体，___(24)___ 属于表现媒体。
  (24) A. 打印机　B. 硬盘　　　　C. 光缆　　　　D. 图像
- 声音信号数字化过程中首先要进行 ___(25)___ 。
  (25) A. 解码　　B. D/A转换　　C. 编码　　　　D. A/D转换
- ___(26)___ 不属于计算机输入设备。
  (26) A. 扫描仪　B. 投影仪　　　C. 数字化仪　　D. 数码照相馆
- 声音信号数字化时，___(27)___ 不会影响数字音频数据量的多少。

(27) A. 采样率　B. 量化精度　C. 波形编码　D. 音量放大倍数

- 以像素点形式描述的图像称为 __(28)__ 。

(28) A. 位图　B. 投影图　C. 矢量图　D. 几何图

- M画家将自己创作的一副美术作品原件赠与了L公司，L公司未经该画家的许可，擅自将这幅美术作品作为商标注册，且取得商标权，并大量复制用于该公司的产品上。L公司的行为侵犯了M画家的 __(29)__ 。

(29) A. 著作权　B. 发表权　C. 商标权　D. 展览权

- 某软件公司的软件产品注册商标为S，为确保公司在市场竞争中占据优势，对员工进行了保密的约束。此情形下，该公司不享有该软件产品的 __(30)__ 。

(30) A. 商业秘密权　　　　B. 著作权
　　　C. 专利权　　　　　　D. 商标权

- 王某是一名软件设计师，每当软件开发完成后，按公司规定编写的软件文档属于职务作品， __(31)__ 。

(31) A. 著作权由公司享有
　　　B. 著作权由软件设计师享有
　　　C. 除署名权以外，著作权的其他权利由软件设计师享有
　　　D. 著作权由公司和软件设计师共同享有

- M软件公司的软件工程师张某兼职于Y科技公司，为完成Y科技公司交给的工作，做出了一项涉及计算机程序的发明。张某认为自己主要是利用业余时间完成的发明，可以以个人名义申请专利。此项专利申请权应归属 __(32)__ 。

(32) A. 张某　B. M软件公司　C. Y科技公司　D. 张某和Y科技公司

- 以下我国的标准代码中， __(33)__ 表示行业标准。

(33) A. GB　B. GJB　C. DB11　D. Q

- 违反 __(34)__ 而造成不良后果时，将依法根据情节轻重受到行政处惩罚或追究刑事责任。

(34) A. 强制性国家标准　　　　B. 推荐性国家标准
　　　C. 实物标准　　　　　　　D. 推荐性软件行业标准

- 企业信息化建设的根本目的是 __(35)__ 。

(35) A. 解决管理问题，侧重于对IT技术管理，服务支持以及日常维护等
　　　B. 解决技术问题，尤其是对IT基础设施本身的技术性管理工作
　　　C. 实现企业战略目标与信息系统整体部署的有机结合
　　　D. 提高企业的业务运作效率，降低业务流程的运作成本

- 企业IT战略规划不仅要符合企业发展的长远目标，而且战略规划的范围控制应该 __(36)__ 。

(36) A. 紧密围绕如何提升企业的核心竞争力来进行
　　　B. 为企业业务的发展提供一个安全可靠的信息技术支撑
　　　C. 考虑在企业建设的不同阶段做出科学合理的投资成本比例分析
　　　D. 面面俱到，全面真正第实现IT战略与企业业务的一致性

- 系统管理指的是IT的高效运作和管理，它是确保战略得到有效执行的战术性和运作性活动，其核心目标是 __(37)__ 。

(37) A. 掌握企业IT环境，方便管理异构网络
　　　B. 管理客户(企业部门)的IT需求，并且有效运用IT资源恰当地满足业务部门的需求
　　　C. 保证企业IT环境整体可靠性和整体安全性
　　　D. 提高服务水平，加强服务的可靠性，及时可靠地维护各类服务数据

- 目前，企业越来越关注解决业务相关的问题，往往一个业务需要跨越几个技术领域的界限。例如，为了回答一个简单的问题"为什么订单处理得这么慢"，管理人员必须分析(38)以及运行的数据库和系统、连接的网络等。

(38) A. 硬盘、文件数据以及打印机
     B. 网络管理工具
     C. 支持订单处理的应用软件性能
     D. 数据链路层互连设备,如网桥、交换机等

- 传统的IT管理大量依靠熟练管理人员的经验来评估操作数据、确定工作负载、进行性能调整以及解决问题,而在当今企业分布式的复杂IT环境下,如果要获得最大化业务效率,企业迫切需要对其IT环境进行有效的 (39) ,确保业务的正常运行。

  (39) A. 系统日常操作管理        B. 问题管理
       C. 性能管理                D. 自动化管理

- 为了真正了解各业务部门的IT服务需求,并为其提供令人满意的IT服务,企业需要进行 (40) ,也就是定义、协商、订约、检测和评审提供给客户的服务质量水准的流程。

  (40) A. 服务级别管理            B. 服务协议管理
       C. 服务需求管理            D. 服务目标管理

- 企业通过 (41) 对IT服务项目的规划、实施以及运作进行量化管理,解决IT投资预算、IT成本、效益核算和投资评价等问题,使其走出"信息悖论"或"IT"黑洞。

  (41) A. IT资源管理              B. IT可用性管理
       C. IT性能管理              D. IT财务管理

- IT会计核算包括的活动主要有:IT服务项目成本核算、投资评价以及 (42) 。这些活动分别实现了对IT项目成本和收益的事中和事后控制。

  (42) A. 投资预算                B. 差异分析和处理
       C. 收益预算                D. 财务管理

- 对IT管理部门而言,IT部门内部职责的有效划分、让职工了解自身的职责以及定期的职员业绩评定是 (43) 的首要目的。

  (43) A. IT人员管理              B. 财务管理
       C. IT资源管理              D. IT能力管理

- 在用户方的系统管理计划中, (44) 可以作为错综复杂的IT系统提供"中枢神经系统",这些系统不断地收集有关的硬件、软件和网络服务信息,从组件、业务系统和整个企业的角度来监控电子商务。

  (44) A. IT性能和可用性管理      B. 用户参与IT管理
       C. 终端用户安全管理        D. 帮助服务台

- 系统运行过程中的关键操作、非正常操作、故障、性能监控、安全审计等信息,应该实时或随后形成 (45) ,并进行分析以改进系统水平。

  (45) A. 故障管理报告            B. 系统日常操作日志
       C. 性能/能力规划报告       D. 系统运做报告

- IT组织结构的设计主要受到四个方面的影响和限制,包括客户位置、IT员工工作地点、IT服务组织的规模与IT基础架构的特性。受 (46) 的限制,企业实行远程管理IT服务,需要考虑是否会拉开IT服务人员与客户之间的距离。

  (46) A. 客户位置                B. IT员工工作地点
       C. IT服务组织的规模        D. IT基础架构的特性

- 在做好人力资源规划的基础上, (47) 是IT部门人力资源管理更为重要的任务。

  (47) A. 建立考核以及激励的机制
       B. 保障企业各IT活动的人员配备
       C. IT部门负责人须加强自身学习,保障本部门员工的必要专业培训工作
       D. 建设IT人员教育与培训体系以及为员工制定职业生涯发展规划,让员工与IT部门和企业共同成长

- Sony 经验最为可贵的一条就是:如果不把问题细化到 SLA 的层面,空谈外包才是最大的风险。这里 SLA 是指 (48) ,它是外包合同中的关键核心文件。
  (48) A. 服务评价标准　　　　　　B. 服务级别管理
       C. 服务等级协议　　　　　　D. 外包服务风险
- 在 IT 外包日益普遍的浪潮中,企业为了发挥自身的作用,降低组织 IT 外包的风险,最大程度地保证组织 IT 项目的成功实施,应该加强对外包合同的管理,规划整体项目体系,并且 (49) 。
  (49) A. 企业 IT 部门应该加强学习,尽快掌握出现的技术并了解其潜在应用,不完全依赖第三方
       B. 注重依靠供应商的技术以及软硬件方案
       C. 注重外包合同关系
       D. 分析外包商的行业经验
- 在系统日常操作管理中,确保将适当的信息以适当的格式提供给全企业范围内的适当人员,企业内部的员工可以及时取得其工作所需的信息,这是 (50) 的目标。
  (50) A. 性能及可用性管理　　　　B. 输出管理
       C. 帮助服务台　　　　　　　D. 系统作业调度
- 用户安全管理审计的主要功能有用户安全审计数据的收集、保护以及分析,其中 (51) 包括检查、异常检测、违规分析以及入侵分析。
  (51) A. 用户安全审计数据分析　　B. 用户安全审计数据保护
       C. 用户安全审计数据的收集　D. 用户安全审计数据的收集和分析
- 在编制预算的时候,要进行 (52) ,它是成本变化的主要原因之一。
  (52) A. 预算标准的制定　　　　　B. IT 服务工作量预测
       C. IT 成本管理　　　　　　 D. 差异分析及改进
- (53) 通过构建一个内部市场并以价格机制作为合理配置资源的手段,迫使业务部门有效控制自身的需求、降低总体服务成本。
  (53) A. 成本核算　　　　　　　　B. TCO 总成本管理
       C. 系统成本管理　　　　　　D. IT 服务计费
- 企业制定向业务部门(客户)收费的价格策略,不仅影响到 IT 服务成本的补偿,还影响到业务部门对服务的需求。实施这种策略的关键问题是 (54) 。
  (54) A. 确定直接成本　　　　　　B. 确定服务定价
       C. 确定间接成本　　　　　　D. 确定定价方法
- IT 资源管理可以洞察并有效管理企业所有的 IT 资产,为 IT 系统管理提供支持,而 IT 资源管理能否满足要求在很大程度上取决于 (55) 。
  (55) A. 基础架构中特定组件的配置信息
       B. 其他服务管理流程的支持
       C. IT 基础架构的配置及运行情况的信息
       D. 各配置项相关关系的信息
- 在软件管理中, (56) 是基础架构管理的重要组成部分,可以提高 IT 维护的自动化水平,并且大大减少维护 IT 资源的费用。
  (56) A. 软件分发管理　　　　　　B. 软件生命周期和资源管理
       C. 软件构件管理　　　　　　D. 软件资源的合法保护
- 对于 IT 部门来说,通过人工方式对分布在企业各处的个人计算机进行现场操作很是繁琐而且效率很低。因此,如果应用 (57) 方式,可帮助技术支持人员及时准确获取关键的系统信息,花费较少的时间诊断故障并解决问题。
  (57) A. 软件部署　B. 远程管理和控制　C. 安全补丁补发　D. 文档管理工具
- 网络安全机制主要包括接入管理、 (58) 和安全恢复等三个方面。

(58) A. 安全报警  B. 安全监视     C. 安全设置      D. 安全保护

- 在数据的整个生命周期中,不同的数据需要不同水平的性能、可用性、保护、迁移、保留和处理。通常情况下,在其生命周期的初期,数据的生成和使用都需要利用 (59) ,并相应提供高水平的保护措施,以达到高可用性和提供相当等级的服务水准。

(59) A. 低速存储              B. 中速存储
     C. 高速存储              D. 中低速存储

- 从在故障监视过程中发现故障,到 (60) 以及对故障分析定位,之后进行故障支持和恢复处理,最后进行故障排除终止,故障管理形成了包含5项基本活动的完整流程。

(60) A. 故障记录              B. 故障追踪
     C. 故障调研              D. 故障判断

- 在IT系统运营过程中,经过故障查明和记录,基本上能得到可以获取的故障信息,接下来就是故障的初步支持,这里强调初步的目的是 (61) 。

(61) A. 为了能够尽可能快地恢复用户的正常工作,尽量避免或者减少故障对系统服务的影响
     B. 先简要说明故障当前所处的状态
     C. 尽可能快地把发现的权宜措施提供给客户
     D. 减少处理所花费的时间

- 与故障管理尽快恢复服务的目标不同,问题管理是 (62) 。因此,问题管理流程需要更好地进行计划和管理。

(62) A. 要防止再次发生故障
     B. 发生故障时记录相关信息,并补充其他故障信息
     C. 根据更新后的故障信息和解决方案来解决故障并恢复服务
     D. 降低故障所造成的业务成本的一种管理活动

- 鱼骨图法是分析问题原因常用的方法之一。鱼骨图就是将系统或服务的故障或者问题作为"结果",以 (63) 作为"原因"绘出图形,进而通过图形来分析导致问题出现的主要原因。

(63) A. 影像系统运行的诸多因素    B. 系统服务流程的影响因素
     C. 业务运营流程的影响因素    D. 导致系统发生失效的诸因素

- 技术安全是指通过技术方面的手段对系统进行安全保护,使计算机系统具有很高的性能,能够容忍内部错误和抵挡外来攻击。它主要包括系统安全和数据安全,其中 (64) 属于数据安全措施。

(64) A. 系统管理              B. 文件备份
     C. 系统备份              D. 入侵检测系统的配备

- 如果一个被A、B两项服务占用的处理器在高峰阶段的使用率为75%,假设系统本身占用5%,那么剩下的70%如果被A、B两项服务均分,各为35%,不管A还是B对处理器占用翻倍,处理器都将超出负载能力;如果剩下的70%中,A占60%,B占10%,A对处理器的占用范围会导致超载,但B对处理器的占用翻倍并不会导致处理器超载。由此我们可以看出,在分析某一项资源的使用情况时, (65) 。

(65) A. 要考虑资源的总体利用情况
     B. 要考虑各项不同服务对该项资源的占用情况
     C. 既要考虑资源的总体利用情况,还要考虑各项不同服务对该项资源的占用情况
     D. 资源的总体利用情况与各项不同服务对该项资源的占用情况取其中较为重要的一个方面考虑

- 电子邮件地址 liuhy@163.com 中,"liuhy"是 (66) 。

(66) A. 用户名  B. 域名      C. 服务器名     D. ISP名

- WWW服务器与客户机之间主要采用 (67) 协议进行网页的发送和接收。

(67) A. HTTP   B. URL      C. SMTP       D. HTML

- 5类非屏蔽双绞线(UTP)由 (68) 对导线组成。

(68) A. 2　　　　B. 3　　　　　C. 4　　　　　D. 5
- 以下列出的 IP 地址中，__(69)__ 不能作为目标地址。
  (69) A. 100.10.255.255　　　　B. 127.0.0.1
  　　 C. 0.0.0.0　　　　　　　　D. 10.0.0.1
- 三层 B/S 结构中包括浏览器、服务器和 __(70)__ 。
  (70) A. 解释器　　B. 文件系统　　C. 缓存　　D. 数据库
- A management information system __(71)__ the business managers the information that they need to make decisions. Early business computers were used for simple operations such __(72)__ tracking inventory, billing, sales, or payroll data, with little detail or structure. Over time, these computer applications became more complex, hardware storage capacities grew, and technologies improved for connecting previously __(73)__ applications. As more data was stored and linked, managers sought greater abstraction as well as greater detail with the aim of creating significant management reports from the raw, stored __(74)__. Originally, the term "MIS" described applications providing managers with information about sales, inventories, and other data that would help in __(75)__ the enterprise. Over time, the term broadened to include: decision support systems, resource management and human resource management, enterprise resource planning (ERP), enterprise performance management (EPM), supply chain management (SCM), customer relationship management (CRM), project management and database retrieval applications.

  (71) A. brings　　　B. gives　　　　C. takes　　　　D. provides
  (72) A. as　　　　　B. to　　　　　 C. as to　　　　 D. that
  (73) A. special　　 B. obvious　　　C. isolated　　　D. individual
  (74) A. data　　　　B. number　　　 C. word　　　　　D. detail
  (75) A. setting up　B. founding　　 C. improving　　 D. managing

# 下午考试

**（考试时间 150 分钟，满分 75 分）**

试题一（15 分）

【说明】
信息系统设计主要包括概要设计和详细设计。详细设计的主要任务是对每个模块完成的功能进行具体描述，并将功能描述转变为精确的、结构化的过程描述。详细设计一般包括代码设计、数据库设计、输入/输出设计、处理过程设计和用户界面设计等。其中，数据库设计分为 4 个主要阶段，在对应用对象的功能、性能和限制等要求进行分析后，进入对应用对象进行抽象和概括阶段，完成企业信息模型；处理过程设计是用一种合适的表达方法来描述每个模块的执行过程，并可由此表示方法直接导出用编程语言表示的程序。

【问题 1】（4 分）
请指出数据库设计过程主要包括哪 4 个阶段？
【问题 2】（4 分）
概念结构设计最常用的方法是什么？请简要说明其设计过程主要包括哪些步骤？
【问题 3】（7 分）

请指出处理过程设计常用的描述方式是哪3种,常用的图形表示方法是哪2种图?

## 试题二(15 分)

【说明】

某企业管理部门拟开发信息系统,部分需求分析结果如下:
(1) 管理部门有多个不同科室,科室信息主要包括科室编号、科室名称;
(2) 每一个科室由若干名科员组成,科员信息主要包括职工号、姓名、性别;
(3) 每个科室都有一名主管上级领导,上级领导信息主要包括编号、姓名、职务;
(4) 科室科员负责为职工提供服务,职工信息主要包括编号、姓名、车间,服务信息主要包括服务日期、服务事宜、处理结果。

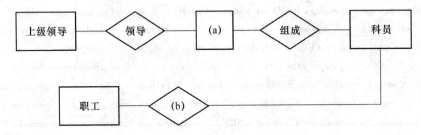

【问题1】(5分)

依据上述说明设计的实体-联系图如图 2-1 所示(不完整),请将图中(a)、(b)处正确实体名和联系名填写在对应的位置上。

【问题2】(5分)

请将图 2-1 对应的各实体之间的联系类型填写在答题纸对应的位置上。
(1) 上级领导与(a)之间的联系类型;
(2) (a)与科员之间的联系类型;
(3) 科员与职工之间的联系类型。

【问题3】(5分)

请指出科室、职工关系模式的主键,以及图 2-1 中(b)的属性,并将其填写在对应的位置上。

## 试题三(15 分)

【说明】

企业在应付全球化的市场变化中,战略管理和项目管理将起到关键性的作用。战略管理立足于长远和宏观,考虑的是企业的核心竞争力,以及围绕核心竞争力的企业流程再造、业务外包和供应链管理等问题;项目管理则立足于一定的时期,相对微观,主要考虑有限的目标、学习型组织和团队合作等问题。

项目管理是项目管理者在有限的资源约束下,运用系统的观点、方法和理论,对项目涉及的全部工作进行有效的管理,即从项目的投资决策开始到项目结束的全过程进行计划、组织、指挥、协调、控制和评价,以实现项目的目标。在领导方式上,它强调个人责任,实习项目经理负责制;在管理机构上,它采用临时性动态组织形式,即项目小组;在管理目标上,它坚持效益最优原则下的目标管理;在管理手段上,它有比较完整的技术方法。因此,项目管理是一项复杂的工作,具有创造性,需要集权领导并建立专门的项目组织,项目负责人在项目管理中起着非常重要的作用。

目前比较流行的项目管理知识体系(PMBOK)把项目管理分为九大知识领域,包括项目范围管理、项目进度管理、项目人力资源管理、项目沟通管理、项目采购管理等。信息系统中的项目管理同样包括九个方面的知识领域,只不过是具体的管理对象不同而已,其基本原理是共性的。

【问题1】(6分)

就一家公司而言,公司的战略管理和公司所实行的项目管理,两者有何联系与区别?

【问题2】(5分)

公司的项目管理具有什么特点?

【问题3】(4分)

按照项目管理知识体系(PMBOK)对项目管理九大知识领域的划分,除了项目范围管理、项目进度管理、项目人力资源管理、项目沟通管理、项目采购管理等五个方面外,还包括哪四个方面?

## 试题四(15分)

【说明】

企业信息化是企业以业务流程的优化和重构为基础,利用计算机技术、网络技术和数据库技术,集成化管理企业生产经营活动中的各种信息,实现企业内外部信息的共享和有效利用,以提高企业的经济效益和市场竞争力的一项建设工作,它涉及企业管理理念的创新,管理流程的优化,管理团队的重组和管理手段的创新。

企业信息化涉及面广,就制造型企业而言,企业信息化包括了生产过程控制的信息化、企业管理的信息化、企业供应链管理的信息化等内容。企业信息化建设要应用计算机辅助设计(CAD)、计算机辅助制造(CAM)、复杂工程结构设计(CAE)、辅助工艺设计(CAPP)、集散型控制系统(DCS)、计算机集成制造系统(CIMS)、计算机集成生产系统(CIPS)、事务处理系统(TPS)、管理信息系统(MIS)、决策支持系统(DSS)、智能决策支持系统(IDSS)、企业资源计划(ERP)、产品数据管理(PDM)、安全防范系统(PPS)、办公自动化(OA)等软件工具以及企业网站建设等。而事实上,企业信息化建设的主要工作之一就是选择各种适宜的软件以应用于企业的各项工作,从而提高企业各项工作的现代化管理水平。

【问题1】(4分)

结合实际工作对企业信息化的了解,你认为应该从哪些方面正确理解企业信息化?

【问题2】(4分)

企业信息化是一项系统工程,涉及面广,请根据你对企业信息化的认知,用箭线标出下列左右各项的单一对应关系。

| 企业信息化的基础 | 计算机技术 |
| 企业信息化的实现手段 | 企业的管理和运行模式 |
| 企业建设信息化的关键点 | 人机合一的有层次的系统工程 |
| 企业信息化建设的突出特征 | 信息的集成和共享 |

【问题3】(7分)

企业信息化建设包括了生产过程控制的信息化、企业管理的信息化、企业供应链管理的信息化等内容,不同的建设内容应用的软件工具不完全相同,请根据【说明】指出哪些软件常用于生产过程控制的信息化建设(指出3项)?哪些软件常用于企业管理信息化建设(指出4项)?

## 试题五(15分)

【说明】

IT外包是指企业将其IT部门的职能全部或部分外包给专业的第三方管理,集中精力发展企业的核心业务。选择IT外包服务能够为企业带来诸多的好处,如计算机系统维护工作外包可解决人员不足或没有的问题,将应用系统和业务流程外包,可使企业用较低的投入获得较高的信息化建设和应用水平。依据某研究数据,选择IT外包服务能够为企业节省65%以上的人员开支,并减少人力资源管理成本,使公司更专注于自己的核心业务,并且可以获得更为专业,更为全面的稳定热情服务。因此,外包服务以其有效减低成本、增强企业核心竞争力等特性成了越来越多企业采取的一项重要的商业措施。

IT外包成功的关键因素之一就是选择具有良好社会形象和信誉、相关行业经验丰富、能够引领或紧跟信息技术法阵的外包商作为战略合作伙伴。因此,对外包商的资格审查应从技术能力、经营管理能力和发展能力等方面着手。具体而言,应包括外包商提供的信息技术产品是否具备创新性、开放性、安全性、兼容性;

外包商是否具有信息技术方面的资格认证,如软件厂商证书等;外包商的领导层结构、员工素质、客户数量、社会评价;外包商的项目管理水平;外包商所具有的良好运营管理能力的成功案例;员工间团队合作精神;外包商客户的满意程度;外包服务商财务指标和盈利能力;外包服务商的技术费用支出合理等等。

IT外包有着各种各样的利弊。在IT外包日益普遍的形势下,企业应该发挥自身的作用,应该重视外包商选择中的约束机制,应该随时洞察技术的发展变化,应该不断汲取新的知识,倡导企业内良好的IT学习氛围等,以最大程度的保证企业IT项目的成功实施呢。

**【问题1】(4分)**
IT外包已成为未来发展趋势之一,那么IT外包对企业有何好处?

**【问题2】(4分)**
外包成功的关键因素就是选择外包商,那么你认为选择外包商的标准有哪些?

**【问题3】(4分)**
外包商资格审查的内容之一就是其经营管理能力,请简要说明外包商的经营管理能力具体应包括哪些方面?

**【问题4】(3分)**
企业的IT外包也会面临一定的风险,应采取哪些措施来控制外包风险?

## 上午试卷答案解析

(1) 答案:B

**解析**:本考点考查关于计算机基本组成和计算机的系统结构的基本概念。

计算机基本组成包括中央处理器、存储器、常用I/O设备。

CPU是计算机的控制中心,主要由运算器、控制器、寄存器组和内部总线等部件组成。控制器由程序计数器、指令寄存器、指令译码器、时序产生器和操作控制器组成,它是发布命令的"决策机构",即完成协调和指挥整个计算机系统的操作。它的主要功能有:从内存中取出一条指令,并指出下一条指令在内存中的位置;对指令进行译码或测试,并产生相应的操作控制信号,以便启动规定的动作;指挥并控制CPU、内存和输入输出设备之间数据的流动。

(2) 答案:A

**解析**:本考点考查关于计算机的性能指标。

① 运算速度

运算速度是衡量CPU工作快慢的指标,一般以每秒完成多少次运算来度量。当今计算机的运算速度可达每秒万亿次。计算机的运算速度与主频有关,还与内存、硬盘等工作速度及字长有关。

② 字长

字长是CPU一次可以处理的二进制位数,字长主要影响计算机的精度和速度。字长有8位、16位、32位和64位等。字长越长,表示一次读写和处理的数的范围越大,处理数据的速度越快,计算精度越高。

③ 主存容量

主存容量是衡量计算机记忆能力的指标。容量大,能存入的字数就多,能直接接纳和存储的程序就长,计算机的解题能力和规模就大。

④ 输入输出数据传输速率

输入输出数据传输速率决定了可用的外设和与外设交换数据的速度。提高计算机的输入输出传输速率可以提高计算机的整体速度。

⑤ 可靠性

可靠性指计算机连续无故障运行时间的长短。可靠性好,表示无故障运行时间长。

⑥ 兼容性

任何一种计算机中,高档机总是低档机发展的结果。如果原来为低档机开发的软件不加修改便可以在它的高档机上运行和使用,则称此高档机为向下兼容。

因此,选择A。

(3) 答案:A

**解析**:本题考查操作系统的基本概念。操作系统的任务有是:管理计算机系统中的软、硬件资源;把源程序转换为目标代码的是编译或汇编程序;负责存取数据库中的各种数据的是数据库管理系统;负责文字格式编排和数据计算是文字处理软件和计算软件。因此,选择B。

(4) 答案:B

**解析**:本题考查程序语言的基本概念。把源程序转换为目标代码的是编译或汇编程序,是通过编译软件实现的;编译器和汇编程序都经常依赖于连接程序,它将分别在不同的目标文件中编译或汇编的代码收集到一个可直接执行的文件中。在这种情况下,目标代码,即还未被连接的机器代码,与可执行的机器代码之间就有了区别。连接程序还连接目标程序和用于标准库函数的代码,以及连接目标程序和由计算机的操作系统提供的资源(例如,存储分配程序及输入与输出设备)。因此,正确答案是B。

(5) 答案:A

**解析**:数据的逻辑结构分为线性结构和非线性结构。线性结构是n个数据元素的有序(次序)集合。

相对应于线性结构,非线性结构的逻辑特征是一个结点元素可能对应多个直接前驱和多个后驱。常用的线性结构有:线性表、栈、队列、双队列、数组、串。关于广义表,是一种非线性的数据结构。常见的非线性结构有:树(二叉树等)、图(网等)。因此,选择A。

(6) 答案:C

**解析**:二叉树主要有三种遍历方法,先序遍历,中序遍历,后序遍历。先序遍历是先访问前根节点,再访问其左子树,最后访问右子树。后序遍历是先访问根节点的子树,再访问根节点。因此,选择C。

(7) 答案:C

❋ 解析:UML 是一种可视化语言,是一组图形符号,是一种图形化语言;UML 并不是一种可视化的编程语言,但用 UML 描述的模型可与各种编程语言直接相连,这意味着可把用 UML 描述的模型映射成编程语言,甚至映射成关系数据库或面向对象数据库的永久存储。UML 是一种文档化语言,适于建立系统体系结构及其所有的细节文档,UML 还提供了用于表达需求和用于测试的语言,最终 UML 提供了对项目计划和发布管理的活动进行建模的语言。因此,C 不正确。

(8) 答案:A

❋ 解析:用例图从用户角度描述系统功能,并指出各功能的操作者,因此可在需求阶段用于获取用户需求并建立用例模型;类图用于描述系统中类的静态结构;顺序图显示对象之间的动态合作关系,强调对象之间消息发送的顺序,同时显示对象之间的交互;状态图描述类的对象所有可能的状态以及事件发生时状态的转移条件。因此,可利用用例图描述系统的外部角色和功能要求。

(9) 答案:B

❋ 解析:本题考查数据库关系运算方面的基础知识。系模型中常用的关系操作包括选择、投影、连接、除、并、交、差等查询操作,和增加、删除、修改操作两大部分。

(10) 答案:C

❋ 解析:结构化查询语言 SQL 是集数据定义语言触发器(DDL)、数据操纵语言触发器和数据控制功能于一体的数据库语言。SQL 的数据操纵语言触发器(DML)是介于关系代数和关系演算之间的一种语言。因此,选择 C。

(11) 答案:A

❋ 解析:本题考查信息系统开发中分析阶段的基础知识。实体关系图(E-R 图)是指以实体、关系和属性三个基本概念概括数据的基本结构,从而描述静态数据结构的概念模式,多用于数据库概念设计,建立数据库的概念模型。

(12) 答案:B

❋ 解析:本题考查的是数据库的安全性控制。用户标识与鉴别是系统提供的最外层安全保护措施。每次登录系统时,由系统对用户进行核对,之后还要通过口令进行验证,以防止非法用户盗用他人的用户名进行登录。优点:简单,可重复使用,但容易被窃取,通常需采用较复杂的用户身份鉴别及口令识别。DBMS 的存取控制机制确保只有授权用户才可以在其权限范围内访问和存取数据库。存取控制机制包括两部分:定义用户权限,并登记到数据字典中合法权限检查;用户请求存取数据库时,DBMS 先查找数据字典进行合法权限检查,看用户的请求是否在其权限范围之内。视图机制是为不同的用户定义不同的视图,将数据对象限制在一定的范围内。

(13) 答案:D

❋ 解析:结构化开发方法是一种面向数据流的开发方法。Jackson 开发方法是一种面向数据结构的开发方法。

Booch 和 UML 方法是面向对象的开发方法。因此,选择 D。

(14) 答案:A

❋ 解析:系统可扩充性是指系统处理能力和系统功能的可扩充程度,分为系统结构的可扩充能力、硬件设备的可扩充性和软件功能可扩充性等。可移植性是指将系统从一种硬件环境、软件环境下移植到另一种硬件环境、软件环境下所付出努力的程度,该指标取决于系统中硬件特征以及系统分析和设计中关于其他性能指标的考虑。可维护性是指将系统从故障状态恢复到正常状态所需努力的程度,通常使用"平均修复时间"来衡量系统的可维护性。系统可重用性是指系统和(或)其组成部分能够在其他系统中重复使用的程度,分为硬件可重用性和软件可重用性。因此,选择 A。

(15) 答案:D

❋ 解析:软件开发各阶段会产生一些图表和文档:

需求分析:数据流图、数据字典、软件需求说明书等。

总体(概要)设计:系统结构图、层次图+输入/处理/输出图、概要设计说明书等。

详细设计:程序流程图、盒图、问题分析图、伪码、详细设计说明书等。

程序编码:相应的文档与源代码。

因此,选择 D。

(16) 答案:A

❋ 解析:系统结构设计确定程序由哪些模块组成以及这些模块相互间的关系。接口设计的结果描述了软件内部、软件与协作系统之间以及软件与使用它的人之间的通信方式,因此选择 A。

(17) 答案:C

❋ 解析:软件设计各阶段的设计要点如下:

① 需求分析:准确了解与分析用户需求(包括数据与处理)。

② 概念结构设计:通过对用户需求进行综合、归纳与抽象,形成一个独立于具体 DBMS 的概念模型。

③ 逻辑结构设计:将概念结构转换为某个 DBMS 所支持的数据模型,并对其进行优化。

④ 数据库物理设计:为逻辑数据模型选取一个最适合应用环境的物理结构(包括存储结构和存取方法)。

⑤ 数据库实施:设计人员运用 DBMS 提供的数据语言、工具及宿主语言,根据逻辑设计和物理设计的结果建立数据库,编制与调试应用程序,组织数据入库,并进行试运行。

⑥ 数据库运行和维护:在数据库系统运行过程中对其进行评价、调整与修改。因此选择 C。

(18) 答案:D

❋ 解析:引入角色机制的目的是简化对用户的授权与管理,一般来说,系统提供如下功能:角色管理界面,由用户定义角色,给角色赋权限;用户角色管理界面,由用户给系统用户赋予角色;一些优秀系统,还支持用户定义权限,这样新增功能的时候,可以将需要保护的功能添加到系统。因此,选择 D。

(19) **答案:** A

* **解析:** 系统开发的生命周期分为系统规划、系统分析、系统设计、系统实施、系统运行和维护五个阶段。

系统设计的主要内容包括:、系统流程图的确定、程序流程图的确定、编码、输入、输出设计、文件设计、程序设计等。因此,程序流程图是进行编码的依据。

(20) **答案:** B

* **解析:** 面向对象的软件开发过程包括分析、系统设计、开发类、组装测试和应用维护等。其中分析过程包括问题域分析、应用分析,此阶段主要识别对象及对象之间的关系,最终形成软件的分析模型,并进行评估。设计阶段主要构造软件总的模型,实现相应源代码,在此阶段,需要发现对象的过程,确定接口规格。因此,选择 B。

(21)(22) **答案:** A B

* **解析:** 模块测试也被称为单元测试,主要从模块的 5 个特征进行检查:模块结构、局部数据结构、重要的执行路径、出错处理和边界条件。联合测试也称为组装测试或集成测试,主要是测试模块组装之后可能会出现的问题。验收测试也被称为确认测试,是以用户为主的测试,主要验证软件的功能、性能、可移植性、兼容性、容错性等,测试时一般采用实际数据。(、(测试就是属于验收测试。系统测试是将已经确认的软件、计算机硬件、外设、网络等其他元素结合在一起,进行信息系统的各种组装测试和确认此时,其目的是通过与系统的需求相比较,发现所开发的系统与用户需求不符或矛盾的地方。

是否实现系统设计说明书的要求是指的模块结构和数据结构检查,模块能否与其他模块按照规定方式正确工作是模块的兼容性检查。因此,分别选择 A 和 B。

(23) **答案:** B

* **解析:** 黑盒测试也称功能测试,将软件看成黑盒子,在完全不考虑软件内部结构和特性的情况下,测试软件的外部特性。白盒测试也称结构测试,将软件看成透明的白盒,根据程序的内部结构和逻辑来设计测试用例,对程序的路径和过程进行测试,检查是否满足设计的需要。排错(即

调试)与成功的测试形影相随。测试成功的标志是发现了错误。根据错误迹象确定错误的原因和准确位置,并加以改正的主要依靠排错技术。

因此,选择 B。

(24) **答案:** A

* **解析:** 国际电信联盟(ITU)对媒体做如下分类:

① 感觉媒体:例如,人的语音、文字、音乐、自然界的声音、图形图像、动画、视频等都属于感觉媒体。

② 表示媒体:表示媒体表现为信息在计算机中的编码,如 ACSII 码、图像编码、声音编码等。

③ 表现媒体:又称为显示媒体,是计算机用于输入输出信息的媒体,如键盘、鼠标、光笔、显示器、扫描仪、打印机、数字化仪等。

④ 存储媒体:也称为介质。常见的存储媒体有硬盘、软盘、磁带和 CDROM 等。

⑤ 传输媒体:例如电话线、双绞线、光纤、同轴电缆、微波、红外线等。

因此,选择 A。

(25) **答案:** D

* **解析:** 音频信息数字化具体操作:通过取样、量化和编码三个步骤,用若干代码表示模拟形式的信息信号,再用脉冲信号表示这些代码来进行处理、传输/存储。因此,第一步是采样量化,也即 A/D 转换。

(26) **答案:** B

* **解析:** 向计算机输入数据和信息的设备。是计算机与用户或其他设备通信的桥梁。输入设备是用户和计算机系统之间进行信息交换的主要装置之一。键盘,鼠标,摄像头,扫描仪,光笔,手写输入板,游戏杆,语音输入装置等都属于输入设备输入设备(Input Device)是人或外部与计算机进行交互的一种装置,用于把原始数据和处理这些数的程序输入到计算机中。一般的输入设备是键盘、鼠标、扫描仪等。输出设备是显示器、投影仪、打印机等。因此,选择 B。

(27) **答案:** D

* **解析:** 音频数据量=采样频率×量化位数×声道数/8 (字节/秒)

| 采样频率 | 量化位数 | 声道数 |
| --- | --- | --- |
| 每秒钟抽取声波幅度样本的次数 | 每个采样点用多少二进制位表示数据范围 | 使用声音通道的个数 |
| 采样频率越高<br>声音质量越好<br>数据量也越大 | 量化位数越多<br>音质越好<br>数据量也越大 | 立体声比单声道的表现力丰富,<br>但数据量翻倍 |

音量放大倍数与以上三个要素无关,选择 D。

(28) **答案:** A

* **解析:** 以像素点阵形式描述的图像称为位图。选项

A 为本题正确答案。

(29) **答案:** A

* **解析:** 美术等作品原件所有权的转移,不视为作品

著作权的转移,但美术作品原件的展览权由原件或者其继承人行使,著作权仍属于画家,因此,侵犯了画家的著作权,选择A。

(30) 答案:C

❋ 解析:专利权是指政府有关部门向发明人授予的在一定期限内生产、销售或以其他方式使用发明的排他权利。该公司只获得注册商标,并没有申请相关专利或者获得有关专利权的授予,因此,不享有专利权,选择C。

(31) 答案:A

❋ 解析:软件归属权问题:当公民作为某个单位的雇员时,如其开发的软件属于执行本职工作的结果,该软件著作权应当归单位享有。若开发的软件不是执行本职工作的结果,其著作权就不属于单位享有。如果该雇员主要使用了单位的设备则著作权不能属于该雇员个人享有。因此,选择A。

(32) 答案:C

❋ 解析:根据《专利法》职务发明创造的确认:职务发明是指发明创造人执行本单位的任务或者主要是利用本单位的物质技术条件所完成的发明创造。职务发明包括执行本单位的任务所完成的发明创造。具体包括:在本职工作中做出的发明创造。履行本单位交付的本职工作之外的任务所完成的发明创造。退职、退休或者调动工作后1年内做出的,与其在原单位承担的本职工作或者原单位分配的任务有关的发明创造。因此,此项发明的专利申请权应归属公司享有。

(33) 答案:B

❋ 解析:依据我国"标准化法",我国标准可分为国家标准、行业标准、地方标准和企业标准。GB是指国家标准,GJB是指国军标,属于行业标准,DB11是地方标准,Q是指企业标准。本题的正确答案为B。

(34) 答案:A

❋ 解析:《GB 8567-88 计算机软件产品开发文件编制指南》是强制性国家标准,违反该标准而造成不良后果时,将依法根据情节轻重受到行政处罚或追究刑事责任。

(35) 答案:C

❋ 解析:企业信息化建设是企业适应信息技术快速发展的客观要求,企业信息化建设涉及方方面面,即有硬件建设,也有软件建设;既包括组织建设,也需要员工个人素质的全面提高;它不仅仅是部门内部的建设,更是部门间的资源共享和业务协同。因此企业信息化的最终目标是实现各种不同业务信息系统间跨地区、跨行业、跨部门的信息共享和业务协同。因此,企业信息化建设的根本目的是实现一种有机结合,选择C。

(36) 答案:A

❋ 解析:企业IT战略规划进行战略性思考的时候可以从以下几方面考虑。
① IT战略规划目标的制定要具有战略性,确立与企业战略目标相一致的企业IT战略规划目标,并且以支撑和推动企业战略目标的实现作为价值核心。

② IT战略规划要体现企业核心竞争力要求,规划的范围控制要紧密围绕如何提升企业的核心竞争力来进行,切忌面面俱到的无范围控制。

③ IT战略规划目标的制定要具有较强的业务结合性,深入分析和结合企业不同时期的发展要求,将建设目标分解为合理可行的阶段性目标,并最终转化为企业业务目标的组成部分。

④ IT战略规划对信息技术的规划必须具有策略性,对信息技术发展的规律和趋势要具有敏锐的洞察力,在信息化规划时就要考虑到目前以及未来发展的适应性问题。

⑤ IT战略规划对成本的投资分析要有战术性,既要考虑到总成本投资韵最优,又要结合企业建设的不同阶段做出科学合理的投资成本比例分析,为企业获得较低的投舒散益比。

⑥ IT战略规划要对资源的分配和切入时机进行充分的可行性评估。

因此,选择A。

(37) 答案:B

❋ 解析:系统管理指的是IT的高效运作和管理,而不是IT战略规划。IT规划关注的是组织的IT方面的战略问题,而系统管理是确保战略得到有效执行的战术性和运作性活动。系统管理核心目标是管理客户(业务部门)的IT需求,如何有效利用IT资源恰当地满足业务部门的需求是它的核心使命。因此,选择B。

(38) 答案:C

❋ 解析:解决业务相关的问题的首要步骤就是从该应用软件的自身性能出发进行优化与管理。因此,解决订单处理速度缓慢的首要步骤就是改善订单业务软件的性能,选择C。

(39) 答案:D

❋ 解析:在当今电子商务环境越来越复杂的情况下,新的策略需要获得最大化业务效率,需要实现自修复和自调整功能,因此,企业迫切需要对其IT环境进行有效做自动化管理,以确保业务的正常运行。企业级的系统管理需要考虑多个因素。自动化管理符合业界的一些最佳实践标准,提供集成统一的管理体系,着重考虑服务水平的管理,将IT管理与业务优先级紧密联系在一起。因此,选择D。

(40) 答案:A

❋ 解析:IT系统管理职能范围:IT财务管理、服务级别管理、问题管理、配置及变更管理、能力管理、IT业务持续性管理等。服务级别管理是定义、协商、订约、检测和评审提供给客户服务的质量水准的流程。它的作用是:
① 准确了解业务部门的服务需求,节约组织成本,提高IT投资效益。
② 对服务质量进行量化考核。
③ 监督服务质量。
④ 明确职责,对违反服务级别协议的进行惩罚。因此,选择A。

(41) 答案:D

※ 解析：IT财务管理作为重要的IT系统管理流程，可以解决IT投资预算、IT成本、效益核算和投资评价等问题，从而为高层管理提供决策支持。因此，企业要走出"信息悖论"的沼泽，通过IT财务管理流程对IT服务项目的规划、实施和运作进行量化管理是一种有效的手段。因此，选择D。

（42）**答案**：B

※ 解析：IT会计核算子流程的主要目标在于，通过量化IT服务运作过程中所耗费的成本和收益，为IT服务管理人员提供考核依据和决策信息。该子流程所包括的活动主要有：IT服务项目成本核算、投资评价、差异分析和处理。这些活动分别实现了对IT项目成本和收益的事中和事后控制。因此，选择B。

（43）**答案**：A

※ 解析：本考点考查IT部门人员管理：IT组织及职责设计、IT人员的教育与培训、第三方/外包的管理。因此，选项A是最符合的。

（44）**答案**：A

※ 解析：本题考查的是系统管理规划。IT性能和可用性管理可以为错综复杂的IT系统提供"中枢神经系统"，这些系统不断地收集有关的硬件、软件和网络服务信息，可以分别从组件、业务系统和整个企业的角度来监控电子商务。该管理计划可以有效识别重大故障、疑难故障和不良影响，然后会通知支持人员采取适当措施，或者在许多情况下进行有效修复以避免故障发生。因此，选择A。

（45）**答案**：D

※ 解析：本题考查第十七章系统管理，系统运行过程中的关键操作、非正常操作、故障、性能监控、安全审计等信息，应该实时或随后形成系统运维报告，并进行分析以改进系统管理水平。包括系统日常操作日志、性能/能力规划报告、故障管理报告。因此，选择D。

（46）**答案**：A

※ 解析：本题考查的是第十七章系统管理综述的基本知识。组织结构的设计受到许多因素的影响和限制，同时需要考虑和解决以下问题。

客户位置，是否需要本地帮助台、本地系统管理员或技术支持人员；如果实行远程管理IT服务的话，是否会拉开IT服务人员与客户之间的距离。

IT员工工作地点，不同地点的员工之间是否存在沟通和协调困难；哪些职能可以集中化；哪些职能应该分散在不同位置（如是否为客户安排本地系统管理员）。

IT服务组织的规模，是否所有服务管理职能能够得到足够的支持，对所提供的服务而言，这些职能是否都是必要的：大型组织可以招聘和留住专业化人才，但存在沟通和协调方面的风险；小型组织虽沟通和协调方面的问题比大型组织少，但通常很难留住专业化人才。

基础架构的特性，组织支持单一的还是多厂商架构以支持不同硬件和软件，需要哪些专业技能：服务管理职能和角色能否根据单一平台划分。

因此，选择A。

（47）**答案**：D

※ 解析：本题考查的是第十七章IT部门人力资源管理的基本知识。

IT部门的人力资源管理是从部门的人力资源规划及考核激励开始的，用于保障企业各IT活动的人员配备。然而，在做好了IT部门的人力资源规划基础之上，更为重要的是建设IT人员教育与培训体系以及为员工制定职业生涯发展规划，让员工与IT部门和企业共同成长。

因此，选择D。

（48）**答案**：C

※ 解析：本题考查的是第十七外包的基本知识。外包合同中的关键核心的文件就是服务等级协议（SLA）。SLA是评估外包服务质量的重要标准，可以说，Sony的经验中最可贵的一条就在这里：如果不把问题细化到SLA的层面，空谈外包才是最大的风险。在合同当中要明确合作双方各自的角色和职责，明确判断项目是否成功的衡量标准。同样需要明确的是合同的奖惩条款和终止条款。让合同具有一定的弹性和可测性，根据对公司未来发展状况的预测将条款限定在一个合理的能力范围之内。要保证合同当中包含一个明确规定的变化条款，以在必要的时候利用该条款来满足公司新业务的需求。因此，选择C。

（49）**答案**：A

※ 解析：本题考查的是第十七章外包风险控制。IT外包有着各种各样的利弊。在IT外包日益普遍的浪潮中，企业应该发挥自身的作用，降低组织IT外包的风险，以最大程度地保证组织IT项目的成功实施。具体而言，可从以下几点入手：

① 加强对外包合同的管理。
② 对整个项目体系的规划。
③ 对新技术敏感。
④ 不断学习。

因此，选择A。

（50）**答案**：B

※ 解析：本题考查的是第十七章系统日常操作管理的基本知识。

系统日常操作管理是整个IT管理中直接面向客户及最为基础的部分，它涉及企业日常作业调度管理、帮助服务台管理、故障管理及用户支持、性能及可用性保障和输出管理等。

① 性能及可用性管理。性能及可用性管理提供对于网络、服务器、数据库、应用系统和Web基础架构的全方位的性能监控，通过更好的性能数据分析、缩短分析和排除故障的时间，甚至是杜绝问题的发生，这就提高了IT员工的工作效率，降低了基础架构的成本。

② 系统作业调度。在一个企业环境中，为了支持业务的运行，每天都有成千上万的作业被处理。而且，这些作业往往是枯燥无味的，诸如数据库备份和订单处理等。

③ 帮助服务台。帮助服务台可以使企业能够有效地管理故障处理申请，快速解决客户问题，并且记录和索引系统问题及解决方案，共享和利用企业知识，跟踪和监视服务水

平协议(SLA),提升对客户的IT服务水平。

④ 输出管理。输出管理的目标就是确保将适当的信息以适当的格式提供给全企业范围内的适当人员。企业内部的员工可以很容易地获取各种文件,并及时取得其工作所需的信息。

因此,选择 B。

**(51) 答案:A**

❀ 解析:本题考查的是第十七章用户安全管理审计的基本知识。

用户安全管理审计主要用于与用户管理相关的数据收集、分析和存档以支持满足安全需要的标准。用户安全管理审计主要是在一个计算环境中抓取、分析、报告、存档和抽取事件和环境的记录。安全审计分析和报告可以是实时的,就像入侵检测系统,也可以是事后的分析。

用户安全管理审计的主要功能包括如下内容。

① 用户安全审计数据的收集,包括抓取关于用户账号使用情况等相关数据。

② 保护用户安全审计数据,包括使用时间戳、存储的完整性来防止数据的丢失。

③ 用户安全审计数据分析,包括检查、异常探测、违规分析、入侵分析。

因此,选择 A。

**(52) 答案:B**

❀ 解析:本题考查的是第十七章成本管理的基本知识。

IT服务工作量预测:IT工作量是成本变化的一个主要原因之一,因此,在编制预算的时候,要预测未来IT工作量。不仅成本管理活动需要估计工作量,在服务级别管理和容量管理中也需要对工作量进行预测。工作量预测将以工作量的历史数据为基础,考虑数据的更新与计划的修改,得出未来的 IT 工作量。

因此,选择 B。

**(53) 答案:D**

❀ 解析:本题考查的是第十七章计费管理的基本知识。

通过向客户收取 IT 服务费用,一般可以迫使业务部门有效地控制自身的需求、降低总体服务成本,并有助于IT财务管理人员重点关注那些不符合成本效益原则的服务项目。因此,从上述意义上来说,IT 服务计费子流程通过构建一个内部市场并以价格机制作为合理配置资源的手段,使客户和用户自觉地将其真实的业务需求与服务成本结合起来,从而提高了 IT 投资的效率。

因此,选择 D。

**(54) 答案:B**

❀ 解析:本题考查的是计费管理的基本知识。

为 IT 服务定价是计费管理的关键问题,其中涉及下列主要问题:确定定价目标、了解客户对服务的真实需求、准确确定服务的直接成本和间接成本、确定内部计费的交易秩序。

因此,关键问题在于服务定价的确定。

**(55) 答案:C**

❀ 解析:本题考查的是资源管理的基本知识。

IT 资源管理可以为企业的 IT 系统管理提供支持,而IT 资源管理能否满足要求在很大程度上取决于 IT 基础架构的配置及运行情况的信息。配置管理就是专门负责提供这方面信息的流程。配置管理提供的有关基础架构的配置信息可以为其他服务管理流程提供支持,如故障及问题管理人员需要利用配置管理流程提供的信息进行事故和问题的调查和分析,性能及能力管理需要根据有关配置情况的信息来分析和评价基础架构的服务能力和可用性。因此,选择 C。

**(56) 答案:A**

❀ 解析:本题考查的是软件管理的基本知识。

当前,IT 部门需要处理的日常事务大大超过了他们的承受能力,他们要跨多个操作系统部署安全补丁和管理多个应用。在运营管理层面上,他们不得不规划和执行操作系统移植、主要应用系统的升级和部署。这些任务在大多数情况下需要跨不同地域和时区在多个硬件平台上完成。如果不对这样的复杂性和持久变更情况进行管理,将导致整体生产力下降,额外的部署管理成本将远远超过软件自身成本。因此,软件分发管理是基础架构管理的重要组成部分,可以提高 IT 维护的自动化水平,实现企业内部软件使用标准化,并且大大减少维护 IT 资源的费用。

**(57) 答案:B**

❀ 解析:本题考查的是第十八章软件管理的基本知识。在相应的管理工具的支持下,软件分发管理可以自动化或半自动化地完成下列软件分发任务。

① 软件部署

IT 系统管理人员可将软件包部署至遍布网络系统的目标计算机,对它们执行封装、复制、定位、推荐和跟踪。软件包还可在允许最终用户干预或无须最终用户干预的情况下实现部署,而任何 IT 支持人员均不必亲自前往。

② 安全补丁分发

随着 Windows 等操作系统的安全问题越来越受到大家的关注,每隔一段时间微软公司都要发布修复系统漏洞的补丁,但很多用户仍不能及时使用这些补丁修复系统,在病毒爆发时就有可能造成重大损失。通过结合系统清单和软件分发,安全修补程序管理功能能够显示计算机需要的重要系统和安全升级,然后有效地分发这些升级。并就每台受控计算机所需安全修补程序做出报告,保障了基于 Windows 的台式机、膝上型计算机和服务器安全。

③ 远程管理和控制

对于 IT 部门来说,手工对分布空间很大的个人计算机进行实际的操作将是烦琐而效率低下的。有了远程诊断工具,可帮助技术支持人员及时准确获得关键的系统信息,这样他们就能花费较少的时间诊断故障并以远程方式解决问题。

因此,选择 B。

(58) 答案:B

★ 解析:本题考查的是安全管理。对网络系统的安全性进行审计主要包括对网络安全机制和安全技术进行审计,包括接入管理、安全监视和安全恢复三个方面。接入管理主要处理好身份管理和接入控制,以控制信息资源的使用;安全监视主要功能有安全报警设置以及检查跟踪;安全恢复主要是及时恢复因网络故障而丢失的信息。

(59) 答案:C

★ 解析:在数据的整个生命周期中,不同的数据需要不同水平的性能、可用性、保护、迁移、保留和处理。通常情况下,在其生命周期的初期,数据的生成和使用都需要利用高速存储,并相应地提供高水平的保护措施,以达到高可用性和提供相当等级的服务水准。随着时间的推移,数据的重要性会逐渐降低,使用频率也会随之下降。伴随着这些变化的发生,企业就可以将数据进行不同级别的存储,为其提供适当的可用性、存储空间、成本、性能和保护,并且在整个生命周期的不同阶段都能对数据保留进行管理。因此,选择 C。

(60) 答案:C

★ 解析:本题考查的是第十九章故障管理流程的基本知识。故障管理流程的第一项基础活动是故障监视,大多数故障都是从故障监视活动中发现的。故障管理流程具体是故障监视、故障调研、故障支持和恢复处理、故障分析和定位、故障终止、故障处理跟踪。因此,选择 C。

(61) 答案:A

★ 解析:本题考查的是故障管理的基本知识。

经过故障查明和记录,基本上能得到可以获取的故障信息,接下来就是故障的初步支持。这里强调初步的目的是为了能够尽可能快地恢复用户的正常工作,尽量避免或者减少故障对系统服务的影响。

"初步"包括两层含义:一是根据已有的知识和经验对故障的性质进行大概划分,以便采取相应的措施;二是这里采取的措施和行动不以根本上解决故障为目标,主要目的是维持系统的持续运行,如果不能较快找到解决方案,故障处理小组就要尽量找到临时性的解决办法。

因此,选择 A。

(62) 答案:A

★ 解析:本题考查的是问题控制和管理的基本知识。

问题控制过程与故障控制过程极为相似并密切相关。故障控制重在解决故障并提供响应的应急措施。一旦在某个或某些事物中发现了问题,问题控制流程便把这些应急措施记录在问题记录中,同时也提供对这些措施的意见和建议。

与故障管理的尽可能快地恢复服务的目标不同,问题管理是要防止再次发生故障,因此,问题管理流程需要更好地进行计划和管理,特别是对那些可能引起业务严重中断的故障更要重点关注并给予更高的优先级。

因此,选择 A。

(63) 答案:D

★ 解析:本题考查的是问题控制和管理的基本知识。

鱼骨图法是分析问题原因常用的方法之一。在问题分析中,"结果"是指故障或者问题现象,"因素"是指导致现象的原因。鱼骨图就是将系统或服务的故障或者问题作为"结果",以导致系统发生失效的诸因素作为"原因"绘出图形,进而通过图形分析从错综复杂、多种多样的因素中找出导致问题出现的主要原因的一种图形。因此,鱼骨图又称因果图法,选择 D。

(64) 答案:B

★ 解析:本题考查的是安全管理。

信息系统的数据安全措施主要分为 4 类:数据库安全,对数据库系统所管理的数据和资源提供安全保护;终端识别,系统需要对联机的用户终端位置进行核定;文件备份,备份能在数据或系统丢失的情况下恢复操作,备份的频率应与系统、应用程序的重要性相联系;访问控制,指防止对计算机及计算机系统进行非授权访问和存取,主要采用两种方式实现,一种是限制访问系统的人员,另一种是限制进入系统的用户所能做的操作。前一种主要通过用户标识与验证来实现,后一种依靠存取控制来实现。

因此,选择 B。

(65) 答案:C

★ 解析:本题考查的是第二十一章系统能力管理。分析某一项资源的使用情况时,既要考虑该资源的总体利用情况,还要考虑各项不同服务对该项资源的占用情况。这样,在某些系统服务需要做出变更时,我们可以通过分析该服务目前该项资源的占用情况对变更及其对系统整体性能的影响进行预测,从而对系统变更提供指导。因此,选择 C。

(66) 答案:A

★ 解析:本题考查的是因特网基础知识。用户名是 liuhy,域名是 .com,服务器名是 163,因此,选择 A。

(67) 答案:A

★ 解析:本题考查的是因特网基础知识。要将网页传输到本地浏览器中,需要依靠 HTTP 协议。HTTP 协议(Hyper Text Transfer Protocol,超文本传输协议)是 Web 服务器与客户浏览器之间的信息传输协议,用于从 WWW 服务器传输超文本到本地浏览器,属于 TCP/IP 模型应用层协议。因此,选择 A。

(68) 答案:C

★ 解析:本题考查的是因特网基础知识。屏蔽双绞线分为 STP 和 FTP,STP 指每条线都有各自的屏蔽层,而 FTP 只在整个电缆均有屏蔽装置,并且两端都正确接地时才起作用。所以要求整个系统是屏蔽器件,包括电缆、信息点、水晶头和配线架等,同时建筑物需要有良好的接地系统。非屏蔽双绞线(UTP)是一种数据传输线,由四对不同颜色的传输线所组成,广泛用于以太网路和电话线中。因此,选择 C。

(69) 答案:C

★ 解析:本题考查的是第七章因特网基础知识。全 0

的 IP 地址表示本地计算机,在点对点通信中不能作为目标地址。A 类地址 100.255.255.255 属于广播地址,不能作为源地址。

(70) **答案**:D

❀ **解析**:本题考察的是第七章计算机网络体系结构。

三层客户/服务器模式(以下简称三层模式)在两层模式的基础上,增加了新的一级。这种模式在逻辑上将应用功能分为三层:客户显示层、业务逻辑层、数据层。客户显示层是为客户提供应用服务的图形界面,有助于用户理解和高效的定位应用服务。业务逻辑层位于显示层和数据层之间,专门为实现企业的业务逻辑提供了一个明确的层次,在这个层次封装了与系统关联的应用模型,并把用户表示层和数据库代码分开。这个层次提供客户应用程序和数据服务之间的联系,主要功能是执行应用策略和封装应用模式,并将封装的模式呈现给客户应用程序。数据层是三层模式中最底层,他用来定义、维护、访问和更新数据并管理

和满足应用服务对数据的请求。因此,选择 D。

(71)(72)(73)(74)(75) **答案**:B A C A D

❀ **解析**:管理信息系统给企业管理者做各种决定所需要的信息。早期的商用电脑用于简单的操作如跟踪库存、结算、销售或小型的工资数据。随着时间的推移,这些计算机的应用程序变得更加复杂,硬件存储容量的增长,需要改善连接这些先前孤立应用程序之间的技术。随着越来越多的数据存储和链接,管理者寻求更抽象以及更详细的目标,从原材料和存储的数据中创造更显著的管理报告。起初,"MIS"描述为管理者提供信息,这将有助于管理企业销售、存货和其他数据的应用程序。随着时间的推移,这个词逐步扩大到包括决策支持系统、资源管理和人力资源管理、企业资源规划(ERP)、企业绩效管理(EPM)、供应链管理(SCM)、客户关系管理(CRM)、项目管理库存储和检索应用程序。

## 下午试卷答案解析

**试题一分析**

本题主要考查的是信息系统设计的基本知识。包括内容有:

系统设计概述:系统设计的目标、系统设计的原则、系统设计的内容。

结构化设计方法和工具:结构化系统设计的基本原则、系统流程图、模块、HIPO 技术、控制结构图、模块结构图。

系统总体设计:系统总体布局方案、软件系统结构设计的原则、模块结构设计。

系统详细设计:代码设计、数据库设计、输入设计、输出设计、用户接口界面设计、处理过程设计。

系统设计说明书:系统设计引言、系统总体技术方案。

**参考答案**:

【问题1】

需求分析、概念结构设计、逻辑结构设计、物理结构设计。

【问题2】

① 实体-联系或 E-R。

② 选择局部应用、逐一设计分 E-R 图、E-R 图合并、修改重构、消除冗余。

【问题3】

① 图形、语言和表格。

② 流程图(程序框图)、盒图(或 NS 图)。

**试题二分析**

本题考查的是关系数据库 E-R 模型的相关知识。主管领导与科室之间、科室与科员之间是一个多对多的联系,多对多联系向关系模式转换的规则是:多对多联系只能转换成一个独立的关系模式,关系模式的名称取联系的名称,关系模式的属性取该联系所关联的两个多方实体的主键及联系的属性,关系的码是多方实体的主键构成的同性组。

**参考答案**:

【问题1】

(a) 科室

(b) 服务

【问题2】

(1) $1:n$(主管领导与科室之间是一对多联系)

(2) $1:n$(科室与科员之间是一对多联系)

(3) $m:n$(科员与职工之间是多对多联系)

【问题3】

科室:科室编号

职工:职工号

(b):服务日期、服务事宜、处理结果

**试题三分析**

本题考查的是第十六章中信息系统开发中企业项目管理和战略管理的基础知识。项目经理的主要职责包括开发计划、组织实施和项目控制,其中组织实施包括了团队建设。但是在项目中,要做到及时成功地完成并能达到或者超过预期的结果是很不容易的。项目组中必须有一个灵活而容易使用的沟通方法,从而使一些重要的项目信息及时更新,做到实时同步。问题1考查了战略管理和项目管理的联系与区别,问题2考查了项目管理的特征,问题3考查了项目管理知识体系涉及的九大领域。通过对说明的仔细阅读,可以在给出的文章中找出对应的答案。

**参考答案**:

【问题1】

联系:

两者有机联系,战略管理指导项目管理,项目管理支持战略管理,没有项目管理,公司的战略目标就无法顺利实现。

区别:

战略管理立足于长远和宏观,考虑的是企业的核心竞争力,以及围绕核心竞争力的企业流程再造、业务外包和供应链管理等问题；

项目管理则立足于一定的时期,相对微观,主要考虑有限的目标、学习型组织和团队合作等问题。

**【问题 2】**

(1) 管理对象是特定的软件,而不是其他对象,如房地产或教改项目等。

(2) 管理机构或组织具有临时性和动态性。

(3) 需要集权领导并建立专门的项目组织。

(4) 项目负责人在项目管理中起着非常重要的作用。

(5) 有比较完整的技术方法。

(6) 坚持效益最优原则下的目标管理。

(7) 工作复杂,管理方式需科学。

**【问题 3】**

项目成本管理、项目质量管理、项目风险管理、项目综合管理。

**试题四分析**

本题考查的是第十五章企业信息化的相关知识点。企业信息化建设是企业适应信息技术快速发展的客观要求,企业信息化建设涉及方方面面,即有硬件建设,也有软件建设；既包括组织建设,也需要员工个人素质的全面提高；它不仅仅是部门内部的建设,更是部门间的资源共享和业务协同。因此企业信息化的最终目标是实现各种不同业务信息系统间跨地区、跨行业、跨部门的信息共享和业务协同。问题 1 考查了企业信息化建设涉及哪些方方面面。问题 2 考查了企业信息化相关概念,包括基础、关键点、实现手段、突出特征等。问题 3 考查了企业信息化的软件建设资源管理。

**参考答案：**

**【问题 1】**

(1) 企业信息化是国家信息化、行业信息化等整个信息化建设的一项重要内容；

(2) 企业信息化必须利用计算机技术、网络技术和数据库技术等电子信息技术；

(3) 企业信息化是企业业务流程的优化或重构；

(4) 集成化管理企业生产经营活动中的各种信息,实现企业内外部信息的共享和有效利用；

(5) 企业管理理念的创新,管理流程的优化,管理团队的重组和管理手段的创新；

(6) 企业信息化是信息建设中数据的集成和人的集成。

**【问题 2】**

企业信息化的基础————企业的管理和运行模式

企业信息化的实现手段————计算机技术

企业建设信息化的关键点————信息的集成和共享

企业信息化建设的突出特征————人机合一的有层次的系统工程

**【问题 3】**

① 应用于生产过程控制的信息化建设的软件工具包括：计算机辅助设计(CAD)、计算机辅助制造(CAM)、复杂工程结构设计(CAE)、辅助工艺设计(CAPP)、集散型控制系统(DCS)、计算机集成制造系统(CIMS)、计算机集成生产系统(CIPS)以及事务处理系统(TPS)等。

② 应用于企业管理信息化建设的软件工具包括：管理信息系统(MIS)、决策支持系统(DSS)、智能决策支持系统(IDSS)、企业资源计划(ERP)、产品数据管理(PDM)、安全防范系统(PPS)、办公自动化(OA)等。

**试题五分析**

本试题主要考查外包商的选择、外包合同关系以及外包风险的控制。

外包成功的关键因素之一是选择具有良好社会形象和信誉、相关行业经验丰富、能够引领或紧跟信息技术发展的外包商作为战略合作伙伴。因此,对外包商的资格审查应从技术能力、经营管理能力、发展能力这 3 个方面着手。

(1) 技术能力：外包商提供的信息技术产品是否具备创新性、开放性、安全性、兼容性,是否拥有较高的市场占有率,能否实现信息数据的共享；外包商是否具有信息技术方面的资格认证；外包商是否了解行业特点,能够拿出真正适合本企业业务的解决方案；信息系统的设计方案中是否应用了稳定、成熟的信息技术,是否符合银行发展的要求,是否充分体现了银行以客户为中心的服务理念；是否具备对大型设备的运行、维护、管理经验和多系统整合能力；是否拥有对高新技术深入理解的技术专家和项目管理人员。

(2) 经营管理能力：了解外包商的领导层结构、员工素质、客户数量、社会评价、项目管理水平；是否具备能够证明其良好运营管理能力的成功案例；员工间是否具备团队合作精神；外包商客户的满意程度。

(3) 发展能力：分析外包服务商已审计的财务报告、年度报告和其他各项财务指标,了解其盈利能力；考查外包企业从事外包业务的时间、市场份额以及波动因素；评估外包服务商的技术费用支出以及在信息技术领域内的产品创新,确定他们在技术方面的投资水平是否能够支持银行的外包项目。

在 IT 外包日益普遍的浪潮中,企业应该发挥自身的作用,降低组织 IT 外包的风险,以最大程度地保证组织 IT 项目的成功实施。具体而言,可从以下几点入手：

(1) 加强对外包合同的管理。对于企业 IT 管理者而言,在签署外包合同之前应该谨慎而细致地考虑到外包合同的方方面面,在项目实施过程中也要能够积极制定计划和处理随时出现的问题,使得外包合同能够不断适应变化,以实现一个双赢的局面。

(2) 对整个项目体系的规划。企业必须对组织自身需要什么、问题在何处非常清楚,从而能够协调好与外包商之间长期的合作关系。同时 IT 部门也要让手下的员工积极地参与到外包项目中去。比如,网络标准、软硬件协议以及数据库的操作性能等问题都需要客户方积极地参与规划。企业应该委派代表去参与完成这些工作,而不是仅仅在合同中提出我们需要哪些。

(3) 对新技术敏感。要想在技术飞速发展的全球化浪潮中获得优势,银行必须尽快掌握新出现的技术并了解其潜在的应用。企业 IT 部门应该注意供应商的技术简介、参加高技术研讨会并了解组织现在采用新技术的情况。不断评估组织的软硬件方案,并弄清市场上同类产品及其发展潜力。这些工作必须由企业 IT 部门负责,而不能依赖于第三方。

（4）不断学习。企业 IT 部门应该在组织内部倡导良好的 IT 学习氛围,以加快用户对持续变化的 IT 环境的适应速度。外包并不意味着企业内部 IT 部门的事情少了,整个组织更应该加强学习,因为外包的目的并不是把一个 IT 项目包出去,而是为了让这个项目能够更好地为组织的日常运作服务。

外包合同关系可被视为一个连续的光谱,其中一端是市场关系型外包。在这种关系下,组织可以在众多有能力完成任务的外包商中进行自由选择,合同期相对较短,合同期满后还可重新选择;另一端是伙伴关系型外包,在这种关系下,组织和同一个外包商反复制订合同,建立长期互利关系;而占据连续光谱中间范围的关系是中间关系型外包。

参考答案:
【问题1】
可以扬长避短,集中精力发展企业的核心业务。
可以为企业节省人员开支。
可以减少企业的人力资源管理成本。
可使企业获得更为专业,更为全面的热情服务。
【问题2】
具有良好社会形象和信誉。

相关行业经验丰富。
能够引领或紧跟信息技术发展。
具有良好的技术能力、经营管理能力和发展能力。
加强战术和战略优势,建立长期战略关系。
聚焦于战略思维,流程再造和管理的贸易伙伴关系。
【问题3】
外包商的领导层结构、员工素质、客户数量、社会评价。
外包商的项目管理水平。
外包商所具有的良好运营管理能力的成功案例。
员工间团队合作精神。
外包商客户的满意程度。
【问题4】
控制风险的措施主要有:
加强对外包合同的管理。
对整个项目体系进行科学的规划。
对新技术要敏感。
要不断学习,倡导良好的 IT 学习氛围。
要学会能够随时识别风险。
要能够对风险进行科学评估。
要具有风险意识。

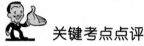

## 关键考点点评

● 考点 1:系统管理要求

评注:本考点考查系统管理要求:管理级的系统管理要求、用户作业级的系统管理要求。

1. 管理级的系统管理要求

（1）企业 IT 管理的层次。企业 IT 管理工作的三层架构:战略层、战术层、运作层。

（2）长期的 IT 规划战略。IT 战略规划目标的制定要具有战略性;IT 战略规划要体现企业核心竞争力要求;IT 战略规划目标的制定要具有较强的业务结合性;IT 战略规划对信息技术的规划必须具有策略性;IT 战略规划对成本的投资分析要有战术性;IT 战略规划要对资源的分配和切入时机进行充分的可行性评估。

（3）系统管理的目标和要求。企业 IT 系统管理的基本目标可分为以下几个方面。

① 全面掌握企业 IT 环境,方便管理异构网络,从而实现对企业业务的全面管理。

② 确保企业 IT 环境整体的可靠性和整体安全性,及时处理各种异常信息,在出现问题时及时进行恢复,保证企业 IT 环境的整体性能。

③ 确保企业 IT 环境整体的可靠性和整体安全性,对涉及安全操作的用户进行全面跟踪与管理;提供一种客观的手段来评估组织在使用 IT 方面临的风险,并确定这些风险是否得到了有效的控制。

④ 提高服务水平,加强服务的可管理性并及时产生各类情况报告,及时、可靠地维护各类服务数据。

为了实现企业 IT 系统管理的目标,IT 系统管理应该能够达到以下要求。

① 企业 IT 系统管理应可以让企业实现对所有 IT 资源统一监控和管理的愿望,应采用一致性的管理模式来推动企业现代化跨平台体系结构的发展。

② 企业 IT 系统管理应适合于企业大型、复杂、分布式的环境,不但控制了所有技术资源,而且直接可从业务角度出发管理整个企业,管理能力可以延伸到关键的非信息设备。

③ 企业 IT 系统管理应可以将整个企业基础结构以一个真实世界化的视图呈现给我们,让不同技术经验的人理解,让企业集中精力面对自己的业务而非平台之间的差异,这样有助于大大提高企业的工作效率。

④ 企业 IT 系统管理应是全集成的管理解决方案,覆盖网络资源、性能与能力、事件与状态安全、软件分布、存储、工作流、帮助台、变更管理和其他的用于传统和分布式计算环境的功能,并可用于互联网和企业内部网。

（4）用于管理的关键 IT 资源。包括硬件资源、软件资源、网络资源、数据资源。

2. 用户作业级的系统管理要求

IT 系统管理的通用体系架构分为三个部分,分别为 IT 部门管理、业务部门（客户）IT 支持和 IT 基础架构管理。

企业 IT 系统管理的策略是简单的:为企业提供符合目

前的业务与管理挑战的解决方案。具体而言包括以下一些内容。

① 面向业务处理——IT 系统管理的真正需求。
② 管理所有的 IT 资源,实现端到端的控制。
③ 丰富的管理功能——为企业提供各种便利。
④ 多平台、多供应商的管理。

企业 IT 预算大致可分为下面三个方面。
- 技术成本(硬件和基础设施)。
- 服务成本(软件开发与维护、故障处理、帮助台支持)。
- 组织成本(会议、日常开支)。

**历年真题链接**
2011 年 5 月下午试题三　　2011 年 5 月下午试题五
2013 年 5 月上午(37)　　　2013 年 5 月上午(40)
2014 年 5 月上午(35)

### ●考点 2:概念模型和 E-R 图

**评注**:本考点考查概念模型和 E-R 图等内容。

1. 基本概念。
- 实体:客观存在并可相互区别的事物。
- 属性(Attribute):实体所具有的某一特征。一个实体可以由若干个属性来刻画。
- 码(Key):唯一标识实体的属性集。
- 域(Domain):属性的取值范围。
- 实体型(Entity Type):具有相同属性的实体必然具有共同的特征和性质。用实体名及其属性名集合来抽象和刻画同类实体,称为实体型。
- 实体集(Entity Set):同型实体的集合。
- 联系(Relationship):分为实体(型)内部的联系和实体(型)之间的联系。实体内部的联系通常是指组成实体的各属性之间的联系。实体之间的联系通常是指不同实体集之间的联系。两个实体型之间的联系可以分为:一对一联系(记为 1∶1)、一对多联系(1∶n)和多对多联系(m∶n)。

2. 概念模型的表示方法。

概念模型的表示方法很多,其中最为著名最为常用的是实体-联系方法(E-R 方法,也称为 E-R 模型),该方法用 E-R 图来描述现实世界的概念模型。

**历年真题链接**
2013 年 5 月下午试题一　　2013 年 5 月下午试题二
2013 年 5 月上午(11)

### ●考点 3:硬件管理

**评注**:本考点考查硬件管理的相关内容。

1. 识别待管理的硬件

COBIT 中定义的 IT 资源如下:(1)数据。(2)应用系统。(3)技术。(4)设备。(5)人员。

应该对企业的中央计算机以及外部设备进行统计,并且记录下来各计算机和设备的位置信息、配置信息、购买信息、责任人以及使用状况等。然后再记录分布在各个现场的计算机和外部设备,认真清理,并做好相应的设备的纪录——配置信息、位置信息、购买信息、责任人、使用状况等。并且对于以后新购置的计算机与外部设备都应做好相应的记录,将记录登记到系统的硬件登记表中。对于损毁的部分应该相应地删除,这样便于对企业的信息系统资产的硬件进行管理。

认真识别和清理企业的硬件设备,对企业的信息系统的资产进行管理,便于以后企业资产的管理。一般管理的硬件包括企业所购买的和保管的各种硬件设备(服务器、交换机、计算机、磁盘、打印机、复印机、扫描仪、刻录机、摄像机、录像机、照相机等)。

2. 硬件管理

硬件管理包括硬件资源管理、硬件配置管理、硬件资源维护。

**历年真题链接**
2009 年 11 月下午试题五　　2011 年 5 月下午试题四

### ●考点 4:恢复处理

**评注**:本考点考查恢复处理的准备及形式、故障恢复和涉及的相关人员。

1. 恢复作业的准备、恢复处理的形式

经过故障查明和记录,基本上能得到可以获取的故障信息,接下来就是故障的初步支持。这里强调初步的目的是为了能够尽可能快地恢复用户的正常工作,尽量避免或者减少故障对系统服务的影响。

"初步"包括两层含义:一是根据已有的知识和经验对故障的性质进行大概划分,以便采取相应的措施;二是这里采取的措施和行动不以根本上解决故障为目标,主要目的是维持系统的持续运行,如果不能较快找到解决方案,故障处理小组就要尽量找到临时性的解决办法。

不能通过初步支持来解决的故障在经过故障调查和定位分析后,支持小组会根据更新后的故障信息、提议的权益措施和解决方案以及有关的变更请求,来解决故障并恢复服务,同时更新有关故障信息。

2. 故障恢复

主机故障的恢复、数据库故障的恢复、网络故障的恢复、相关设备故障的恢复、作业非正常情况的恢复。前面章节均有详细介绍。

3. 故障处理及恢复涉及的有关人员

如计算机发生故障导致系统不能运行则应停机进行临时性维修。首先要区分是软件故障还是硬件设备故障。软件故障可能是因为系统软件的某个环节在特定组合条件下不能正常运行引起的,也可能是由多种作业在运行中因争夺资源而出现"死锁"等原因造成的。这类故障一般可采用重启系统或者其他人工干预手段予以恢复和排除。如果是设备性能变差引起的硬件故障,则应切换到备用系统,尽快恢复系统服务。然后使用测试程序检测故障机的各个部件,特别是中央处理器和磁盘存储器两个部件(输入输出部件一般不至于影响整个系统的正常运行),尽快进行故障定位,然后针对故障部位进行后续维修。
服务台负责跟踪和监督所有故障的解决过程。在这个过程中,服务台要做到以下几点。
- 监督故障状态和故障处理最新进展及其影响服务级别的状况。
- 特别要注意故障处理责任在不同专家组之间的转移。因为这种转移往往导致支持人员之间责任的不确定性从而产生争论。
- 更多地注意高影响度故障。
- 及时通知受影响的用户关于故障处理的最新进展。
- 检查相似的故障。

这样做有助于保证每个故障在规定的时间内或至少尽可能快的时间内得到解决。大规模的服务台甚至可以考虑成立一个专门的故障监测和控制小组。

**历年真题链接**
2007年5月下午试题三　　2008年5月下午试题三
2013年5月上午(60)

### ●考点5:制订系统维护计划

**评注:** 本考点考查系统维护计划的制订和实施。
1. 系统维护的需求
在制定系统维护计划之前首先要充分了解系统维护的需求,只有这样,才能制定出正确的系统维护计划。系统维护的需求主要源于决策层的需要、管理机制或策略的改变、用户意见及对信息系统的更新换代。而在了解系统维护需求之前,要先确定系统维护项目是什么和该项目相应的维护级别。

系统的维护的项目:(1)硬件维护。(2)软件维护。(3)设施维护。

根据系统运行的不同阶段可以实施4种不同级别的维护。
(1) 一级维护:即最完美的支持,配备足够数量工作人员,他们在接到请求时,提供随时对服务请求进行响应的速度,并针对系统运转的情况提出前瞻性的建议。
(2) 二级维护:提供快速的响应,工作人员在接到请求时,提供24小时内对请求进行响应的速度。
(3) 三级维护:提供较快的响应,工作人员在接到请求时,提供72小时内对请求进行响应的速度。
(4) 四级维护:提供一般性的响应.工作人员在接到请求时,提供10日内对请求进行响应的速度。
2. 系统维护计划
系统维护计划包括维护预算、维护需求、维护管理体制、维护承诺、维护人员职责、维护时间间隔、设备更换。
3. 系统维护的实施形式
系统维护的实施形式有每日检查、定期维护、预防性维护、事后维护。

**历年真题链接**
2008年5月下午试题四　　2009年11月下午试题四
2011年5月下午试题一　　2014年5月上午(37)

### ●考点6:安全管理措施

**评注:**
本考点考查安全管理有关措施。
1. 安全管理措施的制定
健全的管理措施应包括以下内容。
(1) 定义管理的目的、范围、责任和结果的安全制度。
(2) 详细陈述控制的IT安全标准,这些控制是实现制度目标所要求的,例如有关访问控制的制度会由以下标准所补充,这个标准就是有关如何实现访问控制的标准(密码、授权程序、监测和审查,等等)。
(3) 制度即为标准和各个平台和工具的具体执行程序。
(4) 制度、标准和程序将被分发给每个工作人员。
(5) 经常审查制度的合理性和有效性。
(6) 更新制度的责任分配。
(7) 监督制度的遵守情况。
(8) 对工作人员进行一般的安全常识和制度要求方面的培训。
(9) 要求用户签订一个声明,声称在访问任何系统之前已经理解了制度并要遵守该制度。
2. 物理安全措施的执行
物理安全是指在物理介质层次上对存储和传输的网络信息的安全保护,也就是保护计算机网络设备、设施以及其他媒体免遭地震、水灾、火灾等环境事故以及人为操作失误或错误及各种计算机犯罪行为导致的破坏过程。物理安全是信息安全的最基本保障,是整个安全系统不可缺少和忽视的组成部分。物理安全必须与其他技术和管理安全一起被实施,这样才能做到全面的保护。物理安全主要包括三个方面:环境安全、设施和设备安全、介质安全。
3. 技术安全措施的执行
技术安全是指通过技术方面的手段对系统进行安全保护。使计算机系统具有很高的性能,能够容忍内部错误和抵挡外来攻击。技术安全措施为保障物理安全和管理安全提供技术支持,是整个安全系统的基础部分。技术安全主要包括两个方面,即系统安全和数据安全。
4. 安全管理制度的执行
管理安全是使用管理的手段对系统进行安全保护,为计算机系统的安全提供制度、规范方面的保障。管理安全措施为保障物理安全和技术安全提供组织上和人员上的支持,是整个安全系统的关键部分。管理安全措施主要包括两个方面,即运行管理和防范罪管理。
5. 信息系统安全有关的标准与法律法规
为尽快制定适应和保障我国信息化发展的计算机信息系统安全总体策略,全面提高安全水平,规范安全管理,国务院、公安部等有关单位从1994年起制定发布了《中华人民共和国计算机信息系统安全保护条例》等一系列信息系统安全方面的法规。这些法规涉及了信息系统的安全、计算机病毒防治措施、防止非特权存取等几个方面。从事信息化领导工作的人员要对现有的法规有一个系统的、全面的了解,了解有关信息安全标准和规范,以组织日常信息安全隐患的防范工作,有能力领导相关人员制定有关安全策略和方案。

信息安全管理政策法规包括国家法律和政府政策法规和机构和部门的安全管理原则。信息系统法律的主要内容有:信息网络的规划与建设、信息系统的管理与经营、信息系统的安全、信息系统的知识产权保护、个人数据保护、电子商务、计算机犯罪和计算机证据与诉讼。信息安全管理涉及的方面有:人事管理、设备管理、场地管理、存储媒体管理、软件管理、网络管理、密码和密钥管理、审计管理。我国的信息安全管理的基本方针是:兴利除弊、集中监控、分级管理、保障国家安全。

《计算机病毒防治管理办法》是公安部于2000年4月26日发布执行的,共22条,目的是加强对计算机病毒的预防和治理,保护计算机信息系统安全。

**历年真题链接**

2007年5月下午试题四　　2009年11月下午试题一
2013年5月上午(51)　　　2013年5月上午(58)
2013年5月上午(64)　　　2014年5月上午(57)

# 2012年5月全国计算机技术与软件专业技术资格(水平)考试信息系统管理工程师

## 上午考试

(考试时间150分钟,满分75分)

本试卷共有75空,每空1分,共75分。

- 按照计算机同时处于一个执行阶段的指令或数据的最大可能个数,可以将计算机分为MISD、MIMD、SISD及SIMD四类。每次处理一条指令,并只对一个操作部件分配数据的计算机属于__(1)__计算机。
  - (1) A. 多指令流单数据流(MISD)　　B. 多指令流多数据流(MIMD)
  　　　C. 单指令流单数据流(SISD)　　D. 单指令流多数据流(SIMD)

- 为了充分发挥问题求解过程中处理的并行性,将两个以上的处理机互连起来,彼此进行通信协调,以便共同求解一个大问题的计算机系统是__(2)__系统。
  - (2) A. 单处理　　B. 多处理　　C. 分布式处理　　D. 阵列处理

- 主频是反映计算机__(3)__的计算机性能指标。
  - (3) A. 运算速度　　B. 存取速度　　C. 总线速度　　D. 运算精度

- 将内存与外存有机结合起来使用的存储器通常称为__(4)__。
  - (4) A. 虚拟存储器　　B. 主存储器　　C. 辅助存储器　　D. 高速缓冲存储器

- 操作系统通过__(5)__来组织和管理外存中的信息。
  - (5) A. 设备驱动程序　　　　　B. 文件目录
  　　　C. 解释程序　　　　　　D. 磁盘分配表

- 队列是一种按"__(6)__"原则进行插入和删除操作的数据结构。
  - (6) A. 先进先出　　B. 边进边出　　C. 后进先出　　D. 先进后出

- __(7)__的任务是将来源不同的编译单元装配成一个可执行的程序。
  - (7) A. 编译程序　　B. 解释程序　　C. 链接程序　　D. 汇编程序

- 对高级语言源程序进行编译时,可发现源程序中的__(8)__错误。
  - (8) A. 堆栈溢出　　B. 变量未定义　　C. 指针异常　　D. 数组元素下标越界

- 结构化开发方法是将系统开发和运行的全过程划分阶段,确定任务,以保证实施有效。若采用该开发方法,则第一个阶段应为__(9)__阶段。软件系统的编码与实现,以及系统硬件的购置与安装在__(10)__阶段完成。
  - (9) A. 系统分析　B. 系统规划　　C. 系统设计　　D. 系统实施
  - (10) A. 系统分析　B. 系统规划　　C. 系统设计　　D. 系统实施

- 在软件设计过程中,__(11)__设计指定各组件之间的通信方式以及各组件之间如何相互作用。
  - (11) A. 数据　　B. 接口　　C. 结构　　D. 模块

- UML是一种__(12)__。
  - (12) A. 面向对象的程序设计语言　　B. 面向过程的程序设计语言
  　　　C. 软件系统开发方法　　　　　D. 软件系统建模语言

- 采用UML进行软件设计时,可用__(13)__关系表示两类事物之间存在的特殊/一般关系。
  - (13) A. 依赖　　B. 聚集　　C. 泛化　　D. 实现

- 软件需求分析阶段的主要任务是确定__(14)__。
  - (14) A. 软件开发方法　　　　　B. 软件系统功能
  　　　C. 软件开发工具　　　　　D. 软件开发费用
- 在软件设计和编码过程中,采取__(15)__的做法将使软件更加容易理解和维护。
  - (15) A. 良好的程序结构,有无文档均可
  　　　B. 使用标准或规定之外的语句
  　　　C. 良好的程序结构,编写详细正确的文档
  　　　D. 尽量减少程序中的注释
- 软件测试是软件开发过程中不可缺少的一项任务,通常在代码编写阶段需要进行__(16)__,而检查软件的功能是否与用户要求一致是__(17)__的任务。
  - (16) A. 验收测试　B. 系统测试　　C. 单元测试　　D. 集成测试
  - (17) A. 验收测试　B. 系统测试　　C. 单元测试　　D. 集成测试
- 采用白盒测试方法时,应根据__(18)__和指定的覆盖标准确定测试数据。
  - (18) A. 程序的内部逻辑　　　　B. 程序的复杂结构
  　　　C. 使用说明书的内容　　　D. 程序的功能
- __(19)__是一种面向数据流的开发方法,其基本思想是软件功能的分解和抽象。
  - (19) A. 结构化开发方法　　　　B. Jackson 系统开发方法
  　　　C. Booch 方法　　　　　　D. UML(统一建模语言)
- 用户界面的设计过程不包括__(20)__。
  - (20) A. 用户、任务和环境分析　B. 界面设计
  　　　C. 置用户于控制之下　　　D. 界面确认
- 在结构化设计中,程序模块设计的原则不包括__(21)__。
  - (21) A. 规模适中　B. 单入口、单出口　C. 接口简单　D. 功能齐全
- __(22)__是不能查杀计算机病毒的软件。
  - (22) A. 卡巴斯基　B. 金山毒霸　　C. 天网防火墙　D. 江民 2008
- 数据库的设计过程可以分为需求分析、概念设计、逻辑设计、物理设计四个阶段,概念设计阶段得到的结果是__(23)__。
  - (23) A. 数据字典描述的数据需求　　B. E-R 图表示的概念模型
  　　　C. 某个 DBMS 所支持的数据模型　D. 包括存储结构和存取方法的物理结构
- 数据库管理系统提供了数据库的安全性、__(24)__和并发控制等机制以保护数据库的数据。它提供授权功能来控制不同用户访问数据的权限,主要是为了实现数据库的__(25)__。
  - (24) A. 有效性　　B. 完整性　　C. 安全性　　D. 可靠性
  - (25) A. 一致性　　B. 完整性　　C. 安全性　　D. 可靠性
- 为了便于研究和应用,可以从不同角度和属性将标准进行分类。根据适用范围分类,我国标准分为__(26)__级。
  - (26) A. 7　　　　B. 6　　　　C. 4　　　　D. 3
- 下列标准中,__(27)__是强制性国家标准。
  - (27) A. GB 8567—1988　　　　B. JB/T 6987—1993
  　　　C. HB 6698—1993　　　　D. GB/T 11457—2006
- __(28)__既不是图像编码也不是视频编码的国际标准。
  - (28) A. JPEG　　B. MPEG　　C. H.261　　D. ADPCM
- 计算机通过 MIC(话筒接口)收到的信号是__(29)__。
  - (29) A. 音频数字信号　　　　　B. 音频模拟信号
  　　　C. 采样信号　　　　　　　D. 量化信号
- 多媒体计算机系统中,内存和光盘属于__(30)__。
  - (30) A. 感觉媒体　B. 传输媒体　　C. 表现媒体　　D. 存储媒体
- 音频信息数字化的过程不包括__(31)__。
  - (31) A. 采样　　B. 量化　　C. 编码　　D. 调频

- 甲经销商未经许可擅自复制并销售乙公司开发的办公自动化软件光盘,已构成侵权。丙企业在不知甲经销商侵犯乙公司著作权的情况下从甲经销商处购入20张并已安装使用。以下说法正确的是 __(32)__ 。
    (32) A. 丙企业的使用行为不属于侵权,可以继续使用这20张软件光盘
         B. 丙企业的使用行为属于侵权,需承担相应法律责任
         C. 丙企业向乙公司支付合理费用后,可以继续使用这20张软件光盘
         D. 丙企业与甲经销商都应承担赔偿责任

- 李某是M国际运输有限公司计算机系统管理员。任职期间,李某根据公司的业务要求开发了"空运出口业务系统",并由公司使用。随后,李某向国家版权局申请了计算机软件著作权登记,并取得了《计算机软件著作权登记证书》。证书明确软件名称是"空运出口业务系统V1.0"。以下说法中,正确的是 __(33)__ 。
    (33) A. 空运出口业务系统V1.0的著作权属于李某
         B. 空运出口业务系统V1.0的著作权属于M公司
         C. 空运出口业务系统V1.0的著作权属于李某和M公司
         D. 李某获取的软件著作权登记证是不可以撤销的

- 张某为完成公司交给的工作,做出了一项发明。张某认为虽然没有与公司约定专利申请权归属,但该项发明主要是自己利用业余时间完成的,可以个人名义申请专利。关于此项发明的专利申请权应归属 __(34)__ 享有。
    (34) A. 张某        B. 张某和公司        C. 公司        D. 张某和公司约定的一方

- 企业生产及管理过程中所涉及的一切文件、资料、图表和数据等总称为 __(35)__ ,它不同于其他资源(如材料、能源资源),是人类活动的高级财富。
    (35) A. 人力资源    B. 数据资源    C. 财力资源    D. 自然资源

- __(36)__ 作为重要的IT系统管理流程,可以解决IT投资预算、IT成本、效益核算和投资评价等问题,从而为高层管理者提供决策支持。
    (36) A. IT财务管理            B. IT可用性管理
         C. IT性能管理            D. IT资源管理

- IT系统管理的通用体系架构分为三个部分,分别为IT部门管理、业务部门IT支持和IT基础架构管理。其中业务部门IT支持 __(37)__ 。
    (37) A. 通过帮助服务台来实现用户日常运作过程中的故障管理、性能及可用性管理、日常作业管理等
         B. 包括IT组织结构和职能管理,通过达成的服务水平协议实现对业务的IT支持,不断改进IT服务
         C. 从IT技术角度,监控和管理IT基础架构,提供自动处理功能和集成化管理,简化IT管理复杂度
         D. 保障IT基础架构有效、安全、持续地运行,并且为服务管理提供IT支持

- 从生命周期的观点来看,无论硬件或软件,大致可分为规划和设计、开发(外购)和测试、实施、营运和终止等阶段。从时间角度来看,前三个阶段仅占生命周期的20%,其余80%的时间基本上是在运营。因此,如果整个IT运作管理做得不好,就无法获得前期投资的收益,IT系统不能达到它所预期的效果。为了改变这种现象,必须 __(38)__ 。
    (38) A. 不断购置硬件、网络和系统软件    B. 引入IT财务管理
         C. 引入IT服务理念                  D. 引入服务级别管理

- __(39)__ 目的就是在出现故障的时候,依据事先约定的处理优先级别尽快恢复服务的正常运作。
    (39) A. 性能、能力管理        B. 安全管理
         C. 故障管理              D. 系统日常操作管理

- 系统日常操作日志应该为关键性的运作提供审核追踪记录,并保存合理时间段。利用日志工具定期对日志进行检查,以便监控例外情况并发现非正常的操作、未经授权的活动、 __(40)__ 等。
    (40) A. 解决事故所需时间和成本    B. 业务损失成本
         C. 平均无故障时间            D. 作业完成情况

- IT组织结构的设计受到很多因素的影响和限制,同时需要考虑和解决客户位置、IT员工工作地点以及职能、 __(41)__ 与IT基础架构的特性等问题。
    (41) A. IT服务组织的规模        B. IT人员培训
         C. IT技术及运作支持        D. 服务级别管理

- 企业IT管理含三个层次:IT战略规划、IT系统管理、IT技术管理及支持。其中IT战略规划这部分工

作主要由公司的 (42) 完成。

(42) A. 高层管理人员　　　　B. IT部门员工
　　　C. 一般管理人员　　　　D. 财务人员

- 对外包商的资格审查应从技术能力、经营管理能力、发展能力三个方面着手。如果企业考察外包商的经营管理能力,应该注意 (43) 。

(43) A. 外包商提供的信息技术产品是否具备创新性、开放性
　　　B. 外包商能否实现信息数据的共享
　　　C. 外包商项目管理水平,如质量保证体系、成本控制以及配置管理方法
　　　D. 外包商能否提出适合本企业业务的技术解决方案

- 根据客户与外包商建立的外包关系,可以将信息技术外包划分为:市场关系型外包、中间关系型外包和伙伴关系型外包。其中市场关系型外包指 (44) 。

(44) A. 在有能力完成任务的外包商中自由选择,合同期相对较短
　　　B. 与同一个外包商反复制订合同,建立长期互利关系
　　　C. 在合同期满后,不能换用另一个外包商完成今后的同类任务
　　　D. 与同一个外包商反复制订合同,建立短期关系

- IT在作业管理的问题上往往面临两种基本的挑战:支持大量作业的巨型任务和 (45) 。

(45) A. 数据库和磁盘的有效维护
　　　B. 对商业目标变化的快速响应
　　　C. 数据库备份和订单处理
　　　D. 库存迅速补充

- 现在计算机及网络系统中常用的身份认证方式主要有以下四种,其中 (46) 是一种让用户密码按照时间或使用次数不断变化,每个密码只能使用一次的技术。

(46) A. IC卡认证　B. 动态密码　　C. USB Key认证　　D. 用户名/密码方式

- 在许多企业里,某个员工离开原公司后,仍然还能通过原来的账户访问企业内部信息和资源,原来的电子信箱仍然可以使用。解决这些安全问题的途径是整个企业内部实施 (47) 解决方案。

(47) A. 用户权限管理　　　　B. 企业外部用户管理
　　　C. 统一用户管理系统　　D. 用户安全审计

- 企业信息系统的运行成本是指日常发生的与形成有形资产无关的成本,随着业务量增长而近乎正比例增长的成本,例如, (48) 。

(48) A. IT人员的变动工资、打印机墨盒与纸张
　　　B. 场所成本
　　　C. IT人员固定的工资或培训成本
　　　D. 建筑费用

- 编制预算是以预算项目的成本预测与IT服务工作量的预测为基础。预算编制方法主要有增量预算和 (49) 。

(49) A. 减量预算　B. 差异预算　　C. 标准预算　　D. 零基预算

- 一般来说,一个良好的收费/内部核算体系应该满足 (50) 。

(50) A. 准确公平地补偿提供服务所负担的成本
　　　B. 考虑收费,核算对IT服务的供应者与服务的使用者两方面的收益
　　　C. 有适当的核算收费政策
　　　D. 以上3个条件都需要满足

- 为IT服务定价是计费管理的关键问题。其中现行价格法是指 (51) 。

(51) A. 参照现有组织内部其他各部门或外部类似组织的服务价格确定
　　　B. IT部门通过与客户谈判后制定的IT服务价格,这个价格在一定时期内一般保持不变
　　　C. 按照外部市场供应的价格确定,IT服务的需求者可以与供应商就服务的价格进行谈判协商

D. 服务价格以提供服务发生的成本为标准
- 成本核算的主要工作是定义成本要素。对IT部门而言,理想的方法应该是按照 (52) 定义成本要素结构。

  (52) A. 客户满意度           B. 产品组合
       C. 组织结构             D. 服务要素结构

- 系统发生硬件故障时需要进行定位分析。中央处理器的故障原因主要是集成电路失效,维护人员根据诊断测试程序的故障定位结果,可能在现场进行的维修工作就是更换 (53) 。

  (53) A. 电路卡   B. 存储器   C. 电源部件   D. 磁盘盘面

- 配置管理中,最基本的信息单元是配置项。所有有关配置项的信息都被存放在 (54) 中。

  (54) A. 应用系统  B. 服务器   C. 配置管理数据库  D. 电信服务

- 软件开发完成并投入使用后,由于多方面原因,软件不能继续适应用户的要求。要延续软件的使用寿命,就必须进行 (55) 。

  (55) A. 需求分析  B. 软件设计   C. 编写代码   D. 软件维护

- 要进行企业网络资源管理,首先要识别目前企业包含哪些网络资源。其中网络传输介质互联设备(T型连接器、调制解调器等)属于 (56) 。

  (56) A. 通信线路  B. 通信服务   C. 网络设备   D. 网络软件

- 各部门、各行业及各应用领域对于相同的数据概念有着不同的功能需求和不同的描述,导致了数据的不一致性。数据标准化是一种按照预定规程对共享数据实施规范化管理的过程,主要包括业务建模阶段、 (57) 与文档规范化阶段。

  (57) A. 数据规范化阶段         B. 数据名称规范化阶段
       C. 数据含义规范化阶段      D. 数据表示规范化阶段

- 信息资源规划可以概括为"建立两种模型和一套标准",其中"两种模型"是指信息系统的 (58) 。

  (58) A. 功能模型和数据模型      B. 功能模型和需求模型
       C. 数据模型和需求模型      D. 数据模型和管理模型

- 在IT系统运营过程中出现的所有故障都可被纳入故障管理的范围。 (59) 属于硬件及外围设备故障。

  (59) A. 未做来访登记           B. 忘记密码
       C. 无法登录              D. 电源中断

- 故障管理流程的第一项基础活动是 (60) 。

  (60) A. 故障监视  B. 故障查明   C. 故障调研   D. 故障分析定位

- 问题管理流程应定期或不定期地提供有关问题、已知错误和变更请求等方面的管理信息,其中问题管理报告应该说明如何调查、分析、解决所发生的问题,以及 (61) 。

  (61) A. 客户教育与培训情况
       B. 对服务支持人员进行教育和培训情况
       C. 问题管理和故障管理的规章制度
       D. 所消耗的资源和取得的进展

- 在实际运用IT服务过程中,出现问题是无法避免的,因此需要对问题进行调查和分析。将系统或服务的故障或者问题作为"结果",以导致系统发生失效的诸因素作为"原因"绘出图形,进而通过图形来分析导致问题出现的主要原因。这属于 (62) 。

  (62) A. 头脑风暴法             B. 鱼骨图法
       C. Kepner&Tregoe法        D. 流程图法

- 信息系统的安全保障能力取决于信息系统所采取安全管理措施的强度和有效性。这些措施中, (63) 是信息安全的核心。

  (63) A. 安全策略  B. 安全组织   C. 安全人员   D. 安全技术

- 风险管理根据风险评估的结果,从 (64) 三个层面采取相应的安全控制措施。

  (64) A. 管理、技术与运行        B. 策略、组织与技术

C. 策略、管理与技术　　　　D. 管理、组织与技术
- 能力管理是从一个动态的角度考察组织业务和系统基础设施之间的关系。在能力管理的循环活动中，__(65)__ 是成功实施能力管理流程的基础。

  (65) A. 能力评价和分析诊断　　　B. 能力管理数据库
  　　 C. 能力数据监控　　　　　　D. 能力调优和改进

- 下列顶级域名中表示非营利的组织、团体的是 __(66)__ 。

  (66) A. mil　　B. com　　C. org　　D. gov

- 在收到电子邮件中，显示乱码的原因往往可能是 __(67)__ 。

  (67) A. 字符编码不统一　　　　　B. 受图形图像信息干扰
  　　 C. 电子邮件地址出错　　　　D. 受声音信息干扰

- __(68)__ 具有连接范围窄、用户数少、配置容易、连接速率高等特点。

  (68) A. 互联网　　B. 广域网　　C. 城域网　　D. 局域网

- M公司为客户提供网上服务，客户有很多重要的信息需通过浏览器与公司交互。为保障通信的安全性，其Web服务器应选的协议是 __(69)__ 。

  (69) A. POP　　B. SNMP　　C. HTTP　　D. HTTPS

- 支撑着Internet正常运转的网络传输协议是 __(70)__ 。

  (70) A. TCP/IP　　B. SNA　　C. OSI/RM　　D. HTTP

- Management information systems form. a bedrock of IT use in the public sector. They are therefore found in all sections of the public sector and in all countries. Of course, different people use the term "management information system" differently. The term should therefore not form. the basis for arguments about __(71)__ an MIS is and is not. So long as one and those with whom one works understand and agree on a definition, that is good enough. Similarly, when dealing with written material, one needs to be able to __(72)__ and communicate, not get locked into doctrinal debate. Many public service providers have developed management information systems to monitor and control the services that they provide. Both the US __(73)__ UK Social Security agencies have developed MIS to report on the welfare payments and services that they provide. The British public healthcare system has also been a major investor in MIS as it tries to control healthcare costs and simultaneously improve delivery standards. Individual schools can also __(74)__ use of MIS. Hob moor Junior and Infant School, a public school in Birmingham, UK, introduced a computerised attendance system to produce MIS reports that monitor pupil attendance. This improved the Principal's ability to understand and control absence patterns, resulting in a 2.5 per cent __(75)__ in attendance rates.

  (71) A. what　　　B. that　　　　C. which　　　D. this
  (72) A. look　　　B. understand　C. get　　　　D. familiar
  (73) A. with　　　B. and　　　　C. also　　　　D. to
  (74) A. make　　　B. get　　　　C. take　　　　D. go
  (75) A. pass　　　B. increase　　C. decrease　　D. rise

# 下午考试

（考试时间150分钟，满分75分）

## 试题一（15分）

【说明】

M公司销售部门日常的业务工作需要经常通过E-mail与客户交换信息，浏览客户的网站，查询客户购买产品需求的信息。每个员工都要经常使用一些文档如报表、订单等，且这些文档还经常发生变化。该部门目前

状况是每个人有一台计算机,每个人都用自己的工作电话通过 Modem 上网,导致经常有客户抱怨电话无法接通。公司专门用一台计算机接了一台打印机,需要打印文件时必须通过 U 盘把文件复制到接有打印机的计算机上,工作效率很低。为了方便业务的完成,有效提高工作效率,该部门构建了集文档管理、客户信息采集、产品信息发布、产品订单处理等功能于一体的信息管理系统。由功能结构上来看,该信息管理系统分为三大功能模块(子系统):文档管理、客户信息管理和产品信息管理,另外,该系统还需对系统资源访问和使用实施控制,在权限控制之内该部门员工可以访问和使用与其相关的系统资源。

【问题1】(5分)
采取什么措施能解决客户抱怨电话无法接通问题?需要哪些设备(部件)?

【问题2】(5分)
请画出该部门信息管理系统功能结构框图,并标明名称。

【问题3】(5分)
访问控制包括用户标识与验证、存取控制两种方式,其中用户标识与验证有哪三种常用的方法?下图是实现用户标识与验证的常用方法之一的流程图,图中(1)、(2)分别应填写什么内容?

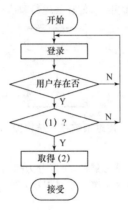

## 试题二(15分)

【说明】
M 公司是以开发、设计、制造与销售机电设备为主的企业,其产品不仅在国内市场销售,且已进入国际市场。随着激烈的市场竞争以及企业发展,公司领导层清楚地认识到信息是企业发展的重要基础,决定投资建设管理信息系统,以满足管理工作三个层面的管理需求,即操作层的数据处理(原始数据)、战术层的数据管理(管理需求数据),以及战略层的宏观调控(宏观调控和辅助决策需求数据)。

在组织完成了公司信息化建设规划后,M 公司通过招标方式,确定了由 L 软件公司作为信息系统的开发商。L 软件公司在尚不十分明确 M 公司需求的情况下,快速建立了一个系统模型,并不断与相关人员沟通,完善该系统模型。

L 软件公司开发完成了信息系统所有的功能模块,建立了与实际应用一致的系统测试环境,测试工作由各开发人员负责,每个开发人员只负责测试自己开发的模块,测试工作基本没有发现问题,之后就提交 M 公司使用。

【问题1】(5分)
操作层的数据处理、战术层的数据管理分别主要包括哪些基本内容?

【问题2】(5分)
L 软件公司采用的信息系统开发方法是哪一种方法?该方法主要有哪些优点?

【问题3】(5分)
软件测试通常可分为单元测试、集成测试和系统测试,L 软件公司实施的测试工作属于哪一种?集成测试的主要目标是发现什么问题?系统测试是确定哪两个方面是否符合要求?

## 试题三(15分)

【说明】
从系统论的角度看,家庭、单位、社会都是系统,系统是普遍存在的。系统论创始人贝塔朗菲认为:"系统是相互联系相互作用的诸元素的综合体"。也就是说,系统是由相互作用和相互依赖的若干部分组成的具有特定功能的有机整体。大到宇宙、地球,小到国家、个人都是系统。

什么是信息系统?戈登·戴维斯从社会观和技术观方面给信息系统下了定义,他认为信息系统是系统的一种,它是"用以收集、处理、存储、分发信息的相互关联的组件的集合,其作用在于支持组织(企业、政府、科研单位等)的决策与控制。"

信息系统的出现,对企业的生产过程、管理过程、决策过程都产生了重大影响。尤其是促进了企业组织结构的重大变革,使企业的组织结构更加扁平化、更加灵活和有效,可以实现企业的虚拟办公、增加企业流程重组的成功率,提高企业的管理效率、降低企业的管理成本等。

【问题1】(3分)
戈登·戴维斯对信息系统的表述,综合起来体现了什么?其中哪部分表述体现了信息系统的社会观?哪部分表述体现了信息系统的技术观?

【问题2】(4分)
信息系统从概念上来看是由信息源、信息用户、信息处理器和信息管理者四大部分组成,它们之间的关系可用图表示。请在答题纸中,将信息源、信息用户、信息处理器和信息管理者分别填写在(1)~(4)的相应处。

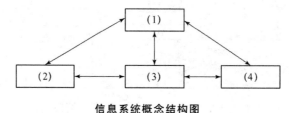

**信息系统概念结构图**

【问题3】(3分)
信息系统是为管理决策服务的,而管理是分层的,可以分为战略计划、战术管理和作业处理三层,因此信息系统也可以分解为三层子系统,该三层子系统是哪三层子系统?

【问题4】(5分)
信息系统的应用对企业组织结构的影响主要有哪些方面?

**试题四(15分)**

【说明】
项目是一件事情或一项独一无二的任务,是在一定的时间和一定的预算内所要达到的预期目的。项目侧重于过程,它是一个动态的概念,例如,可以把一条高速公路的建设过程视为项目,但不可以把高速公路本身称为项目。项目是一个广义的概念,安排一场演出活动、开发和介绍一种新产品、策划一场婚礼、设计和实施一个计算机软件系统、进行工厂的某生产线的技术改造、主持一次会议等,这些在日常生活中经常可以遇到的事情都可以称为项目。

简单地说,项目就是为达到特定的目的,使用一定资源,在确定的时期内,为特定发起人提供独特的产品、服务或成果所进行的一次性工作任务。信息系统的建设也是一类项目。因为信息系统的建设符合项目的定义,它同样具有一般项目在完成时间、项目周期、项目成本或费用、项目技术特征及内在质量等方面的共性要求,但它同时也具有在项目目标、任务边界、项目质量、开发过程的客户需求、项目进度、费用计划等方面的自身的要求。

【问题1】(5分)
请根据【说明】简要指出项目定义的三个要点,并列出为完成项目所涉及的"资源"。

【问题2】(5分)
信息系统项目作为项目的一种,它除了具有项目的一般特征之外,还具有自己的特点,根据你的理解,这些特点主要有哪些?

【问题3】(5分)
项目作为一个整体,要使各方面的资源能够协调一致,就要特别熟悉项目三角形的概念。信息系统项目管理中的项目三角形描述了三个要素之间相互影响的关系,请指出该三要素,并简要分析它们之间的关系。

**试题五(15分)**

【说明】

GD公司成立于1986年,是一家为客户提供各类软件解决方案的IT供应商。为了规范IT系统管理并提高管理效率,公司对各类管理流程进行了优化,除了优化组织结构、进一步明确职责外,还在日常作业调度、系统备份及恢复、输出管理和性能监控、安全管理和IT财务管理、IT服务计费及成本核算等方面制定了相应的规章制度。

GD公司的IT系统管理涉及公司诸多方面的工作,公司为集中资源做精核心业务,因而拓展了相关的外包工作。外包成功的关键因素之一是选择具有良好社会形象和信誉、相关行业经验丰富、经营管理水平高、有发展潜力、能够引领或紧跟信息技术发展的外包商作为战略合作伙伴。

IT外包有着各种各样的利弊。利在于GD公司能够发挥其核心技术,集中资源做精核心业务;弊在于公司会面临一定的外包风险。为了最大程度地保证公司IT项目的成功实施,就必须在外包合同、项目规划、市场技术变化、风险识别等方面采取措施以控制外包风险。

【问题1】(5分)

GD公司在IT系统管理方面,应该制定哪些方面的运作管理规章制度,以使公司的IT系统管理工作更加规范化?

【问题2】(5分)

GD公司对外包商进行资格审查时,应重点关注外包商的哪三种能力?请对这三种能力作简要解释。

【问题3】(5分)

为了最大程度地保证公司IT项目的成功实施,就必须采取措施控制外包风险,那么控制外包风险的措施有哪些?

————上午试卷答案解析————

(1)答案:C

✺解析:按照计算机同时处于一个执行阶段的指令或数据的最大可能个数划分,可分为SISD、SIMD、MISD、MIMD。

单指令流单数据流(Single Instruction Single Data stream,SISD):SISD其实就是传统的顺序执行的单处理器计算机,其指令部件每次只对一条指令进行译码,并且只对一个操作部件分配数据。

流水线方式的单处理机有时也被当作SISD。

以加法指令为例,单指令单数据(SISD)的CPU对加法译码后,执行部件先访问内存,取得第一个操作数;之后再一次访问内存,取得第二个操作数;随后才能进行求和运算。

(2)答案:B

✺解析:并行处理(Parallel Processing)是计算机系统中能同时执行两个或更多个处理机的一种计算方法。处理机可同时工作于同一程序的不同方面。并行处理的主要目的是节省大型和复杂问题的解决时间。为使用并行处理,首先需要对程序进行并行化处理,也就是说将工作各部分分配到不同处理机中。而主要问题是并行是一个相互依靠性问题,而不能自动实现。此外,并行也不能保证加速。但是一个在 $n$ 个处理机上执行的程序速度可能会是在单一处理机上的速度的 $n$ 倍。多处理机属于MIMD计算机,和SIMD计算机的区别是多处理机实现任务或作业一级的并行,而并行处理机只实现指令一级的并行。多处理机的特点:结构灵活性、程序并行性、并行任务派生、进程同步、资源分配和进程调度。

(3)答案:A

✺解析:主频是CPU的时钟频率,简单地说也就是CPU的工作频率。一般来说,一个时钟周期完成的指令数是固定的,所以主频越高,CPU的速度也就越快,故常用主频来描述CPU的运算速度。外频是系统总线的工作频率。倍频是指CPU外频与主频相差的倍数,主频=外频×倍频。

(4)答案:A

✺解析:虚拟内存的作用:内存在计算机中的作用很大,计算机中所有运行的程序都需要经过内存来执行,如果执行的程序很大或很多,就会导致内存消耗殆尽。为了解决这个问题,Windows中运用了虚拟内存技术,即拿出一部分硬盘空间来充当内存使用,当内存占用完时,计算机就会自动调用硬盘来充当内存,以缓解内存的紧张。因此,将内存与外存有机结合起来使用的存储器为虚拟存储器。

(5) 答案:B

❋ 解析:一个计算机系统中有成千上万个文件,为了便于对文件进行存取和管理,计算机系统建立文件的索引,即文件名和文件物理位置之间的映射关系,这种文件的索引称为文件目录。文件目录(file directory)为每个文件设立一个表目。文件目录表目至少要包含文件名、物理地址、文件结构信息和存取控制信息等,以建立起文件名与物理地址的对应关系,实现按名存取文件。

(6) 答案:A

❋ 解析:队列是一种特殊的线性表,它只允许在表的前端(front)进行删除操作,而在表的后端(rear)进行插入操作。进行插入操作的端称为队尾,进行删除操作的端称为队头。队列中没有元素时,称为空队列。

在队列这种数据结构中,最先插入的元素将是最先被删除的元素;反之最后插入的元素将是最后被删除的元素,因此队列又称为"先进先出"(First In First Out,FIFO)的线性表。

(7) 答案:C

❋ 解析:编译器和汇编程序都经常依赖于连接程序,它将分别在不同的目标文件中编译或汇编的代码收集到一个可直接执行的文件中。在这种情况下,目标代码,即还未被连接的机器代码,与可执行的机器代码之间就有了区别。连接程序还连接目标程序和用于标准库函数的代码,以及连接目标程序和由计算机的操作系统提供的资源(例如,存储分配程序及输入与输出设备)。

(8) 答案:B

❋ 解析:本题考查编译过程基本知识。高级语言源程序中的错误分为两类:语法错误和语义错误,其中语义错误又可分为静态语义错误和动态语义错误。语法错误指语言结构上的错误,静态语义错误指编译时就能发现的程序含义上的错误,动态语义错误只有在程序运行时才能表现出来。堆栈溢出,指针异常和数组元素下标越界都是程序运行中才能出现的问题,而遵循先声明后引用原则的程序语言必须先定义变量,然后才能使用,否则编译器会在语法分析阶段指出变量未定义错误。

(9)(10) 答案:B D

❋ 解析:系统开发的生命周期分为系统规划、系统分析、系统设计、系统实施、系统运行和维护五个阶段。

系统规划的主要内容包括:企业目标的确定、解决目标的方式的确定、信息系统目标的确定、信息系统主要结构的确定、工程项目的确定、可行性研究等。

系统分析的主要内容包括:数据的收集与分析、系统数据流程图的确定、系统方案的确定等、系统分析阶段是整个MIS建设的关键阶段。系统设计的主要内容包括:系统流程图的确定、程序流程图的确定、编码、输入、输出设计、文件设计、程序设计等。系统实施的主要内容包括:硬件设备的购买、硬件设备的安装、数据准备、程序的调试、系统测试与转换、人员培训等。系统运行与维护的主要内容包括:系统投入运行后的管理及维护、系统建成前后的评价、发现问题并提出系统更新的请求等。

(11) 答案:D

❋ 解析:在模块化程序设计过程中,当将问题分割成模块后,就要建立各模块间的相互作用方式及通信方式,该技术称为模块接口技术。软件工程的一个最基本的原则是将接口和实现分开,头文件是一项接口技术,实现的代码部分就是源程序文件。头文件要提供一组导出的类型、常量、变量和函数定义。模块要导入对象时,必须包含导出这些对象的模块的头文件。设计接口的一般原则是:保持接口的稳定、内部对象私有化、巧妙使用全局变量、避免重复包含。

(12) 答案:D

❋ 解析:UML是一种可视化语言,是一组图形符号,是一种图形化语言;UML并不是一种可视化的编程语言,但用UML描述的模型可与各种编程语言直接相连,这意味着可把用UML描述的模型映射成编程语言,甚至映射成关系数据库或面向对象数据库的永久存储。UML是一种文档化语言,适于建立系统体系结构及其所有的细节文档,UML还提供了用于表达需求和用于测试的语言,最终UML提供了对项目计划和发布管理的活动进行建模的语言。

(13) 答案:C

❋ 解析:本题考查信息系统开发中UML的基础知识。

UML中有4种关系:

① 依赖关系。是两个事物间的语义关系,其中一个事物发生变化会影响另一个事物的语义。

② 关联关系。是一种结构关系,它描述了一组链,链是对象之间的连接。聚合是一种特殊类型的关联,描述了整体和部分间的特殊关系。

③ 泛化关系。是一种特殊/一般关系,特殊元素的对象可替代一般元素的对象。

④ 实现关系。是类元之间的语义关系,其中的一个类元指定了由另一个类元保证执行的契约。

(14) 答案:B

❋ 解析:软件需求分析过程主要完成对目标软件的需求进行分析并给出详细描述,然后编写软件需求说明书、系统功能说明书;概要设计和详细设计组成了完整的软件设计过程,其中概要设计过程需要将软件需求转化为数据结构和软件的系统结构,并充分考虑系统的安全性和可靠性,最终编写概要设计说明书、数据库设计说明书等文档;详细设计过程完成软件各组成部分内部的算法和数据组织的设计与描述,编写详细设计说明书等;编码阶段需要将软件设计转换为计算机可接受的程序代码,且代码必须和设计一致。

(15) 答案:C

❋ 解析:软件的易理解程度和可维护程度是衡量软件质量的重要指标,对于程序是否容易修改有重要影响。为使得软件更加容易理解和维护,需要从多方面做出努力。

首先,要有详细且正确的软件文档,同时文档应始终与软件代码保持一致;其次,编写的代码应该具有良好的编程风格,如采用较好的程序结构,增加必要的程序注释,尽量使用行业或项目规定的标准等。

(16)(17) **答案**:C  A

✤ **解析**:Unit testing(单元测试),指一段代码的基本测试,其实际大小是未定的,通常是一个函数或子程序,一般由开发者执行。

Integration testing(集成测试),被测试系统的所有组件都集成在一起,找出被测试系统组件之间关系和接口中的错误。该测试一般在单元测试之后进行。

Acceptance testing(验收测试),系统开发生命周期方法论的一个阶段,这时相关的用户和/或独立测试人员根据测试计划和结果对系统进行测试和接收。它让系统用户决定是否接收系统。它是一项确定产品是否能够满足合同或用户所规定需求的测试。这是管理性和防御性控制。

因此,通常在代码编写阶段需要进行单元测试,而检查软件的功能是否与用户要求一致是验收测试的任务。

(18) **答案**:A

✤ **解析**:本题考查测试中白盒测试和黑盒测试的基本概念。

黑盒测试也称为功能测试,将软件看成黑盒子,在完全不考虑软件内部结构和特性的情况下,测试软件的外部特性。白盒测试也称为结构测试,将软件看成透明的白盒,根据程序的内部结构和逻辑来设计测试用例,对程序的路径和过程进行测试,检查是否满足设计的需要。

(19) **答案**:A

✤ **解析**:结构化开发方法是一种面向数据流的开发方法。Jackson 开发方法是一种面向数据结构的开发方法。Booch 和 UML 方法是面向对象的开发方法。

(20) **答案**:C

✤ **解析**:界面设计是一个复杂的有不同学科参与的工程,认知心理学、设计学、语言学等在此都扮演着重要的角色。用户界面设计的三大原则是:置界面于用户的控制之下;减少用户的记忆负担;保持界面的一致性。因此 C 选项"置用户于控制之下"不属于设计过程。

(21) **答案**:B

✤ **解析**:程序模块设计的原则包括功能齐全、性能优良、复杂度小、容错特性好、可靠性高和价格适中、规模适中等。

(22) **答案**:C

✤ **解析**:防火墙指的是一个由软件和硬件设备组合而成、在内部网和外部网之间、专用网与公共网之间的界面上构造的保护屏障,是一种获取安全性方法的形象说法,它是一种计算机硬件和软件的结合,使 Internet 与 Intranet 之间建立起一个安全网关(Security Gateway),从而保护内部网免受非法用户的侵入,防火墙主要由服务访问规则、验证工具、包过滤和应用网关 4 个部分组成,防火墙就是一个位于计算机和它所连接的网络之间的软件或硬件。该计算机流入、流出的所有网络通信和数据包均要经过此防火墙,不能用来查杀计算机病毒。

(23) **答案**:B

✤ **解析**:对用户要求描述的现实世界(可能是一个工厂、一个商场或者一个学校等),通过对其中诸处的分类、聚集和概括,建立抽象的概念数据模型。这个概念模型应反映现实世界各部门的信息结构、信息流动情况、信息间的互相制约关系以及各部门对信息储存、查询和加工的要求等。所建立的模型应避开数据库在计算机上的具体实现细节,用一种抽象的形式表示出来。以扩充的实体—联系模型(E-R 模型)方法为例,第一步先明确现实世界各部门所含的各种实体及其属性、实体间的联系以及对信息的制约条件等,从而给出各部门内所用信息的局部描述(在数据库中称为用户的局部视图)。第二步再将前面得到的多个用户的局部视图集成为一个全局视图,即用户要描述的现实世界的概念数据模型。

(24)(25) **答案**:B  C

✤ **解析**:为了保证数据库中数据的安全可靠和正确有效,数据库管理系统(DBMS)提供数据库恢复、并发控制、数据完整性保护与数据安全性保护等功能。数据库用户按其访问权力的大小,一般可分为数据库用户和数据用户。在数据库的安全保护中,要对用户进行访问控制,可先对户进行,然后再对访问的用户进行。DBMS 通常提供授权功能来控制不同的用户访问数据库中数据的权限,其目的是为了数据库的安全性。

(26) **答案**:C

✤ **解析**:依据我国"标准化法",我国标准可分为国家标准、行业标准、地方标准和企业标准。其中,国家标准、行业标准、地方标准又可分为强制性标准和推荐性标准。它们分别具有其代号和编号,通过标准的代号可确定标准的类别。

(27) **答案**:A

✤ **解析**:我国 1983 年 5 月成立"计算机与信息处理标准化技术委员会",下设 13 个分技术委员会,其中程序设计语言分技术委员会和软件工程技术委员会与软件相关。现已得到国家批准的软件工程国家标准包括如下几个文档标准:

- 计算机软件产品开发文件编制指南 GB 8567—88;
- 计算机软件需求说明编制指南 GB/T 9385—88;
- 计算机软件测试文件编制指南 GB/T 9386—88。

因此,《GB 8567—88 计算机软件产品开发文件编制指南》是强制性国家标准。

(28) **答案**:D

✤ **解析**:ADPCM(Adaptive Difference Pulse Code Modulation)综合了 APCM 的自适应特性和 DPCM 系统的差分特性,是一种性能比较好的波形编码。它的核心想法是:① 利用自适应的思想改变量化阶的大小,即使用小的量化阶(step-size)去编码小的差值,使用大的量化阶去编码大的差值;② 使用过去的样本值估算下一个输入样本的预测值,使实际样本值和预测值之间的差值总是最小。

(29) **答案**:B

❋ **解析**:按传输信号的类型音频信号接口分为模拟接口与数字接口。模拟接口在音频领域中占有很大的比重。常见的模拟输入、输出接口有:大/小三芯插头、RCA 唱机型(莲花型)插头等,因为这类接口我们平常用得比较多,也较为熟悉,在此就不再多说。专业的数字音频系统和某些民用系统均有符合某种标准协议的数字接口,利用它可以将多个通道的数字音频数据在两个设备间传送,而不会产生音质的损失。只要误码能够被完全纠正,那么不论进行多少代的数字复制,都不会影响最后一代的声音质量,从而就可以进行真正的数字域无损复制。话筒接口属于模拟接口,因此传输的是音频模拟信号。

(30) **答案**:D

❋ **解析**:存储媒体可分成:磁性媒体:包括软盘、硬盘和可换硬盘,这是最常见的媒体。光学媒体:光盘使用激光读盘。最常见的是 CD-ROM,它是唯一商业化的光盘,也是唯一和我们有关的光盘。磁光媒体:正如大家所猜想的那样,这是磁性媒体和光学媒体的杂合体。MO 盘使用激光和磁场的组合来读写盘。

(31) **答案**:D

❋ **解析**:音频信息数字化具体操作:通过取样、量化和编码三个步骤,用若干代码表示模拟形式的信息信号,再用脉冲信号表示这些代码来进行处理、传输/存储。

(32) **答案**:C

❋ **解析**:本题考查的是知识产权。侵权复制品,是指未经著作权人许可,非法复制发行著作权人的文字作品、音乐、电影、电视、录像制品、计算机软件及其他作品;或者是未经录音、录像制作者许可,非法复制发行的录音录像。根据高法《解释》规定,个人违法所得数额在 10 万元以上,单位违法所得数额在 50 万元以上,属于违法所得数额巨大。刑法规定非法复制他人作品数量较大或者数量在 500 张以上的都要承担刑事责任,明知是非法复制品仍然销售也是违法的。丙属于不知情,单处罚金就可以继续使用这 20 张软件光盘。

(33) **答案**:A

❋ **解析**:计算机软件著作权是指软件的开发者或者其他权利人依据有关著作权法律的规定,对于软件作品所享有的各项专有权利。就权利的性质而言,它属于一种民事权利,具备民事权利的共同特征。著作权是知识产权中的例外,因为著作权的取得无须经过个别确认,这就是人们常说的"自动保护"原则。软件经过登记后,软件著作权人享有发表权、开发者身份权、使用权、使用许可权和获得报酬权。本题的正确答案为 A。

(34) **答案**:C

❋ **解析**:根据《专利法》职务发明创造的确认:职务发明是指发明创造人执行本单位的任务或者主要利用本单位的物质技术条件所完成的发明创造。职务发明包括执行本单位任务所完成的发明创造。具体包括:在本职工作中做出的发明创造。履行本单位交付的本职工作之外的任务所完成的发明创造。退职、退休或者调动工作后 1 年内做出的,与其在原单位承担的本职工作或者原单位分配的任务有关的发明创造。因此,此项发明的专利申请权应归属公司享有。

(35) **答案**:B

❋ **解析**:信息资源是企业生产及管理过程中所涉及的一切文件、资料、图表和数据等信息的总称。它涉及企业生产和经营活动过程中所产生、获取、处理、存储、传输和使用的一切信息资源,贯穿于企业管理的全过程。信息资源与企业的人力、财力、物力和自然资源一样同为企业的重要资源,且为企业发展的战略资源。同时,它又不同于其他资源(如材料、能源资源),是可再生的、无限的、可共享的,是人类活动的最高级财富。信息资源也即数据资源。

(36) **答案**:A

❋ **解析**:IT 服务财务管理流程,是负责对 IT 服务运作过程中所涉及的所有资源进行货币化管理的流程。该服务管理流程又包括三个子流程,它们分别是 IT 投资预算(Budgeting)子流程、IT 会计核算(Accounting)子流程和 IT 服务计费(Charging)子流程。这三个子流程形成了一个 IT 服务项目量化管理的循环。

(37) **答案**:A

❋ **解析**:① IT 部门管理包括 IT 组织结构及职能管理,以及通过达成的服务水平协议(Service Level Agreement,SLA)实现对业务的 IT 支持,不断改进 IT 服务。包括有 IT 财务管理、服务级别管理、问题管理、配置及变更管理、能力管理、IT 业务持续性管理等。
② 业务部门 IT 支持通过帮助服务台(Help Services Desk)实现在支持用户的日常运作过程中涉及的故障管理、性能及可用性管理、日常作业调度、用户支持等。
③ IT 基础架构管理会从 IT 技术的角度监控和管理 IT 基础架构,提供自动处理功能和集成化管理,简化 IT 管理复杂度,保障 IT 基础架构有效、安全、持续地运行,并且为服务管理提供 IT 支持。

(38) **答案**:C

❋ **解析**:企业的 IT 部门和业务部门之间存在"结构性"障碍,即 IT 部门一般不精通业务,业务部门一般不精通 IT 技术,而双方都认为自己是正确的。在处理 IT 运营管理之前,必须首先解决好 IT 运营和业务之间的融合问题。基本的 IT 运营管理模式不外乎以下三种:技术型、职能型(系统管理、网络管理和环境管理等)和服务型。其中,前两种模式虽然可以解决 IT 本身的问题,但是它们无法解决 IT 与业务的融合问题;第三种模式,即服务型,可以较好地解决这个问题。依据这个思路,世界上许多企业和政府部门进行了长期的探索和实践。以这些企业的经验和成果为基础,逐渐发展出一套新的 IT 运营管理方法论,那就是 IT 服务管理(IT Service Management,ITSM)。

(39) **答案**:C

❋ **解析**:故障管理指系统出现异常情况下的管理操

作,是用来动态地维持网络正常运行并达到一定的服务水平的一系列活动。它的主要任务是当网络运行出现异常时,能够迅速找到故障的位置和原因,对故障进行检测、诊断隔离和纠正,以恢复网络的正常运行。

(40)**答案**:D

❋**解析**:本题考查系统日志应该记录足以形成数据的信息,为关键性的运作提供审核追踪记录,并且保存合理的时间段。利用日志工具定期对日志进行检查,以便监控例外情况并发现非正常的操作、未经授权的活动、作业完成情况、存储状况、CPU、内存利用水平等。

(41)**答案**:A

❋**解析**:组织结构的设计受到许多因素的影响和限制,同时需要考虑和解决以下问题:

客户位置:①是否需要本地帮助台、本地系统管理员或技术支持人员;②如果实行远程管理IT服务的话,是否会拉开IT服务人员与客户之间的距离。

IT员工工作地点:①不同地点的员工之间是否存在沟通和协调困难;②哪些职能可以集中化;③哪些职能应该分散在不同位置(如是否为客户安排本地系统管理员)。

IT服务组织的规模:①是否所有服务管理职能能够得到足够的支持,对所提供的服务而言,这些职能是否都是必要的;②大型组织可以招聘和留住专业化人才,但存在沟通和协调方面的风险;③小型组织虽沟通和协调方面的问题比大型组织小,但通常很难留住专业人才。

IT基础架构的特性:①组织支持单一的还是多厂商架构;为支持不同硬件和软件,需要哪些专业技能;②服务管理职能和角色能否根据单一平台划分。

支持工具的可用性:使用服务管理支持工具能否有效降低成本和提供信息流通效率。

(42)**答案**:A

❋**解析**:IT战略及投资管理,这一部分主要由公司的高层及IT部门的主管及核心管理人员组成,其主要职责是制定IT战略规划以支撑业务发展,同时对重大IT授资项目予以评估决策。

IT系统管理,这一部分主要是对公司整个IT活动的管理,主要包括IT财务管理、服务级别管理、IT资源管理、性能及能力管理、系统安全管理、新系统运行转换辞职能,从而保证高质量地为业务部门(客户)提供IT服务。

IT技术及运作支持,这一部分主要是IT基础设施的建设及业务部门IT支持服务,包括IT基础设施建设、IT日常作业管理、帮助服务台管理、故障管理及用户支持、性能及可用性保障等,从而保证业务部门(客户)IT服务的可用性和持续性。

(43)**答案**:A

❋**解析**:软件外包必须选择具有良好的社会形象和信誉、相关行业经验丰富、能够引领或紧跟信息技术发展的外包商。对外包商的资格审查需要从其技术能力、经营管理能力和发展能力三方面进行。外包商的技术能力主要包括其信息技术产品是否拥有较高的市场份额、是否具有技术方面的资格认证、是否了解本行业特点、采用的技术是否成熟稳定。经营管理能力主要包括其领导层结构、员工素质、社会评价和项目管理能力等。发展能力包括其盈利能力、从事外包业务的时间和市场份额等。因此,选项A是最符合经营管理能力的。

(44)**答案**:A

❋**解析**:外包合同关系可被视为一个连续的光谱,其中一端是市场型关系,在这种情况下,其组织可以在众多有能力完成任务的外包商中自由选择,合同期相对较短,而且合同期满后,能够低成本地、方便地换用另一个外包商完成今后的同类任务。另一端是长期的伙伴关系协议,在这种关系下,其组织同与一个外包商反复制订合同,并且建立了长期的互利关系。而占据连续光谱中间范围的关系必须保持或维持合理的协作性,直至完成主要任务,这些关系被称为"中间"关系。

(45)**答案**:B

❋**解析**:本题考查系统日常操作管理,在一个企业环境中,为了支持业务的运行,每天都有成千上万的作业被处理。而且,这些作业往往是枯燥无味的,诸如数据库备份和订单处理等。但是,一旦这些作业中的某一个出现故障,它所带来的结果可能是灾难性的。现在作业管理的问题上往往面临两种基本的挑战:支持大量作业的巨型任务,它们通常会涉及多个系统或应用;对商业目标变化的快速响应。

(46)**答案**:B

❋**解析**:本题考查的是信息系统用户管理的基本知识。

现在计算机及网络系统中常用的身份认证方式主要有:用户名/密码方式;IC卡认证;动态密码和USB Key认证。用户名/密码方式是最简单也是最常用的身份认证方法,也是一种不安全的身份认证方式。动态密码技术是一种让用户密码按照时间或使用次数不断变化、每个密码只能使用一次的技术。它采用一种称为动态令牌的专用硬件,内置电源、密码生成芯片和显示屏,密码生成芯片运行专门的密码算法。

(47)**答案**:C

❋**解析**:本题考查的是信息系统用户管理的基本知识。

身份认证是身份管理的基础。在完成了身份认证之后,接下来需要进行身份管理。当前,企业在进行身份管理时所出现的问题主要是:每台设备、每个系统都有不同的账号和密码,管理员管理和维护起来困难,账号管理的效率低、工作量大,有效的密码安全策略也难以贯彻;用户使用起来也困难,需要记忆大量的密码;账号密码的混用、泄露、盗用的情况也比较严重,出了安全问题也难以追查到具体的责任人。解决这些安全问题的途径,这就在整个企业内部实施统一的身份管理解决方案。

(48)**答案**:A

❋**解析**:本题考查的是成本管理的基本知识。企业信息系统的运行成本,也称可变成本,是指日常发生的与形成有形资产无关的成本,随着业务量增长而正比例增长的成本。IT人员的变动工资、打印机墨盒、纸张、电力等的耗费都会随着IT服务提供量的增加而增加,这些就是IT部门的变动成本。

(49) **答案**:D

✤ **解析**:本题考查的是成本管理的基本知识。预算的编制方法主要有增量预算和零基预算,其选择依赖于企业的财务政策。增量预算是以去年的数据为基础,考虑本年度成本、价格等的期望变动,调整去年的预算。在零基预算下,组织实际所发生的每一活动的预算最初都被设定为零。为了在预算过程中获得支持,对每一活动必须就其持续的有用性给出有说服力的理由。即详尽分析每一项支出的必要性及其取得的效果,确定预算标准。零基预算方法迫使管理当局在分配资源前认真考虑组织经营的每一个阶段。这种方法通常比较费时,所以一般几年用一次。

(50) **答案**:D

✤ **解析**:本题考查的是计费管理的基本知识。

良好的收费、内部核算体系可以有效控制IT服务成本,促使IT资源的正确使用,使得稀缺的IT资源用于最能反映业务需求的领域。一般一个良好的收费、内部核算体系应该满足以下条件。

① 有适当的核算收费政策。
② 可以准确公平地补偿提供服务所负担的成本。
③ 树立IT服务于业务部门(客户)的态度,确保组织IT投资的回报。
④ 考虑收费,核算对IT服务的供应者与服务的使用者两方面的利益,核算的目的是优化IT服务供应者与使用者的行为,最大化地实现组织的目标。

(51) **答案**:A

✤ **解析**:本题考查的是计费管理的基本知识。

现行市价法也称市场比较法,是根据目前公开市场上与被评估资产相似的或可比的参照物的价格来确定被评估资产的价格。因此,IT服务定价中的现行价格法是指参照现有组织内部其他各部门或外部类似组织的服务价格确定。

(52) **答案**:D

✤ **解析**:本题考查的是计费管理的基本知识。

成本核算最主要的工作是定义成本要素,成本要素是成本项目的进一步细分,例如,硬件可以再分为办公室硬件、网络硬件以及中心服务器硬件。这有利于被识别的每一项成本都被较容易地填报在成本表中。成本要素结构一般在一年当中是相对固定的。定义成本要素结构一般可以按部门、按客户或按产品划分。对IT部门而言,理想的方法应该是按照服务要素结构定义成本要素结构,这样可以使硬件、软件、人力资源成本等直接成本项目的金额十分清晰,同时有利于间接成本在不同服务之间的分配。服务要素结构越细,对成本的认识越清晰。

(53) **答案**:A

✤ **解析**:本题考查的是故障管理流程的基本知识。

中央处理器的故障原因主要是集成电路失效。计算机系统均应配备较完善的诊断测试手段,提供详细的故障维修指南,对大部分故障可以实现准确定位。但由于集成电路组装密度很高,一个集成电路芯片包含的逻辑单元和存储单元数以百万计,诊断测试程序检测出的故障通常定位于一个电路模块和一个乃至几个电路卡,维护人员根据测试结果可能在现场进行的维修工作就是更换电路卡。如现场没有相应的备份配件,可以采取降级运行(如多处理机系统可切除故障的处理机,存储器可切除部分有扩展单元等)的手段使系统保持联系运行,如没有补救手段则需要进行停机检修。

(54) **答案**:C

✤ **解析**:本题考查的是资源管理概述的基本知识。

配置管理中,最基本的信息单元是配置项(Configuration Item,CI)。所有软件、硬件和各种文档,比如变更请求、服务、服务器、环境、设备、网络设施、台式机、移动设备、应用系统、协议、电信服务等都可以被称为配置项。所有有关配置项的信息都被存放在配置管理数据库(CMDB)中。需要说明的是,配置管理数据库不仅保存了IT基础架构中特定组件的配置信息,而且还包括了各配置项相互关系的信息。配置管理数据库需要根据变更实施情况进行不断地更新,以保证配置管理中保存的信息总能反映IT基础架构的现时配置情况以及各配置项之间的相互关系。

(55) **答案**:D

✤ **解析**:本题考查的是软件管理的基本知识。

维护阶段实际上是一个微型的软件开发生命周期,包括:对缺陷或更改申请进行分析即需求分析(RA)、分析影响即软件设计(SD)、实施变更即进行编程(Coding),然后进行测试(Test)。在维护生命周期中,最重要的就是对变更的管理。软件维护是软件生命周期中持续时间最长的阶段。在软件开发完成并投入使用后,由于多方面的原因,软件不能继续适应用户的要求。要延续软件的使用寿命,就必须对软件进行维护。软件的维护包括纠错性维护和改进性维护两个方面。

(56) **答案**:C

✤ **解析**:本题考查的是网络资源管理的基本知识。

要进行企业网络资源管理,首先就要识别目前企业包含哪些网络资源。

① 通信线路。即企业的网络传输介质。目前常用的传输介质有双绞线、同轴电缆、光纤等。
② 通信服务。指的是企业网络服务器。运行网络操作系统,提供硬盘、文件数据及打印机共享等服务功能,是网络控制的核心。目前常见的网络服务器主要有Netware、UNIX和Windows NT三种。
③ 网络设备。计算机与计算机或工作站与服务器进行连接时,除了使用连接介质外,还需要一些中介设备,这些中介设备就是网络设备。主要有网络传输介质互联设备(T型连接器、调制解调器等)、网络物理层互联设备(中继器、集线器等)、数据链路层互联设备(网桥、交换机等)以及应

用层互联设备(网关、多协议路由器等)。

④ 网络软件。企业所用到的网络软件。例如网络控制软件、网络服务软件等。

(57) **答案**:A

❋ **解析**:本题考查的是数据管理的基本知识。

数据标准化是一种按照预定规程对共享数据实施规范化管理的过程。数据标准化的对象是数据元素和元数据。数据元素是通过定义、标识、表示以及允许值等一系列属性描述的数据单元,是数据库中表达实体及其属性的标识符。数据标准化主要包括业务建模阶段、数据规范化阶段、文档规范化阶段三个阶段。

(58) **答案**:A

❋ **解析**:本题考查的是数据管理的基本知识。

"两种模型"是指信息系统的功能模型和数据模型,"一套标准"是指信息资源管理基础标准。信息系统的功能模型和数据模型,实际上是用户需求的综合反映和规范化表达;信息资源管理基础标准是进行信息资源开发利用的最基本的标准,这些标准都要体现在数据模型之中。

(59) **答案**:D

❋ **解析**:本题考查的是故障管理概述的基本知识。

在IT系统运营过程中出现的所有故障都可被纳入故障管理的范围。前面说过故障包括系统本身的故障和非标准操作的事件,常见的故障如下所示。

① 硬件及外围设备故障、设备无故报警、电力中断、网络瘫痪、打印机无法打印。

② 应用系统故障、服务不可用、无法登录、系统出现bug。

③ 请求服务和操作故障、忘记密码、未做来访登记。

(60) **答案**:A

❋ **解析**:本题考查的是故障管理流程的基本知识。

故障管理流程的第一项基础活动是故障监视,大多数故障都是从故障监视活动中发现的。

(61) **答案**:D

❋ **解析**:本题考查的是问题控制和管理的基本知识。

问题管理流程应定期或不定期地提供有关问题、已知错误和变更请求等方面的管理信息,这些管理信息可用做业务部门和IT部门的决策依据。其中,提供的管理报告应说明调查、分析和解决问题和已知错误所消耗的资源和取得的进展。

(62) **答案**:B

❋ **解析**:本题考查的是问题控制和管理的基本知识。

问题分析方法主要有Kepner&Tregoe法、鱼骨图法、头脑风暴法与流程图法。Kepner&Tregoe法出发点是把解决问题作为一个系统的过程,强调最大程度上利用已有的知识与经验。鱼骨图法是分析问题原因常用方法之一。问题分析中,"结果"是指故障或者问题现象,"因素"是指导致问题现象的原因。鱼骨图就是将系统或者服务的故障或者问题作为"结果",以导致系统发生失效的诸因素作为"原因"绘出图形。

(63) **答案**:C

❋ **解析**:本题考查的是安全管理概述。

人是信息安全的核心,信息的建立和使用者都是人。不同级别的保障能力的信息系统对人员的可信度要求也不一样,信息系统的安全保障能力越高,对信息处理设施的维护人员、信息建立和使用人员的可信度要求就越高。因此选择安全人员。

(64) **答案**:A

❋ **解析**:本题考查的是安全管理概述。

风险管理则根据风险评估的结果从管理(包括策略与组织)、技术、运行三个层面采取相应的安全控制措施,提高信息系统的安全保障能力级别,使得信息系统的安全保障能力级别高于或者等于信息系统的安全保护等级。

(65) **答案**:B

❋ **解析**:本题考查的是系统能力管理。

一个成功的能力管理流程的基础是能力管理数据库。该数据库中的数据被所有的能力管理的子流程存储和使用,因为该信息库中包含了各种类型的数据,即业务数据、服务数据、技术数据、财务数据和应用数据。

(66) **答案**:C

❋ **解析**:本题考查的是因特网基础知识。域名可分为不同级别,包括顶级域名、二级域名等。

顶级域名又分为两类:一是国家顶级域名,例如中国是cn,美国是us,日本是jp等;二是国际顶级域名,例如表示工商企业的.com,表示网络提供商的.net,表示非盈利组织的.org等。

二级域名是指顶级域名之下的域名,在国际顶级域名下,它是指域名注册人的网上名称,例如IBM,yahoo,Microsoft等;在国家顶级域名下,它是表示注册企业类别的符号,例如.com,.edu,.gov,.net等。

(67) **答案**:A

❋ **解析**:一般来说,乱码邮件的原因有下面三种:

① 由于发件人所在的国家或地区的编码和中国大陆不一样,比如我国台湾或香港地区一般的E-mail编码是BIG5码,如果在免费邮箱直接查看可能就会显示为乱码。

② 发件人使用的邮件软件工具和收件人使用的邮件软件工具不一致造成的。

③ 由于发件人邮件服务器邮件传输机制和免费邮箱邮件传输机制不一样造成的。

因此,选择A。

(68) **答案**:D

❋ **解析**:本题考查的是计算机局域网。

局域网,这是我们最常见、应用最广的一种网络。现在局域网随着整个计算机网络技术的发展和提高得到充分的应用和普及,几乎每个单位都有自己的局域网,有的甚至家庭中都有自己的小型局域网。这种网络的特点就是:连接范围窄、用户数少、配置容易、连接速率高。目前局域网最快的速率要算现今的10G以太网了。IEEE 802标准委员会定义了多种主要的LAN网:以太网(Ethernet)、令牌环网

(Token Ring)、光纤分布式接口网络(FDDI)、异步传输模式网(ATM)以及最新的无线局域网(WLAN)。

(69) 答案：D

★ 解析：POP 是邮局协议，用于接收邮件；SNMP 是简单网络管理协议，用于网络管理；HTTP 是超文本传输协议，众多 Web 服务器都使用 HTTP，但是它不是安全的协议；HTTPS 是安全的超文本传输协议。

(70) 答案：A

★ 解析：本题考查的是计算机网络体系结构。TCP/IP 是一组通信协议的代名词，是由一系列协议组成的协议。它本身指两个协议集：TCP 为传输控制协议，IP 为互连网络协议。TCP/IP 支撑着网络正常运转。

(71)(72)(73)(74)(75) 答案：A B B A B

★ 解析：管理信息系统形成了在公共部门中使用 IT 的基石。因此，它们在各个公共部门和各个国家都随处可见。当然，不同的人使用的术语"管理信息系统"是不同的。类似地，当处理一个书面资料时，需要能够理解和同意的定义，而不是被锁定为教义的辩论。许多公共服务提供管理信息系统来监视和控制它们所提供的服务。美国和英国已经在 MIS 进行大规模投资，控制医疗保健成本，同时提高社会保障机构支付的福利和服务。个别学校也可以利用 MIS 系统。在英国伯明翰一所公立学校，引入了计算机考勤系统，生成管理信息系统报告，监控学生的出勤。这项技术提高校长的理解和控制能力，导致出席率增加 2.5%。

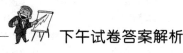

## 下午试卷答案解析

**试题一分析**

本题主要考查的是计算机网络以及信息管理系统和访问权限的基本知识。现在局域网随着整个计算机网络技术的发展和提高得到充分的应用和普及，几乎每个单位都有自己的局域网，有的甚至家庭中都有自己的小型局域网。这种网络的特点就是：连接范围窄、用户数少、配置容易、连接速率高。因此，可以解决客户电话信号不好的问题。由说明可知，该信息管理系统功能结构框图包括文档、客户信息和产品信息。第三问考查的是用户名密码访问接入的流程。

**参考答案：**

【问题1】

① 建立一个计算机局域网。

② 在一个局域网中，其基本组成部件为服务器、客户端、网络设备、通信介质和网络软件等。

【问题2】

【问题3】

三种常用的用户验证方法：要求用户输入一些保密信息；采用物理识别设备；采用生物统计学系统，基于某种特殊的物理特征对人进行唯一性识别。

流程图要填写的内容：

(1) 密码正确否？ (2) 授权或用户名和密码。

**试题二分析**

本题主要考查的是信息管理系统的层次，包括面向基层的操作层的数据处理、面向中层的战术层的数据管理、面向高层的战略层的宏观调控，信息系统开发的方法分类以及各种方法的优缺点。原型模型是在需求阶段快速构建一部分系统的生存期模型，主要是在项目前期需求不明确，或者需要减少项目不确定性的时候采用。原型化可以尽快地推出一个可执行的程序版本，有利于尽早占领市场。最后一问考查的是软件测试的分类和各种软件测试方法的不同点以及测试要求。

**参考答案：**

【问题1】

(1) 操作层的数据处理：原始数据的采集、加工、整理。

(2) 战术层的数据管理：管理需求数据的汇总、分析。

【问题2】

(1) 原型化方法。

(2) 便于系统分析人员与用户沟通，减少了分析过程的误解，适应需求的变更；在与用户交互中求精完善，保障了开发质量；将系统调查、系统分析、系统设计三个阶段融为一体提高了开发效率等。

【问题3】

(1) 单元测试。

(2) 发现模块间的接口和通信问题。

(3) 确定系统的功能和性能是否符合要求。

**试题三分析**

本题主要考查的是内容信息系统开发的基础知识。问题一考查的是信息系统的概念，从技术角度来看，信息系统是为了支持组织决策和管理而进行信息收集，处理，存储和传递的一组相互关联的部件组成的系统，是一种社会技术观。问题二考查的是信息系统的四大组成结构以及各部分之间的关系。问题三考查的是信息系统的纵向分解层次结构，问题四考查的是信息系统对企业的影响和重大变革。

**参考答案：**

【问题1】

(1) 综合起来体现了社会技术观。

(2) 前半部分即用以收集、处理、存储、分发信息的相互关联的组件的集合体现了社会观。

(3) 后半部分即支持组织（企业、政府、科研单位）的决策与控制体现了技术观。

【问题2】
(1) 信息管理者；(2) 信息源；(3) 信息处理器；(4) 信息用户。

【问题3】
战略计划子系统或战略管理层子系统；
战术管理子系统或执行管理层子系统；
作业处理子系统或操作层管理子系统。

【问题4】
信息系统的应用对企业组织结构的影响主要有：
促使组织结构的扁平化；
组织结构更加灵活和有效；
虚拟办公或虚拟组织；
增加企业流程重组的成功率；
提高企业管理效率和管理水平；
降低企业成本。

## 试题四分析

本题主要考查的是项目的定义。主要考点为项目定义的概念，包括所含的要点和所涉及的项目资源；信息系统项目与一般项目的不同点和特种，项目的三要素及其关系。项目是一个特殊的将被完成的有限任务，它是在一定时间内，满足一系列特定目标的多项相关工作的总称。项目的定义包含三层含义：第一，项目是一项有待完成的任务，且有特定的环境与要求；第二，在一定的组织机构内，利用有限资源（人力、物力、财力等）在规定的时间内完成任务；第三，任务要满足一定性能、质量、数量、技术指标等要求。这三层含义对应这项目的三重约束—时间、费用和性能。项目的目标就是满足客户、管理层和供应商在时间、费用和性能（质量）上的不同要求。

**参考答案：**

【问题1】
(1) 三个要点如下：一定的资源约束；一定的目标；一次性工作任务。
(2) 项目定义中的"资源"包括：时间资源、经费资源、人力资源、空间资源、物资资源等。

【问题2】
信息系统项目的特点有：
信息系统项目的目标不精确；
信息系统项目的任务边界模糊；
信息系统项目的质量要求主要由项目团队定义；
在信息系统项目的开发过程中，客户的需求不断被激发、不断地被进一步明确；
在信息系统项目的开发过程中，客户需求随项目进展而变化；
在信息系统项目的开发过程中，项目的进度、费用等计划会不断更改；
信息系统项目是智力密集、劳动密集型项目，受人力资源影响最大；
信息系统项目的项目成员的结构、责任心、能力和稳定性对信息系统项目的质量以及是否成功有决定性影响。

【问题3】
(1) 三要素为：范围、时间、成本。
(2) 关系：三要素相互影响；为了缩短项目时间，就需要增加项目成本（资源）或减少项目范围；为了节约项目成本，减小项目范围或延长项目时间；如果需求变化导致增加项目范围，就需要增加项目成本（资源）或延长项目时间。因此，它们相互影响，一个因素变化就会影响其他因素，就需要同时考虑这些影响。

## 试题五分析

本试题主要考查外包商的选择、外包合同关系以及外包风险的控制。

外包成功的关键因素之一是选择具有良好社会形象和信誉、相关行业经验丰富、能够引领或紧跟信息技术发展的外包商作为战略合作伙伴。因此，对外包商的资格审查应从技术能力、经营管理能力、发展能力这3个方面着手。

(1) 技术能力：外包商提供的信息技术产品是否具备创新性、开放性、安全性、兼容性，是否拥有较高的市场占有率，能否实现信息数据的共享；外包商是否具有信息技术方面的资格认证；外包商是否了解行业特点，能够拿出真正适合本企业业务的解决方案；信息系统的设计方案中是否应用了稳定、成熟的信息技术，是否符合银行发展的要求，是否充分体现了银行以客户为中心的服务理念；是否具备对大型设备的运行、维护、管理经验和多系统整合能力；是否拥有对高新技术深入理解的技术专家和项目管理人员。

(2) 经营管理能力：了解外包商的领导层结构、员工素质、客户数量、社会评价、项目管理水平；是否具备能够证明其良好运营管理能力的成功案例；员工间是否具备团队合作精神；外包商客户的满意程度。

(3) 发展能力：分析外包服务商已审计的财务报告、年度报告和其他各项财务指标，了解其盈利能力；考察外包企业从事外包业务的时间、市场份额以及波动因素；评估外包服务商的技术费用支出以及在信息技术领域内的产品创新，确定他们在技术方面的投资水平是否能够支持银行的外包项目。

在IT外包日益普遍的浪潮中，企业应该发挥自身的作用，降低组织IT外包的风险，以最大程度地保证组织IT项目的成功实施。具体而言，可从以下几点入手：

(1) 加强对外包合同的管理。对于企业IT管理者而言，在签署外包合同之前应该谨慎而细致地考虑到外包合同的方方面面，在项目实施过程中也要能够积极制定计划和处理随时出现的问题，使得外包合同能够不断适应变化，以实现一个双赢的局面。

(2) 对整个项目体系的规划。企业必须对组织自身需要什么、问题在何处非常清楚，从而能够协调好与外包商之间长期的合作关系。同时IT部门也要让手下的员工积极地参与到外包项目中去。比如，网络标准、软硬件协议以及数据库的操作性能等问题都需要客户方积极地参与规划。企业应该委派代表去参与完成这些工作，而不是仅仅在合同中提出需求。

（3）对新技术敏感。要想在技术飞速发展的全球化浪潮中获得优势，必须尽快掌握新出现的技术并了解其潜在的应用。企业IT部门应该注意供应商的技术简介、参加高技术研讨会并了解组织现在采用新技术的情况。不断评估组织的软硬件方案，并弄清市场上同类产品及其发展潜力。这些工作必须由企业IT部门负责，而不能依赖于第三方。

（4）不断学习。企业IT部门应该在组织内部倡导良好的IT学习氛围，以加快用户对持续变化的IT环境的适应速度。外包并不意味着企业内部IT部门的事情就少了，整个组织更应该加强学习，因为外包的目的并不是把一个IT项目包出去，而是为了让这个项目能够更好地为组织的日常运作服务。

外包合同关系可被视为一个连续的光谱，其中一端是市场关系型外包，在这种关系下，组织可以在众多有能力完成任务的外包商中进行自由选择，合同期相对较短，合同期满后还可重新选择；另一端是伙伴关系型外包，在这种关系下，组织和同一个外包商反复制订合同，建立长期互利关系；而占据连续光谱中间范围的关系是中间关系型外包。

**参考答案：**

**【问题1】**

制度如下：日常作业调度手册；系统备份及恢复手册；输出管理和性能监控及优化手册；常见故障障处理方法；终端用户计算机使用制度；安全管理制度；IT财务管理制度；IT服务计费理成本核算的规范化管理流程；新系统转换流程；IT资源及配置管理等。

**【问题2】**

（1）三方面能力：技术能力、经营管理能力、发展能力。

（2）解释内容

技术能力：外包商提供的信息技术产品的创新性、开放性、安全性、兼容性等；信息技术方面的资格认证；对大型设备的运维和多系统整合能力等。

经营管理能力：外包商的领导结构、员工素质、客户数量、社会评价和项目管理水平，有良好运营管理能力的成功案例；团队合作精神；客户满意度等。

发展能力：分析财务报告、年度报告、财务指标情况，了解其盈利能力；从事外包业务的时间和市场份额；技术费用支出情况等。

**【问题3】**

控制风险的措施主要有：
加强对外包合同的管理；
对整个项目体系进行科学规划；
要具有新技术的敏感性；
要不断地学习；
要学会能够随时识别风险；
要能够对风险进行科学评估；
要具有风险意识。

## 关键考点点评

### ●考点1：安全性知识

**评注**：本考点考查关于安全性知识的基本概念。

访问控制和鉴别：鉴别、访问控制的一般概念、访问控制的策略。加密：保密和加密、加密和解密机制、密码算法、密钥和密钥管理。

计算机病毒的防治与计算机犯罪的方法：计算机病毒概念、计算机病毒的防治、计算机犯罪的防范。安全管理：安全管理政策法规、安全机构和人员管理、技术安全管理、网络管理、场地设施安全管理。

鉴别提供了实体声称其身份的保证，只有在主体和验证者的关系背景下，鉴别才是有意义的。鉴别的方法主要有如下5种。

（1）用拥有的（如IC卡）进行鉴别。
（2）用所知道的（如密码）进行鉴别。
（3）用不可改变的特性（如生物学测定的标识特征）进行鉴别。
（4）相信可靠的第三方建立的鉴别（递推）。
（5）环境（如主机地址）。

鉴别分为单向鉴别和双向鉴别。在单项鉴别中，一个实体充当申请者，另一个实体充当验证者；在双向鉴别中，每个实体同时充当申请者和鉴别者，并且两个方向上可以使用相同或者不同的鉴别机制。

密码算法一般分为传统密码算法（又称为对称密码算法）和公开密钥密码算法（又称为非对称密码算法）两类。对称密钥密码体制从加密模式上可分为序列密码和分组密码两大类。分组密码的工作方式是将明文分为固定长度的组，对每一组明文用同一个密钥和同一种算法来加密，输出的密文长度也是固定长度。信息系统中使用较多的DES密码算法属于对称密码算法中的分组密码算法。

其中，技术安全管理包括如下内容。

（1）软件管理：包括对操作系统、应用软件、数据库、安全软件和工具软件的采购、安装、使用、更新、维护和防病毒的管理等。

（2）设备管理：对设备的全方位管理是保证信息系统建设的重要条件。设备管理包括设备的购置、使用、维修和存储管理。

（3）介质管理：介质在信息系统安全中对系统的恢复、信息的保密和防止病毒方面起着关键作用。介质管理包括将介质分类、介质库的管理、介质登记和借用、介质复制和销毁以及涉密介质的管理。

（4）涉密信息管理：包括涉密信息等级的划分、密钥管理和密码管理。

（5）技术文档管理：包括技术文档的密级管理和使用管理。

（6）传输线路管理：包括传输线路管理和网络互连管理。传输线路上传送敏感信息时，必须按敏感信息的密级进行加密处理。重要单位的计算机网络于其他网络的连接与计算机的互连需要经过国家有关单位的批准。

（7）安全审计跟踪：为了能够实时监测、记录和分析网络上和用户系统中发生的各类与安全有关的事件（如网络入侵、内部资料窃取、泄密行为等），并阻断严重的违规行为，就需要安全审计跟踪机制来实现在跟踪中记录有关安全的信息。

（8）公共网络连接管理：是指对单位或部门通过公共网络向公众发布信息和提供有关服务的管理和对单位或部门从网上获取有用信息的管理。

（9）灾难恢复：灾难恢复是对偶然事故的预防计划，包括制定灾难恢复策略和计划和灾难恢复计划的测试与维护。

**历年真题链接**

| 2006年5月上午(43) | 2007年5月上午(21) |
| --- | --- |
| 2009年11月上午(68) | 2011年5月上午(28) |
| 2012年5月上午(22) | 2013年5月上午(12) |
| 2014年5月上午(18) | |

## ●考点2：信息系统概述

**评注**：本考点考查信息系统的概念、信息系统的结构、信息系统的主要类型、信息系统对企业的影响。

信息系统为实现组织的目标，对整个组织的信息资源进行综合管理、合理配置与有效利用。其组成包括以下七大部分。

（1）计算机硬件系统。包括主机（中央处理器和内存储器）、外存储器（如磁盘系统、数据磁带系统、光盘系统）、输入设备、输出设备等。

（2）计算机软件系统。包括系统软件和应用软件两大部分。系统软件有计算机操作系统、各种计算机语言编译或解释软件、数据库管理系统等；应用软件可分为通用应用软件和管理专用软件两类。

（3）数据及其存储介质。有组织的数据是系统的重要盗源。数据及其存储介质是系统的主要组成部分。有的存储介质已包含在计算机硬件系统的外存储设备中。另外还有录音、录像磁带、缩微胶片以及各种纸质文件。

（4）通信系统。用于通信的信息发送、接收、转换和传输的设施如无线、有线、光纤、卫星数据通信设备，以及电话、电报、传真、电视等设备；有关的计算机网络与数据通信

的软件。

（5）非计算机系统的信息收集、处理设备。如各种电子和机械的信息采集装置，摄影、录音等记录装置。

（6）规章制度。包括关于各类人员的权利、责任、工作规范、工作程序、相互关系及奖惩办法的各种规定、规则、命令和说明文件；有关信息采集、存储、加工、传输的各种技术标准和工作规范；各种设备的操作，维护规程等有关文件。

（7）工作人员。计算机和非计算机设备的操作、维护人员，程序设计员，数据库管理员，系统分析员，信息系统的管理人员与收集、加工、传输信息的有关人员。

**历年真题链接**

| 2006年5月上午(23) | 2007年5月上午(23) |
| --- | --- |
| 2008年5月上午(23) | 2011年5月上午(16) |
| 2013年5月上午(1) | 2014年5月上午(4,20) |

## ●考点3：系统测试

**评注**：本考点考查关于系统测试的基本概念。

**系统测试**：系统测试概述、测试的原则、测试的方法、测试用例设计、系统测试过程、排错调试、系统测试报告。

对软件进行测试的主要方法分为人工测试和机器测试。人工测试包括个人复查、走查和会审。机器测试分为黑盒测试和白盒测试。

黑盒测试是不了解产品的内部结构，但对具体的功能有要求，可通过检测每一项功能是否能被正常使用来说明产品是否合格。白盒测试是知道产品的内部过程，通过检测产品的内部动作是否按照说明书的规定正常运行来考察产品是否合格。

常用的调试方法有试探法、回溯法、对分查找法、归纳法和演绎法。试探法是调试人员分析错误的症状，猜测问题的位置，进而验证猜测的正确性来找到错误的所在；回溯法是调试人员从发现错误症状的位置开始，人工沿着程序的控制流程往回跟踪程序代码，直到找出错误根源为止；归纳法就是从测试所暴露的错误出发，收集所有正确或不正确的数据，分析它们之间的关系，提出假想的错误原因，用这些数据来证明或反驳，从而查出错误所在；演绎法是根据测试结果，列出所有可能的错误原因，分析已有的数据，排除不可能的和彼此矛盾的原因，对余下的原因选择可能性最大的。利用已有的数据完善该假设，使假设更具体，并证明该假设的正确性。

**历年真题链接**

| 2006年5月上午(37) | 2007年5月上午(35) |
| --- | --- |
| 2008年5月上午(33) | 2009年11月上午(30) |
| 2011年5月上午(30) | 2012年5月上午(18) |
| 2014年5月上午(50) | |

## ●考点4：系统实施

**评注**：本考点考查关于系统实施阶段的特点、系统实施的主要内容、系统实施的方法、系统实施的关键因素。

系统实施必须在系统分析、系统设计工作完成以后，必

须具备完整、准确的系统开发文档,严格按照系统开发文档进行。

系统实施是开发信息系统的最后一个阶段,是实现系统设计阶段提出的物理模型。按实施方案完成一个可以实际运行的信息系统,并交付用户使用。系统设计说明书详细规定了系统的结构,规定了各个模块的功能、输入和输出,规定了数据库的物理结构。这是系统实施的出发点。如果说研制信息系统是盖一幢大楼,那么系统分析与设计就是根据盖楼的要求画出各种蓝图,而系统实施则是调集各种人员、设备、材料,在盖楼的现场,根据图纸按实施方案的要求把大楼盖起来。

为了降低风险,在系统实施方法上要注意以下两点。

(1)尽可能选择成熟的软件产品,以保证系统的高性能及高可靠性。选择基础软件或软件产品时,需要考查软件的功能,它的可扩充性、模块性、稳定性,它为二次开发所提供的工具与售后服务与技术支持等,在此基础上再考虑价格因素及所需的运行平台等。

(2)选择好信息系统的开发工具。选择好开发工具,是快速开发且保证开发质量的前提。在选择开发工具时,要着重考虑如下因素:保证开发环境及工具符合应用系统的环境,最好适应跨平台的工作环境,开发工具的功能及性能,对数据管理的能力,能否处理多媒体信息,用户界面的生成能力。报表制作的能力,与其他系统接口的能力,对事务处理的开发能力等;采用面向对象的方法,减少编程的工作量,提高系统的开发效率,缩短开发周期,开发出的系统便于测试和维护。

信息系统实施的关键因素有4个,进度的安排、人员的组织、任务的分解和开发环境的构建。

**历年真题链接**
2006年5月上午(35)　　2007年5月上午(38)
2008年5月上午(34)　　2012年5月上午(36)
2014年5月上午(56)

## ●考点5:网络资源管理、数据管理

**评注**:本考点考查关于网络资源管理、数据管理的基本概念。

**网络资源管理**:网络资源管理范围、网络资源管理与维护、网络配置管理、网络管理、网络审计支持。

**数据管理**:数据生命周期、信息资源管理、数据管理、公司级的数据管理、数据库审计支持。

网络管理包含五部分:网络性能管理、网络设备和应用配置管理、网络利用和计费管理、网络设备和应用故障管理以及安全管理。ISO建立了一套完整的网络管理模型,其中包含了以上五部分的概念性定义。

网络维护管理有五大功能,它们是:网络的失效管理、网络的配置管理、网络的性能管理、网络的安全管理、网络的计费管理。这五大功能包括了保证一个网络系统正常运行的基本功能。

企业信息资源开发利用做得好坏的关键人物是企业领导和信息系统负责人。IRM工作层上的最重要的角色就是数据管理员。数据管理员负责支持整个企业目标的信息资源的规划、控制和管理;协调数据库和其他数据结构的开发,使数据存储的冗余最小而具有最大的相容性;负责建立有效使用数据资源的标准和规程,组织所需要的培训;负责实现和维护支持这些目标的数据字典;审批所有对数据字典做的修改;负责监督数据管理部门中的所有职员的工作。数据管理员应能提出关于有效使用数据资源的整治建议,向主管部门提出不同的数据结构设计的优缺点忠告,监督其他人员进行逻辑数据结构设计和数据管理。

**历年真题链接**
2008年5月上午(62)　　2009年11月上午(44)
2011年5月上午(52)　　2012年5月上午(35)
2014年5月上午(36,39)

## ●考点6:故障管理与处理

**评注**:本考点考查关于故障的基本内容。

**故障管理概述**:概念和目标、故障管理的范围。

**故障管理流程**:故障监视、故障调研、故障支持和恢复处理、故障分析和定位、故障终止、故障处理跟踪。

**主要故障处理**:故障的基本处理、主机故障恢复措施、数据库故障恢复措施、网络故障恢复措施。

在IT系统运营过程中出现的所有故障都可被纳入故障管理的范围。前面说过故障包括系统本身的故障和非标准操作的事件,常见的故障为:

硬件及外围设备故障:设备无故报警、电力中断、网络瘫痪、打印机无法打印;

应用系统故障:服务不可用、无法登录、系统出现bug;

请求服务和操作故障:忘记密码、未做来访登记。

数据库故障主要分为事务故障、系统故障和介质故障,不同故障的恢复方法也不同。

1.事务故障的恢复措施

事务故障是指事务在运行至正常终点前被终止,此时数据库可能处于不正确的状态。事务故障的恢复由系统自动完成。恢复步骤是:

(1)反向(从后向前)扫描日志文件,查找该事务的更新操作。

(2)对该事务的更新操作执行逆操作,也就是将日志记录更新前的值写入数据库。

(3)继续反向扫描日志文件,查找该事务的其他更新操作,并做同样处理。

(4)如此处理下去,直到读到了此事务的开始标记,事务故障恢复就完成了。

2.系统故障的恢复措施

系统故障是指造成系统停止运转的任何事件,使得系统要重新启动。恢复步骤是:

(1)正向(从头到尾)扫描日志文件,找出故障发生前经提交的事务队列。同时找出故障发生时尚未完成的事务(这些事务只有Begin Transaction记录,无相应的commit

记录),将其事务标识记入撤销(undo)队列。

(2) 反向扫描日志文件,对每个 undo 事务的更新操作执行逆操作;也就是将日志记录中更新前的值写入数据库。

(3) 正向扫描日志文件,对每个 redo 事务重新执行日志文件登记的操作,也就是将日志记录中更新后的值写入数据库。

3. 介质故障的恢复措施

系统故障常被称为软故障,介质故障常被称为硬故障。这类故障将破坏数据库或部分数据库,并影响正在存取这部分数据的所有事务,日志文件也将被破坏。

**历年真题链接**

2006年5月上午(57)　　2007年5月上午(47)
2009年11月上午(51)　　2011年5月上午(47)
2012年5月上午(39)　　2013年5月上午(60)、(61)

## ●考点7:信息系统评价概述

**评注:** 本考点考查信息系统评价概述:信息系统评价的概念和特点、信息系统的技术性能评价、信息系统的管理效益评价、信息系统成本的构成、信息系统经济效益来源、信息系统经济效益评价的方法、信息系统的综合评价。

系统评价就是对系统运行一段时间后的技术性能及经济效益等有面的评价,是对信息系统审计工作的延伸。评价的目的是检查系统是否达到了预期的目标,技术性能是否达到了设计的要求,系统的各种资源是否得到充分利用,经济效益是否理想,并指出系统的长处与不足,为以后系统的改进和扩展提出依据。

根据信息系统的特点、系统评价的要求与具体评价指标体系的构成原则,可从技术性能评价、管理效益评价和经济效益评价三个方面对信息系统进行评价。

系统评价方法可以分为专家评估法、技术经济评估法、模型评估法和系统分析法。

其中,专家评估法又分为德尔菲法、评分法、表决法和检查表法;技术经济评估法可分为净现值法、利润指数法、内部报酬率法和索别尔曼法;模型评估法可分为系统动力学模型、投入产出模型、计盈经济模型、经济控制论模型和成本效益分析;系统分析方法可分为决策分析、风险分析、灵敏度分析、可行性分析和可靠性分析。

德尔菲法依据系统的程序,采用匿名发表意见的方式,即专家之间不得互相讨论,不发生横向联系,只能与调查人员发生关系,通过多轮次调查专家对问卷所提问题的看法。

**历年真题链接**

2006年5月上午(55)　　2007年5月上午(54)
2009年11月上午(50)　　2011年5月上午(55)
2014年5月上午(69)

# 2011年5月全国计算机技术与软件专业技术资格(水平)考试信息系统管理工程师

## 上午考试

（考试时间150分钟，满分75分）

本试卷共有75空，每空1分，共75分。

- 使用___(1)___技术，计算机的微处理器可以在完成一条指令前就开始执行下一条指令。
  - (1) A. 流水线　　　　B. 面向对象　　　C. 叠代　　　　　D. 中间件
- 利用通信网络将多台微型机互联构成多处理机系统，其系统结构形式属于___(2)___计算机。
  - (2) A. 多指令流单数据流(MISD)　　　B. 多指令流多数据流(MIMD)
        C. 单指令流单数据流(SISD)　　　D. 单指令流多数据流(SIMD)
- 以下关于RISC指令系统特点的叙述中，不正确的是___(3)___。
  - (3) A. 对存储器操作进行限制，使控制简单化
        B. 指令种类多，指令功能强
        C. 设置大量通用寄存器
        D. 其指令集由使用频率较高的一些指令构成，以提高执行速度
- ___(4)___是反映计算机即时存储信息能力的计算机性能指标。
  - (4) A. 存取周期　　B. 存取速度　　　C. 主存容量　　　D. 辅存容量
- 内存采用段式存储管理有许多优点，但___(5)___不是其优点。
  - (5) A. 段是信息的逻辑单位，用户不可见
        B. 各段程序的修改互不影响
        C. 地址变换速度快、内存碎片少
        D. 便于多道程序共享主存的某些段
- 栈是一种按"___(6)___"原则进行插入和删除操作的数据结构。
  - (6) A. 先进先出　　B. 边进边出　　　C. 后进后出　　　D. 先进后出
- 以下关于汇编语言的叙述中，正确的是___(7)___。
  - (7) A. 用汇编语言书写的程序称为汇编程序
        B. 将汇编语言程序转换为目标程序的程序称为解释程序
        C. 在汇编语言程序中，不能定义符号常量
        D. 将汇编语言程序翻译为机器语言程序的程序称为汇编程序
- 计算机启动时使用的有关计算机硬件配置的重要参数保存在___(8)___中。
  - (8) A. Cache　　　B. CMOS　　　　C. RAM　　　　　D. CD-ROM
- 连接数据库过程中需要指定用户名和密码，这种安全措施属于___(9)___。
  - (9) A. 数据加密　　　　　　　　　　B. 授权机制
        C. 用户标识与鉴别　　　　　　　D. 视图机制
- 以下关于MIDI的叙述中，不正确的是___(10)___。
  - (10) A. MIDI标准支持同一种乐器音色能同时发出不同音阶的声音
         B. MIDI电缆上传输的是乐器音频采样信号

- C. MIDI可以看成是基于音乐乐谱描述信息的一种表达方式
- D. MIDI消息的传输使用单向异步的数据流

• 多媒体计算机图像文件格式分为静态和动态两种。__(11)__属于静态图像文件格式。
  (11) A. .mpg    B. .mov    C. .jpg    D. .avi

• 在我国,软件著作权__(12)__产生。
  (12) A. 通过国家版权局进行软件著作权登记后
       B. 通过向版权局申请,经过审查、批准后
       C. 自软件开发完成后自动
       D. 通过某种方式发表后

• 我国商标法保护的对象是指__(13)__。
  (13) A. 商品    B. 注册商标    C. 商标    D. 已使用的商标

• 某软件公司研发的财务软件产品在行业中技术领先,具有很强的市场竞争优势。为确保其软件产品的技术领先及市场竞争优势,公司采取相应的保密措施,以防止软件技术秘密的外泄,并且,还为该软件产品冠以某种商标,但未进行商标注册。此情况下,公司享有该软件产品的__(14)__。
  (14) A. 软件著作权和专利权
       B. 商业秘密权和专利权
       C. 软件著作权和商业秘密权
       D. 软件著作权和商标权

• 企业信息系统可以分为作业处理、管理控制、决策计划三类,__(15)__属于管理控制类系统。
  (15) A. 管理专家系统          B. 事务处理系统
       C. 电子数据处理系统      D. 战略信息系统

• 以下叙述中,正确的是__(16)__。
  (16) A. 信息系统可以是人工的,也可以是计算机化的
       B. 信息系统就是计算机化的信息处理系统
       C. 信息系统由硬件、软件、数据库和远程通信等组成
       D. 信息系统计算机化一定能提高系统的性能

• 信息系统开发是一个阶段化的过程,一般包括五个阶段:① 系统分析阶段;② 系统规划阶段;③ 系统设计阶段;④ 系统运行阶段;⑤ 系统实施阶段。其正确顺序为__(17)__。
  (17) A. ①②③④⑤          B. ⑤①②③④
       C. ②①③⑤④          D. ③⑤①②④

• 原型化方法适用于__(18)__的系统。
  (18) A. 需求不确定性高      B. 需求确定
       C. 分时处理            D. 实时处理

• 软件开发过程包括需求分析、概要设计与详细设计、编码、测试、维护等子过程。软件的总体结构设计在__(19)__子过程中完成。
  (19) A. 需求分析            B. 概要设计
       C. 详细设计            D. 编写代码

• 采用UML对系统建模时,用__(20)__描述系统的全部功能。
  (20) A. 分析模型  B. 设计模型    C. 用例模型    D. 实现模型

• __(21)__属于UML中的行为图。
  (21) A. 用例图    B. 合作图    C. 状态图    D. 组件图

• 软件生命周期中时间最长的阶段是__(22)__阶段。
  (22) A. 需求分析  B. 软件维护    C. 软件设计    D. 软件开发

• 在结构化分析活动中,通常使用__(23)__描述数据处理过程。

(23) A. 数据流图　B. 数据字典　　C. 实体关系图　　D. 判定表

- 模块设计时通常以模块的低耦合为目标,下面给出的四项耦合中,最理想的耦合形式是 __(24)__ 。
 (24) A. 数据耦合　B. 控制耦合　　C. 公共耦合　　D. 内容耦合

- __(25)__ 不是面向对象分析阶段需要完成的。
 (25) A. 认定对象　　　　　　　B. 实现对象及其结构
      C. 组织对象　　　　　　　D. 描述对象的相互作用

- 软件项目管理是保证软件项目成功的重要手段,其中 __(26)__ 要确定哪些工作是项目应该做的,哪些工作不应包含在项目中?
 (26) A. 进度管理　B. 风险管理　　C. 范围管理　　D. 配置管理

- 数据库的设计过程可以分为四个阶段,在 __(27)__ 阶段,完成为数据模型选择合适的存储结构和存取方法。
 (27) A. 需求分析　　　　　　　B. 概念结构设计
      C. 逻辑结构设计　　　　　D. 物理结构设计

- 安全管理中的介质安全属于 __(28)__ 。
 (28) A. 技术安全　B. 物理安全　　C. 环境安全　　D. 管理安全

- 黑盒测试注重于被测试软件的功能性需求,主要用于软件的后期测试。黑盒测试无法检测出 __(29)__ 错误。
 (29) A. 功能不对或遗漏　　　　B. 界面
      C. 外部数据库访问　　　　D. 程序控制结构

- __(30)__ 主要用于发现程序设计(编程)中的错误。
 (30) A. 模块测试　B. 集成测试　　C. 确认测试　　D. 系统测试

- 软硬件故障都可能破坏数据库中的数据,数据库恢复就是 __(31)__ 。
 (31) A. 重新安装数据库管理系统和应用程序
      B. 重新安装应用程序,并做数据库镜像
      C. 重新安装数据库管理系统,并做数据库镜像
      D. 在尽可能短的时间内,把数据库恢复到故障发生前的状态

- 以下关于改进信息系统性能的叙述中,正确的是 __(32)__ 。
 (32) A. 将CPU时钟周期加快一倍,能使系统吞吐量增加一倍
      B. 一般情况下,增加磁盘容量可以明显缩短作业的平均CPU处理时间
      C. 如果事务处理平均响应时间长,首先应注意提高外围设备的性能
      D. 利用性能测试工具,可以找出程序中最花费运行时间的20%代码,再对这些代码进行优化

- 《GB 8567—88计算机软件产品开发文件编制指南》是 __(33)__ 标准,违反该标准而造成不良后果时,将依法根据情节轻重受到行政处罚或追究刑事责任。
 (33) A. 强制性国家　　　　　　B. 推荐性国家
      C. 强制性软件行业　　　　D. 推荐性软件行业

- 下列标准中, __(34)__ 是推荐性行业标准。
 (34) A. GB 8567—1988　　　　 B. JB/T 6987—1993
      C. HB 6698—1993　　　　 D. GB/T 11457—2006

- 系统管理预算可以帮助IT部门在提供服务的同时加强成本/收益分析,以合理地利用IT资源、提高IT投资效益。在企业IT预算中其软件维护与故障处理方面的预算属于 __(35)__ 。
 (35) A. 技术成本　B. 服务成本　　C. 组织成本　　D. 管理成本

- IT服务级别管理是定义、协商、订约、检测和评审提供给客户服务的质量水准的流程。它是连接IT部门和 __(36)__ 之间的纽带。
 (36) A. 某个具体的业务部门　　　B. 业务部门内某个具体的职员
      C. 系统维护者　　　　　　　D. 系统管理者

- IT 系统管理工作可以依据系统的类型划分为四种,其中 __(37)__ 是 IT 部门的核心管理平台。
  - (37) A. 信息系统,包括办公自动化系统、ERP、CRM 等
        B. 网络系统,包括企业内部网、IP 地址管理、广域网、远程拨号系统等
        C. 运作系统,包括备份/恢复系统、入侵检测、性能监控、安全管理、服务级别管理等
        D. 设施及设备,包括专门用来放置计算机设备的设施或房间
- IT 会计核算包括的活动主要有 IT 服务项目成本核算、投资评价、差异分析和处理。这些活动实现了对 IT 项目成本和收益的 __(38)__ 控制。
  - (38) A. 事前与事中              B. 事中与事后
        C. 事前与事后              D. 事前、事中与事后
- 在总成本管理的 TCO 模型中,既有直接成本也有间接成本,下列选项中属于间接成本的是 __(39)__。
  - (39) A. 软硬件费用              B. IT 人员工资
        C. 财务与管理费用          D. 恢复成本或者解决问题的成本
- 为 IT 服务定价是计费管理的关键问题。如果 IT 服务的价格是在与客户谈判的基础上由 IT 部门制定的,而且这个价格在一定时期内一般保持不变,那么这种定价方法是 __(40)__ 定价法。
  - (40) A. 现行价格   B. 市场价格   C. 合同价格   D. 成本价格
- 软件维护阶段最重要的是对 __(41)__ 的管理。
  - (41) A. 变更      B. 测试      C. 软件设计   D. 编码
- 在 ISO 建立的网络管理模型中, __(42)__ 单元是使用最为广泛的。
  - (42) A. 性能管理   B. 配置管理   C. 计费管理   D. 故障管理
- 在软件生命周期的瀑布模型、迭代模型及快速原型开发中,常见的瀑布模型适合具有 __(43)__ 特点的项目。
  - (43) A. 需求复杂,项目初期不能明确所有的需求
        B. 需要很快给客户演示的产品
        C. 需求确定
        D. 业务发展迅速,需求变动大
- 用户安全审计与报告的数据分析包括检查、异常探测、违规分析与 __(44)__。
  - (44) A. 抓取用户账号使用情况     B. 入侵分析
        C. 时间戳的使用            D. 登录失败的审核
- 在故障管理中,通常有三个描述故障特征的指标,其中根据影响程度和紧急程度制定的、用于描述处理故障问题的先后顺序的指标是 __(45)__。
  - (45) A. 影响度    B. 紧迫性    C. 优先级    D. 危机度
- 某台服务器的 CPU 使用率连续 3 个小时超过 70%,这远远超过预期。因此会产生一个 __(46)__,它可以作为判断服务级别是否被打破的数据来源。
  - (46) A. 服务和组件报告          B. 例外报告
        C. 能力预测               D. 需求预测
- 故障管理流程的第一项基础活动是故障监视。对于系统硬件设备故障的监视,采用的主要方法是 __(47)__。
  - (47) A. 通用或专用的管理监控工具  B. 测试工程师负责监视
        C. 使用过程中用户方发现故障   D. B 和 C 的结合
- 对于整个安全管理系统来说,应该将重点放在 __(48)__,提高整个信息安全系统的有效性与可管理性。
  - (48) A. 响应事件   B. 控制风险   C. 信息处理   D. 规定责任
- 信息系统维护的内容包括系统应用程序维护、 __(49)__ 、代码维护、硬件设备维护和文档维护。
  - (49) A. 数据维护   B. 软件维护   C. 模块维护   D. 结构维护
- 由于系统转换成功与否非常重要,所以 __(50)__ 和配套制度要在转换之前准备好,以备不时之需。
  - (50) A. 转换时间点              B. 具体操作步骤
        C. 转换工作执行计划         D. 技术应急方案

- 系统评价方法主要有四大类,德尔菲法(Delphi)是属于__(51)__。
  - (51) A. 专家评估法　　　　　　B. 技术经济评估法
  　　　C. 模型评估法　　　　　　D. 系统分析法
- 企业关键 IT 资源中,企业网络服务器属于__(52)__,它是网络系统的核心。
  - (52) A. 技术资源　B. 软件资源　　C. 网络资源　　　D. 数据资源
- 在 IT 财务管理中,IT 服务项目成本核算的第一步是__(53)__。
  - (53) A. 投资评价　　　　　　　B. 定义成本要素
  　　　C. 收益差异分析　　　　　D. 工作量差异分析
- 外包合同中的关键核心文件是__(54)__。
  - (54) A. 服务等级协议　　　　　B. 管理制度
  　　　C. 薪酬体系　　　　　　　D. 考核协议
- 系统日常操作管理是整个 IT 管理中直接面向客户的、最为基础的部分,涉及__(55)__、帮助服务台管理、故障管理及用户支持、性能及可用性保障和输出管理等。
  - (55) A. 业务需求管理　　　　　B. 数据库管理
  　　　C. 日常作业调度管理　　　D. 软硬件协议管理
- 现在计算机及网络系统中常用的身份认证的方式主要有以下四种,其中__(56)__是最简单也是最常用的身份认证方法。
  - (56) A. IC 卡认证　B. 动态密码　　C. USB Key 认证　D. 用户名/密码方式
- 2001 年发布的 ITIL(IT 基础架构库)2.0 版本中,ITIL 的主体框架被扩充为 6 个主要模块,__(57)__模块处于最中心的位置。
  - (57) A. 业务管理　B. 应用管理　　C. 服务管理　　　D. ICT 基础设施管理
- 能力管理的高级活动项目包括需求管理、能力预测和应用选型。需求管理的首要目标是__(58)__。
  - (58) A. 影响和调节客户对 IT 资源的需求
  　　　B. 分析和预测未来情况发生变更对能力配置规划的影响
  　　　C. 新建应用系统的弹性
  　　　D. 降低单个组件的故障对整个系统的影响
- 网络维护管理有五大功能,它们是网络的失效管理、网络的配置管理、网络的性能管理、__(59)__、网络的计费管理。
  - (59) A. 网络的账号管理　　　　B. 网络的安全管理
  　　　C. 网络的服务管理　　　　D. 网络的用户管理
- 系统经济效益的评价方法中,__(60)__分析的核心是为了控制成本,反映了系统生产经营的盈利能力,可用在评价信息系统的技术经济效益上。
  - (60) A. 差额计算法　　　　　　B. 信息费用效益评价法
  　　　C. 比例计算法　　　　　　D. 数字模型法
- 为了更好地满足用户需求,许多企业都提供了用户咨询服务,不同的用户咨询方式具有各自的优缺点。其中__(61)__咨询方式很难回答一些隐蔽性强的问题。
  - (61) A. 直接咨询服务　　　　　B. 电话服务
  　　　C. 电子邮件　　　　　　　D. 公告板(BBS)或讨论组(Group)
- 系统维护应该根据实际情况决定采用哪种实施方式。对于最重要、最常用并且容易出故障的软件、硬件和设施可以采用__(62)__的方式。
  - (62) A. 每日检查　B. 定期维护　　C. 预防性维护　　D. 事后维护
- 系统性能评价指标中,MIPS 这一性能指标的含义__(63)__。
  - (63) A. 每秒百万次指令　　　　B. 每秒百万次浮点运算
  　　　C. 每秒数据报文　　　　　D. 位每秒
- 在系统故障与问题管理中,问题预防的流程主要包括趋势分析和__(64)__。
  - (64) A. 调查分析　B. 错误控制　　C. 制定预防措施　D. 问题分类

- 信息资源管理(IRM)工作层上的最重要的角色是 __(65)__ 。
  (65) A. 企业领导　　　　　　B. 数据管理员
  　　　C. 数据处理人员　　　　D. 项目领导
- __(66)__ 不属于电子邮件相关协议。
  (66) A. POP3　　B. SMTP　　C. MIME　　D. MPLS
- 在 Windows 操作系统下,FTP 客户端可以使用 __(67)__ 命令显示客户端目录中的文件。
  (67) A. ！dir　　B. dir　　C. get　　D. put
- 以下 IP 地址中,不能作为目标地址的是 __(68)__ 。
  (68) A. 0.0.0.0　B. 10.0.0.1　C. 100.0.0.1　D. 100.10.1.0
- 在 OSI 七层结构模型中,处于数据链路层与传输层之间的是 __(69)__ 。
  (69) A. 物理层　　B. 网络层　　C. 表示层　　D. 会话层
- Internet 提供了各种服务,如通信、远程登录、浏览和文件传输等,下列各项中,__(70)__ 不属于 Internet 提供的服务。
  (70) A. WWW　　B. HTML　　C. E-mail　　D. Newsgroup
- Information is no good to you if you can't __(71)__ it. The location dimension of information means having access to information no matter where you are. Ideally in other words, your location or the information's location should not matter. You should be able to access information in, a hotel roots; at home; in the student center of your camp, at work, on the spur of the moment while walking down the street; or even while traveling on an airplane. This location dimension is closely, related to __(72)__ and wireless computing(and also ubiquitous computing).

  To keep certain information private and secure while providing remote access for employees; many businesses are creating intranets. An intranet is an __(73)__ organization internet that is guarded against outside access by a special __(74)__ feature called a Firewall(which can be software, hardware, or a combination of the two). So, if your organization has an intranet and you want to access information on it while away from the office, all you need is Web access and the password that will allow you __(75)__ the firewall.

  (71) A. access　　B. make　　C. learn　　D. bring
  (72) A. data　　B. program　　C. mobile　　D. information
  (73) A. inside　　B. external　　C. inner　　D. internal
  (74) A. safe　　B. safety　　C. security　　D. secure
  (75) A. pass　　B. through　　C. across　　D. cross

# 下午考试

**（考试时间 150 分钟,满分 75 分）**

试题一（15 分）

【说明】

某企业信息系统投入运行后,由运行维护部门来负责该信息系统的日常维护工作以及处理信息系统运行过程中发生的故障。

运行维护部门为保证发生故障后系统能尽快恢复,针对系统恢复建立了备份与恢复机制,系统数据每日都进行联机备份,每周进行脱机备份。

【问题1】(5分)
信息系统维护包括哪些方面的内容？
【问题2】(5分)
按照维护具体目标,软件维护可分为哪四类？为了适应运行环境变化而对软件进行修改属于哪一类？
【问题3】(5分)
备份最常用的技术是哪两种？脱机备份方式有哪些优点？

## 试题二（15分）

【说明】

某集团公司(行业大型企业)已成功构建了面向整个集团公司的信息系统,并投入使用多年。后来,针对集团公司业务发展又投资构建了新的信息系统。现在需要进行系统转换,即以新系统替换旧系统。

系统转换工作是在现有系统软件、硬件、操作系统、配置设备、网络环境等条件下,使用新系统,并进行系统转换测试和试运行。直接转换方式和逐步转换方式是两种比较重要的系统转换方式。直接转换方式是指在确定新系统运行准确无误后,用新系统直接替换旧系统,中间没有过渡阶段,这种方式适用于规模较小的系统；逐步转换方式(分段转换方式)是指分期分批地进行转换。

在实施系统转换过程中必须进行转换测试和试运行。转换测试的目的主要是全面测试系统所有方面的功能和性能保证系统所有功能模块都能正确运行；转换到新系统后的试运行,目的是测试系统转换后的运行情况,并确认采用新系统后的效果。

请结合说明回答以下问题。

【问题1】(5分)
针对该集团公司的信息系统转换你认为应该采取上述哪种转换方式？为什么？
【问题2】(2分)
系统转换工作主体是实施系统转换。实施系统转换前应做哪项工作？实施系统转换后应做哪项工作？
【问题3】(3分)
确定转换工具和转换过程、对新系统的性能进行监测、建立系统使用文档三项工作分别属于系统转换工作哪个方面(计划、实施、评估)的工作？
【问题4】(5分)
在系统实施转换后,概括地说,进行系统测试应注重哪两个方面的测试？试运行主要包括哪两个方面的工作？

## 试题三（15分）

【说明】

HR公司成立于1988年,是典型的IT企业,主要从事通信网络技术与产品的研究、开发、生产与销售,致力于为电信运营商提供固定网、移动网、数据通信网和增值业务领域的网络解决方案,在行业久负盛名,是中国电信市场的主要供应商之一并已成功进入全球电信市场。为了使HR公司能够长期发展和持续经营,公司决定加强企业的IT管理工作。

在HR公司的IT管理工作中,他们把整个IT管理工作划分为高、中、低三个层次,最高层的诸如长期IT发展目标的制定、未来IT发展方向的确定等方面的工作纳入宏观管理层面进行管理,最低层的诸如IT技术的日常维护、技术支持等工作归入具体的操作层面进行管理。

同时,HR公司为了使公司的长期IT战略规划能够有助于确保公司的IT活动有效支持公司的总体经营战略,进而确保公司经营目标的实现,公司在IT战略规划的战略性思考的时候,考虑了多方面的因素,包括IT战略规划与企业整体战略的结合、正确处理阶段性目标与业务总体目标的关系、信息技术的支撑措施、IT投入成本等。

【问题1】(6分)
HR公司高中低三个层次的IT管理工作指的是哪三个层次？请对其做简要解释。
【问题2】(6分)
HR公司对制定IT战略规划有哪些要求？
【问题3】(3分)
IT战略规划不同于IT系统管理。你认为以下表述："IT战略规划是确保战略得到有效执行的战术性和运作性活动;而系统管理是关注组织IT方面的战略问题,从而确保组织发展的整体性和方向性。"是否正确？为什么？

**试题四(15分)**

【说明】

企业信息资源管理是企业整个管理工作的重要组成部分,也是实现企业信息化的关键。在全球经济信息化的今天,加强企业信息资源管理对企业发展具有非常重要的作用。美国著名学者奥汀格曾给出的著名的资源三角形,说明当今社会信息资源已成为企业的重要战略资源。加强企业信息资源的管理,一方面为企业做出迅速灵敏的决策提供依据;另一方面使企业在激烈的市场竞争中找准自己的发展方向,抢先开拓市场、占有市场,及时有效地定制竞争措施,从而增强企业竞争力。

【问题1】(6分)

以下是关于企业信息资源管理的叙述,请填补其中的空缺(从备选项中选择)。

信息资源管理(简称IRM),是对整个组织信息资源开发利用的__(1)__。IRM把__(2)__和信息技术结合起来,使信息作为一种__(3)__而得到优化的配置和使用。开发信息资源既是企业信息化的__(4)__,又是企业信息化的__(5)__;只有高档次的数据环境才能发挥信息基础设施的作用。因此,从IRM的技术层面看,__(6)__建设是信息资源管理的重要工作。

(1)的备选项：A. 全面管理　　　　B. 全程管理
(2)的备选项：A. 经济管理　　　　B. 企业管理
(3)的备选项：A. 资源　　　　　　B. 管理
(4)的备选项：A. 出发点　　　　　B. 目标
(5)的备选项：A. 成果　　　　　　B. 归宿
(6)的备选项：A. 数据环境　　　　B. 管理环境

【问题2】(6分)

以下是关于企业信息资源管理的叙述,请填补其中的空缺(有备选项时选择,无备选项时填空)。

企业信息资源管理需要有一个有效的信息资源管理体系,在这个体系中最为关键的是人的因素,即从事信息资源管理的__(7)__建设;其次是__(8)__,而这一问题要消除以往分散建设所导致的__(9)__;技术也是一个要素,要选择与信息资源整合和管理相适应的__(10)__;另外一个就是__(11)__,主要是指标准和规范,信息资源管理最核心的基础问题就是信息资源的__(12)__。

(7)的备选项：A. 人才队伍　　　　B. 人力资源
(8)的备选项：A. 技术问题　　　　B. 架构问题
(9)的备选项：A. 信息孤岛　　　　B. 投资膨胀
(10)的备选项：A. 软件和平台　　　B. 管理技能
(11)的备选项：A. 环境因素　　　　B. 管理因素

【问题3】(3分)

IRM工作层上最重要的角色就是数据管理员(DA),请指出数据管理员至少三方面的具体的工作职责。

**试题五(15分)**

【说明】

当前,无论是政府、企业、学校、医院,还是每个人的生活,无不受信息化广泛而深远的影响。

信息化有助于推进四个现代化,同时也有赖于广泛应用现代信息技术。信息化既涉及国家信息化、国民经济信息化、社会信息化,也涉及企业信息化、学校信息化、医院信息化等。

国家信息化就是在国家统一规划和组织下,在农业、工业、科学技术、国防和社会生活各个方面应用现代信息技术,深入开展、广泛利用信息资源,发展信息产业,加速实现国家现代化的过程。

而企业信息化是挖掘企业先进的管理理念,应用先进的计算机网络技术整合企业现有的生产、经营、设计、制造、管理,及时地为企业的"三层决策"系统提供准确而有效的数据信息流程。

**【问题 1】(5 分)**
本题说明中关于国家信息化的定义包含了哪四个方面的含义?
**【问题 2】(3 分)**
企业的"三层决策"系统指的是哪三个层次?
**【问题 3】(3 分)**
企业的信息化有不同的分类方式,可按企业所处行业分类,或按企业的运营模式分类。下列企业信息化的类型,哪些是按照所处的行业划分的?哪些是按照企业的运营模式划分的?
  A. 离散型企业的信息化
  B. 流程型企业信息化
  C. 制造业的信息化
  D. 商业的信息化
  E. 金融业的信息化
  F. 服务业的信息化
**【问题 4】(4 分)**
在企业信息化建设中,目前比较常用的企业信息化建设的应用软件主要有 ERP、CRM、SCM 和 ABC,请分别写出它们的中文名称。

---

## 上午试卷答案解析

(1) **答案**:A
**解析**:本题考查计算机中流水线概念。
使用流水线技术,计算机的微处理器可以在完成一条指令前就开始执行下一条指令。流水线方式执行指令是将指令流的处理过程划分为取指、译码、取操作数、执行并写回等几个并行处理的过程段。目前,几乎所有的高性能计算机都采用了指令流水线。

(2) **答案**:B
**解析**:多处理机属于 MIMD 计算机,和 SIMD 计算机的区别是多处理机实现任务或作业一级的并行,而并行处理机只实现指令一级的并行。多处理机的特点:结构灵活性、程序并行性、并行任务派生、进程同步、资源分配和进程调度。因此本题答案为 B。

(3) **答案**:B
**解析**:精简指令系统计算机(RISC)的着眼点不是简单地放在简化指令系统上,而是通过简化指令使计算机的结构更加简单合理,从而提高机器的性能。RISC 与 CISC 比较,其指令系统的主要特点如下:
① 指令数目少;
② 指令长度固定、指令格式种类少、寻址方式种类少;
③ 大多数指令可在一个机器周期内完成;
④ 通用寄存器数量多。
因此 B 中指令种类多有错。

(4) **答案**:C
**解析**:计算机功能的强弱或性能的好坏,不是由某项指标决定的,而是由它的系统结构、指令系统、硬件组成、软件配置等方面的因素综合决定的。对于大多数普通用

户来说,可以从以下几个指标来大体评价计算机的性能。
运算速度。通常所说的计算机运算速度(平均运算速度),是指每秒钟所能执行的指令条数,一般用百万条指令/秒来描述。同一台计算机,执行不同的运算所需时间可能不同,因而对运算速度的描述常采用不同的方法。常用的有 CPU 时钟频率(主频)、每秒平均执行指令数(ips)等。微型计算机一般采用主频来描述运算速度,例如,Pentium/133 的主频为 133 MHz,Pentium Ⅲ/800 的主频为 800 MHz,Pentium 4 1.5 G 的主频为 1.5 GHz。一般说来,主频越高,运算速度就越快。
内存储器的容量。内存储器,也简称主存,是 CPU 可以直接访问的存储器,需要执行的程序与需要处理的数据就是存放在主存中的。内存储器容量的大小反映了计算机即时存储信息的能力。随着操作系统的升级,应用软件的不断丰富及其功能的不断扩展,人们对计算机内存容量的需求也不断提高。内存容量越大,系统功能就越强大,能处理的数据量就越庞大。
外存储器的容量。外存储器容量通常是指硬盘容量。外存储器容量越大,可存储的信息就越多,可安装的应用软件就越丰富。

(5) **答案**:C
**解析**:虚拟存储器可以分为两类:页式和段式。页式虚拟存储器把空间划分为大小相同的块,称为页面。而段式虚拟存储器则把空间划分为可变长的块,称为段。页面是对空间的机械划分,而段则往往是按程序的逻辑意义进行划分。页式存储管理的优点是页表对程序员来说是透明的,地址变换快,调入操作简单;缺点是各段不是程序的

独立模块,不便于实现程序和数据的保护。段式存储管理的优点是消除了内存零头,易于实现存储保护,便于程序动态装配;缺点是调入操作复杂,地址变换速度慢于页式存储管理。

(6) 答案:A

✳ 解析:栈是一种后进先出的数据结构,只能在末端进行插入和删除的操作。应该说成是只能在线性表的一端进行插入和删除。说成末端,就认为的把线性表分成开始端和结束端了。但由于线性表中元素只具有线性关系,并没有明确的起始元素和终止元素。

(7) 答案:D

✳ 解析:汇编语言是面向机器的程序设计语言。在汇编语言中,用助记符代替操作码,用地址符号(Symbol)或标号(Label)代替地址码。这样用符号代替机器语言的二进制码,就把机器语言变成了汇编语言。于是汇编语言也称为符号语言。使用汇编语言编写的程序,机器不能直接识别,要由一种程序将汇编语言翻译成机器语言,这种起翻译作用的程序称为汇编程序,汇编程序是系统软件中语言处理系统软件。汇编程序把汇编语言翻译成机器语言的过程称为汇编。

(8) 答案:B

✳ 解析:在 CMOS 芯片里储存,一般在 BIOS 里设置这些属性。静态 MOS 存储芯片由:存储体、读写电路、地址译码、控制电路(存储体、地址译码器、驱动器、I/O 控制、片选控制、读/写控制)组成。因此,该题的正确答案为 B。

(9) 答案:C

✳ 解析:数据库的安全性控制:用户标识与鉴别是系统提供的最外层安全保护措施。每次登录系统时,由系统对用户进行核对,之后还要通过口令进行验证,以防止非法用户盗用他人的用户名进行登录。优点:简单,可重复使用,但容易被窃取,通常需采用较复杂的用户身份鉴别及口令识别。DBMS 的存取控制机制确保只有授权用户才可以在其权限范围内访问和存取数据库。存取控制机制包括两部分:定义用户权限,并登记到数据字典中合法权限检查;用户请求存取数据库时,DBMS 先查找数据字典进行合法权限检查,看用户的请求是否在其权限范围之内。视图机制是为不同的用户定义不同的视图,将数据对象限制在一定的范围内。

(10) 答案:B

✳ 解析:MIDI 文件是指存放 MIDI 信息的标准格式文件。MIDI(Musical Instrument Digital Interface)乐器数字接口,是 20 世纪 80 年代初为解决电声乐器之间的通信问题而提出的。MIDI 传输的不是声音信号,而是音符、控制参数等指令,它指示 MIDI 设备要做什么、怎么做,如演奏哪个音符、多大音量等。因此,MIDI 电缆上传输的并不是乐器音频采样信号,因选择 B。

(11) 答案:C

✳ 解析:JPEG 格式全称是 Joint Photograph Coding Experts Group,是一种基于 DCT 的静止图像压缩和解压缩算法。

(12) 答案:A

✳ 解析:计算机软件著作权是指软件的开发者或者其他权利人依据有关著作权法律的规定,对于软件作品所享有的各项专有权利。就权利的性质而言,它属于一种民事权利,具备民事权利的共同特征。著作权是知识产权中的例外,因为著作权的取得无须经过个别确认,这就是人们常说的"自动保护"原则。软件经过登记后,软件著作权人享有发表权、开发者身份权、使用权、使用许可权和获得报酬权。本题的正确答案为 A。

(13) 答案:B

✳ 解析:商标法是确认商标专用权,规定商标注册、使用、转让、保护和管理的法律规范的总称。它的作用主要是加强商标管理,保护商标专用权,促进商品的生产者和经营者保证商品和服务的质量,维护商标的信誉,以保证消费者的利益,促进社会主义市场经济的发展。

(14) 答案:C

✳ 解析:计算机软件著作权是指软件的开发者或者其他权利人依据有关著作权法律的规定,对于软件作品所享有的各项专有权利。商业秘密权的性质是在商业秘密法律保护中亟待解决的一个关键性问题。学者们认为商业秘密权或是财产权、人格权、企业权、知识产权,甚至是一种全新的权利类型。从周延的保护商业秘密权的本质出发,运用法经济学有关产权界定和法理中有关民事权利分类的理论来分析,可以发现,将商业秘密权界定为一种新兴的知识产权是恰当的。由它们的定义再结合题目,可知本题因选择 C。

(15) 答案:C

✳ 解析:本题考查信息系统开发的基础知识。

根据信息服务对象的不同,企业中的信息系统可以分为三类:

①面向作业处理的系统。包括办公自动化系统、事务处理系统、数据采集与监测系统。

②面向管理控制的系统。包括电子数据处理系统、知识工作支持系统和计算机集成制造系统。

③面向决策计划的系统。包括决策支持系统、战略信息系统和管理专家系统。

因此电子数据处理系统属于面向管理控制的系统。

(16) 答案:A

✳ 解析:信息系统为实现组织的目标,对整个组织的信息资源进行综合管理、合理配置与有效利用。其组成包括以下七大部分。

① 计算机硬件系统。包括主机(中央处理器和内存储器)、外存储器(如磁盘系统、数据磁带系统、光盘系统)、输入设备、输出设备等。

② 计算机软件系统。包括系统软件和应用软件两大部分。系统软件有计算机操作系统、各种计算机语言编译或解释软件、数据库管理系统等。应用软件可分为通用应用软件和管理专用软件两类。通用应用软件如图形处理、图

像处理、微分方程求解、代数方程求解、统计分析、通用优化软件等;管理专用软件如管理数据分析软件、管理模型库软件、各种问题处理软件和人机界面软件等。

③数据及其存储介质。有组织的数据是系统的重要资源。数据及其存储介质是系统的主要组成部分。有的存储介质已包含在计算机硬件系统的外存储设备中。另外还有录音、录像磁带、缩微胶片以及各种纸质文件。这些存储介质不仅用来存储直接反映企业外部环境和产、供、销活动以及人、财物状况的数据,而且可存储支持管理决策的各种知识、经验以及模型与方法,以供决策者使用。

④通信系统。用于通信的信息发送、接收、转换和传输的设施如无线、有线、光纤卫星数据通信设备,以及电话、电报、传真、电视等设备;有关的计算机网络与数据通信的软件。

⑤非计算机系统的信息收集、处理设备。如各种电子和机械的信息采集装置,摄影、录音等记录装置。因此,B、C、D错误。

⑥规章制度。包括关于各类人员的权力、责任、工作规范、工作程序、相互关系及奖惩办法的各种规定、规则、命令和说明文件;有关信息采集、存储、加工、传输的各种技术标准和工作规范;各种设备的操作,维护规程等有关文件。

⑦工作人员。计算机和非计算机设备的操作、维护人员,程序设计员,数据库管理员,系统分析员,信息系统的管理人员与收集、加工、传输信息的有关人员。因此 A 正确。

**(17) 答案:C**

✽ 解析:用结构化方法开发一个系统,可将整个开发过程划分为若干个首尾相连的阶段,称为系统生命周期。生命周期法将系统生命周期的整个过程划分成系统规划、系统分析、系统设计、系统实施、系统维护 5 个相对独立的阶段。

**(18) 答案:A**

✽ 解析:原型化方法,即 Prototyping,为弥补瀑布模型的不足而产生的。因此针对的是有不足的系统,故选择 A。

**(19) 答案:B**

✽ 解析:软件需求分析过程主要完成对目标软件的需求进行分析并给出详细描述,然后编写软件需求说明书、系统功能说明书;概要设计和详细设计组成了完整的软件设计过程,其中概要设计过程需要将软件需求转化为数据结构和软件的系统结构,并充分考虑系统的安全性和可靠性,最终编写概要设计说明书、数据库设计说明书等文档;详细设计过程完成软件各组成部分内部的算法和数据组织的设计与描述,编写详细设计说明书等;编码阶段需要将软件设计转换为计算机可接受的程序代码,且代码必须和设计一致。

**(20) 答案:C**

✽ 解析:用例模型是系统功能和系统环境的模型,它通过软件系统的所有用例及其与用户之间关系的描述,表达了系统的功能性需求,可以帮助客户、用户和开发人员在如何使用系统方面达成共识。用例是贯穿整个系统开发的一条主线,同一个用例模型既是需求工作流程的结果,也是分析设计工作以及测试工作的前提和基础。因此选择 C。

**(21) 答案:C**

✽ 解析:本题考查信息系统开发中 UML 的基础知识。

UML 中的图分为:

①用例图。从用户角度描述系统功能,并指出各功能的操作者。

②静态图。包括类图、对象图和包图。

③行为图。描述系统的动态模型和组成对象之间的交互关系,包括状态图和活动图。

④交互图。描述对象之间的交互关系,包括顺序图和协作图。

⑤实现图。包括组件图和配置图。

**(22) 答案:B**

✽ 解析:维护阶段实际上是一个微型的软件开发生命周期,包括:对缺陷或更改申请进行分析即需求分析(RA)、分析影响即软件设计(SD)、实施变更即进行编程(Coding),然后进行测试(Test)。在维护生命周期中,最重要的就是对变更的管理。软件维护是软件生命周期中持续时间最长的阶段。在软件开发完成并投入使用后,由于多方面的原因,软件不能继续适应用户的要求。要延续软件的使用寿命,就必须对软件进行维护。软件的维护包括纠错性维护和改进性维护两个方面。因此选择 B。

**(23) 答案:A**

✽ 解析:本题考查信息系统开发中分析阶段的基础知识。

数据流图从数据传递和加工的角度,以图形的方式刻画系统内部数据的运动情况。数据字典是以特定格式记录下来的,对系统的数据流图中各个基本要素的内容和特征所做的完整的定义和说明,是对数据流图的重要补充和说明。

**(24) 答案:A**

✽ 解析:数据耦合指两个模块之间有调用关系,传递的是简单的数据值,相当于高级语言的值传递。

一个模块访问另一个模块时,彼此之间是通过简单数据参数(不是控制参数、公共数据结构或外部变量)来交换输入、输出信息的。因此以低耦合为目标的最理想耦合形式为 A。

**(25) 答案:B**

✽ 解析:第一步,确定对象和类。这里所说的对象是对数据及其处理方式的抽象,它反映了系统保存和处理现实世界中某些事物的信息的能力。类是多个对象的共同属性和方法集合的描述,它包括如何在一个类中建立一个新对象的描述。

第二步,确定结构(structure)。结构是指问题域的复杂性和连接关系。类成员结构反映了泛化—特化关系,整体—部分结构反映整体和局部之间的关系。

第三步,确定主题(subject)。主题是指事物的总体概貌和总体分析模型。

第四步，确定属性（attribute）。属性就是数据元素，可用来描述对象或分类结构的实例，可在图中给出，并在对象的存储中指定。

第五步，确定方法（method）。方法是在收到消息后必须进行的一些处理方法；方法要在图中定义，并在对象的存储中指定。对于每个对象和结构来说，那些用来增加、修改、删除和选择一个方法本身都是隐含的，而有些则是显式的。

(26) **答案**：C

🌸 **解析**：项目范围的管理也就是对项目应该包括什么和不应该包括什么进行相应的定义和控制。它包括用以保证项目能按要求的范围完成所涉及的所有过程，包括：确定项目的需求、定义规划项目的范围、范围管理的实施、范围的变更控制管理以及范围核实等。专家也认为项目范围是指产生项目产品所包括的所以工作及产生这些产品所用的过程。项目干系人必须在项目要产生什么样的产品方面达成共识，也要在如何生产这些产品方面达成一定的共识。因此选择 C。

(27) **答案**：D

🌸 **解析**：需求分析是设计数据库的基础，其最困难、最耗时，也是最重要的；

概念结构设计是通过对用户需求分析，进行综合、归纳、抽象，形成独立于具体的 DBMS 的概念模型；

逻辑结构设计就是将概念结构转换为数据模型，并对其优化；

物理结构设计是为逻辑数据模型选取最适合应用环境的物理结构（存储结构和存取方法）。

其实，在数据库设计的整个过程中，除了以上四个步骤还有"数据库的实施阶段"和"运行维护阶段"。

(28) **答案**：B

🌸 **解析**：物理安全是指在物理介质层次上对存储和传输的网络信息的安全保护，也就是保护计算机网络设备、设施以及其他媒体免遭地震、水灾、火灾等环境事故以及人为操作失误或错误及各种计算机犯罪行为导致的破坏过程。物理安全是信息安全的最基本保障，是整个安全系统不可缺少和忽视的组成部分。物理安全必须与其他技术和管理安全一起被实施，这样才能做到全面的保护。物理安全主要包括三个方面：环境安全、设施和设备安全、介质安全。因此选择 B。

(29) **答案**：D

🌸 **解析**：黑盒测试试图发现以下类型的错误：功能不正确或不完整、界面错误、数据结构或外部数据库访问错误、性能不合适、初始化和终止错误。

(30) **答案**：A

🌸 **解析**：模块测试的目的是保证每个模块作为一个单元能正确运行，所以模块测试通常又被称为单元测试。在这个测试步骤中所发现的往往是编码和详细设计的错误。因此选择 A。

(31) **答案**：D

🌸 **解析**：数据库恢复就是在尽可能短的时间内，把数据库恢复到故障发生前的状态。恢复机制涉及的两个关键问题是如何建立冗余数据和如何利用这些冗余数据实施数据库恢复。具体的实现方法有以下多种：

① 定期将数据库作后备文件，即数据库备份。备份可分为热备份和冷备份，冷备份是在系统中无法运行事务时进行的备份操作，热备份是转储期间允许对数据库进行存取或修改。

② 在进行事务处理时，对数据更新的全部有关内容写入日志文件。日志文件是用来记录事务对数据库的更新操作的文件。不同数据库系统采用的日志文件格式并不完全一样。主要有两种格式，分别是以记录为单位的日志文件和以数据块为单位的日志文件。

③ 在系统正常运行时，按一定的时间间隔，设立检查点文件，把内存缓冲区内容还未写入到磁盘中去的有关状态记录到检查点文件中。

(32) **答案**：D

🌸 **解析**：计算机系统的吞吐量是指流入、处理和流出系统的信息的速率。它取决于信息能够多快地输入内存，CPU 能够多快地取指令，数据能够多快地从内存取出或存入，以及所得结果能够多快地从内存送给一台外围设备。这些步骤中的每一步都关系到主存，因此，系统吞吐量主要取决于主存的存取周期。CPU 时钟周期也即 CPU 的主频，表示在 CPU 内数字脉冲信号震荡的速度，与 CPU 实际的运算能力并没有直接关系。因此 A 错。

磁盘容量指应用性能加速器设备可以安装的存储硬盘设备容量的大小，部分产品可以安装多个序列磁盘组成更大的存储空间，能够提供更快速的吞吐量及数据压缩，校对清除重复数据的性能。因此 B 不对。

显然 C 不是首要注意点。故选择 D。

(33) **答案**：A

🌸 **解析**：我国 1983 年 5 月成立"计算机与信息处理标准化技术委员会"，下设 13 个分技术委员会，其中程序设计语言分技术委员会和软件工程技术委员会与软件相关。现已得到国家批准的软件工程国家标准包括如下几个文档标准：

· 计算机软件产品开发文件编制指南 GB 8567—88；

· 计算机软件需求说明编制指南 GB/T 9385—88；

· 计算机软件测试文件编制指南 GB/T 9386—88。

因此，《GB 8567—88 计算机软件产品开发文件编制指南》是强制性国家标准。

(34) **答案**：B

🌸 **解析**：依据我国"标准化法"，我国标准可分为国家标准、行业标准、地方标准和企业标准。其中，国家标准、行业标准、地方标准又可分为强制性标准和推荐性标准。它们分别具有其代号和编号，通过标准的代号可确定标准的类别。行业标准是由行业标准化组织制定和公布适应于其业务领域标准，其推荐性标准，由行业汉字拼音大写字母加

"/T"组成,已正式公布的行业代号有 QJ(航天)、SJ(电子)、JB(机械)和JR(金融系统)等。

(35) **答案**:A

✱ **解析**:软件维护与故障处理都属于技术员工的活动,因此这类预算归于技术成本。故选择 A。

(36) **答案**:A

✱ **解析**:服务级别管理:连接 IT 服务部门和客户的纽带,服务级别管理流程是 IT 服务部门面向业务部门的一个窗口,不过其直接面对的不是直接使用 IT 服务的用户(通常是指业务部门内某个具体的职员),而是为 IT 服务付费的客户(通常是指某个具体的业务部门)。

(37) **答案**:C

✱ **解析**:IT 系统管理工作主要是优化 IT 部门的各类管理流程,并保证能够按照一定的服务级别,为业务部门(客户)高质量、低成本地提供 IT 服务。IT 系统管理工作按系统类型分类:

① 信息系统,企业的信息处理基础平台,直接面向业务部门(客户),包括办公自动化系统、企业资源计划(ERP)、客户关系管理(CRM)、供应链管理(SCM)、数据仓库系统、知识管理平台(KM)等。

② 网络系统,作为企业的基础架构,是其他方面的核心支撑平台。包括企业内部网(Intranet)、IP 地址管理、广域网(ISDN)、虚拟专用网)、远程拨号系统等。

③ 运作系统,作为企业 IT 运行管理的各类系统,是 IT 部门的核心管理平台。包括备份/恢复系统、入侵检测、性能监控、安全管理、服务级别管理、帮助服务台、作业调度等。

④ 设施及设备,设施及设备管理是为了保证计算机处于适合其连续工作的环境中,并把灾难(人为或自然的)的影响降到最低限度。包括专门用来放置计算机设备的设施或房间。

(38) **答案**:B

✱ **解析**:IT 会计核算子流程的主要目标在于,通过量化 IT 服务运作过程中所耗费的成本和收益,为 IT 服务管理人员提供考核依据和决策信息。该子流程所包括的活动主要有:IT 服务项目成本核算、投资评价、差异分析和处理。这些活动分别实现了对 IT 项目成本和收益的事中与事后控制。

(39) **答案**:D

✱ **解析**:本题考查的是 TCO 总成本构成中直接成本和间接成本的具体成本项目。

在 TCO 总成本管理中,TCO 成本一般包括直接成本和间接成本。软硬件费用、财务和管理费用、IT 人员工资、外部采购管理成本以及支持酬劳等都属于直接成本。终端用户开发成本、本地文件维护成本、解决问题的成本、教育培训成本以及中断生产、恢复成本等都属于间接成本。具体区分了这些成本项目,就可以做出正确的选择。

(40) **答案**:C

✱ **解析**:合同定价法是指购销双方以产品成本为基础进行协商定价,并签订合同的定价方法。对于无市价可参考的非标准产品或新产品,一般采取这种方法进行定价决策。

(41) **答案**:A

✱ **解析**:软件维护主要是指根据需求变化或硬件环境的变化对应用程序进行部分或全部的修改,修改时应充分利用源程序;修改后要填写程序改登记表,并在程序变更通知书上写明新旧程序的不同之处。因此,软件维护阶段最重要的是对变更的管理。故选择 A。

(42) **答案**:D

✱ **解析**:网络管理包含网络性能管理、网络设备和应用配置管理、网络利用和计费管理、网络设备和应用故障管理以及网络安全管理。

① 网络性能管理:衡量及利用网络性能,实现网络性能监控和优化。

② 配置管理:监控网络和系统配置信息,从而可以跟踪和管理各种版本的硬件和软件元素的网络操作。

③ 计费管理:衡量网络利用个人或小组网络活动,主要负责网络使用规则和账单等。

④ 故障管理:负责监测、日志、通告用户(一定程度上可能)自动解除网络问题,使用最广泛。

⑤ 安全管理:控制网络资源访问权限,从而不会导致网络遭到破坏。

(43) **答案**:C

✱ **解析**:瀑布模型简单易用,开发进程比较严密,要求在项目开发前,项目需求已经被很好地理解,也很明确,项目实施过程中发生需求变更的可能性小。V 模型在瀑布模型的基础上,强调测试过程与开发过程的对应性和并行性,同样要求需求明确,而且很少有需求变更的情况发生。

(44) **答案**:B

✱ **解析**:用户安全管理审计的主要功能包括如下内容。

① 用户安全审计数据的收集,包括抓取关于用户账号使用情况等相关数据。

② 保护用户安全审计数据,包括使用时间戳、存储的完整性来防止数据的丢失。

③ 用户安全审计数据分析,包括检查、异常探测、违规分析、入侵分析。

因此选择 B。

(45) **答案**:C

✱ **解析**:在故障管理中,我们会碰到三个描述故障的特征,它们联系紧密而又相互区分,即影响度、紧迫性和优先级。

影响度是衡量故障影响业务大小程度的指标,通常相当于故障影响服务质量的程度。它一般是根据受影响的人或系统数量来决定的。

紧迫性是评价故障和问题危机程度的指标,是根据客户的业务需求和故障的影响度而制定的。

优先级是根据影响程度和紧急程度而制定的。用于描述处理故障和问题的先后顺序。因此选择 C。

(46) **答案**：B

✻ **解析**：对部分组件的监控活动应当设有与正常运转时所要求基准水平，亦即阈值。一旦监控数据超过了这些阈值，应当触发替报，并生成相应的例外报告。这些阈值和基准水平值一般根据对历史记录数据的经验分析得出。例外报告可以作为判断服务级别是否被打破的数据来源。

(47) **答案**：A

✻ **解析**：从以上对故障的原因归类来看，人员、规范操作的执行、硬件和软件是故障监视的重点所在。另外，自然灾害因素由于难以预计和控制，需要进行相关风险分析，可采取容灾防范措施来应对。

对系统硬件及设备的监视包括各主机服务器及其主要部件、专门的存储设备、网络交换机、路由器，等等。对硬件设备监控方法主要是采用通用或者专用的管理监控工具，它们通常具有自动监测、跟踪和报警的功能。故选择 A。

(48) **答案**：B

✻ **解析**：安全管理系统要包括管理机构、责任制、教育制度、培训、外部合同作业安全性等方面的保证。建立信息安全管理体系能够使我们全面地考虑各种因素，人为的、技术的、制度的、操作规范的，等等。并且将这些因素进行综合考虑；建立信息安全管理体系，使得我们在建设信息安全系统时通过对组织的业务过程进行分析，能够比较全面地识别各种影响业务连续性的风险；并通过管理系统自身(含技术系统)的运行状态自我评价和持续改进，达到一个期望的目标。

对于整个安全管理系统来说，应该将重点放在主动地控制风险而不是被动地响应事件，以提高整个信息安全系统的有效性和可管理性。因此选择 B。

(49) **答案**：A

✻ **解析**：系统维护的任务就是要有计划、有组织地对系统进行必要的改动，以保证系统中的各个要素随着环境的变化始终处于最新的、正确的工作状态。

信息系统维护的内容可分为以下五类。
① 系统应用程序维护；
② 数据维护；
③ 代码维护；
④ 硬件设备维护；
⑤ 文档维护。
因此选择 A。

(50) **答案**：D

✻ **解析**：本题考查的是信息系统试运行和转换的基本知识。

(51) **答案**：A

✻ **解析**：系统评价方法可以分为专家评估法、技术经济评估法、模型评估法和系统分析法。

其中，专家评估法又分为德尔菲法、评分法、表决法和检查表法；技术经济评估法可分为净现值法、利润指数法、内部报酬率法和索别尔曼法；模型评估法可分为系统动力学模型、投入产出模型、计盘经济模型、经济控制论模型和成本效益分析；系统分析方法可分为决策分析、风险分析、灵敏度分析、可行性分析和可靠性分析。德尔菲法依据系统的程序，采用匿名发表意见的方式，即专家之间不得互相讨论，不发生横向联系，只能与调查人员发生关系，通过多轮次调查专家对问卷所提问题的看法。因此选择 A。

(52) **答案**：C

✻ **解析**：计算机与计算机或工作站与服务器进行连接时，除了使用连接介质外，还需要一些中介设备，这些中介设备就是网络设备，主要有网络传输介质互联设备（T 型连接器、调制解调器等）、应用层互联设备（中继器、集线器等）、数据链路层互联设备（网桥、交换机等）以及应用层互联设备（网关、多协议路由器等）。因此，企业资产管理里面又增加了企业网络资源管理。要进行企业网络资源管理，首先就要识别目前企业包含哪些网络资源。这里主要识别的是以下几类。

① 通信线路。即企业的网络传输介质。目前常用的传输介质有双绞线、同轴电缆、光纤等。

② 通信服务。指的是企业网络服务器。运行网络操作系统，提供硬盘、文件数据及打印机共享等服务功能，是网络控制的核心。目前常见的网络服务器主要有 Netware、UNIX 和 Windows NT 三种。

③ 网络设备。计算机与计算机或工作站与服务器进行连接时，除了使用连接介质外，还需要一些中介设备，这些中介设备就是网络设备。主要有网络传输介质互联设备（T 型连接器、调制解调器等）、网络物理层互联设备（中继器、集线器等）、数据链路层互联设备（网桥、交换机等）以及应用层互联设备（网关、多协议路由器等）。

④ 网络软件。企业所用到的网络软件。例如网络控制软件、网络服务软件等。因此选择 C。

(53) **答案**：B

✻ **解析**：对成本要素进行定义是 IT 服务项目成本核算的第一步。成本要素是成本项目进一步细分的结果，如硬件可以进一步分为办公室硬件、网络硬件以及中央服务器硬件等。成本要素一般可以按部门、客户或产品等划分标准进行定义。而对于 IT 服务部门而言，理想的方法应该是按照服务要素结构来定义成本要素。

因此选择 B。

(54) **答案**：A

✻ **解析**：外包合同应明确地规定外包商的任务与职责并使其得到支持，为企业的利益服务。外包合同应该是经法律顾问评价的契约性协议，并且经过独立审查以确保完整性和风险的级别，在其中明确地规定服务的级别及评价标准，以及对不履行所实施的惩罚，第三方机密性/不泄露协议与利益冲突声明；用于关系的终止、重新评价/重新投标的规程以确保企业利益最大化。而外包合同中的关键核心文件就是服务等级协议（SLA），SLA 是评估外包服务质量的主要标准。

(55) **答案**：C

★解析：系统日常操作管理是整个IT管理中直接面向客户及最为基础的部分，它涉及企业日常作业调度管理、帮助服务台管理、故障管理及用户支持、性能及可用性保障和输出管理等。从广义的角度讲，运行管理所反映的是IT管理的一些日常事务，它们除了确保基础架构的可靠性之外，还需要保证基础架构的运行始终处于最优的状态。因此选择C。

(56) 答案：D

★解析：本题考查的是信息系统用户管理的基本知识。

现在计算机及网络系统中常用的身份认证方式主要有：用户名/密码方式；IC卡认证；动态密码及USB Key认证。用户名/密码方式是最简单也是最常用的身份认证方法，也是一种不安全的身份认证方式。

(57) 答案：C

★解析：ITIL的核心模块是"服务管理"，这个模块一共包括了10个流程和一项职能，这些流程和职能又被归结为两大流程组，即"服务提供"流程组和"服务支持"流程组。其中服务支持流程组归纳了与IT管理相关的一项管理职能及5个运营级流程，即事故管理、问题管理、配置管理、变更管理和发布管理；服务提供流程组归纳了与IT管理相关的5个战术级流程，即服务级别管理、IT服务财务管理、能力管理、IT服务持续性管理和可用性管理。

(58) 答案：A

★解析：能力管理的高级活动项目包括需求管理、能力测试和应用选型。

需求管理的首要目标是影响和调节客户对IT资源的需求。需求管理既可能是由于当前的服务能力不足以支持正在运营的服务项目而进行的一种短期的需求调节活动，也可能是组织为限制长期的能力需求而采取的一种IT管理政策。因此选择A。

(59) 答案：B

★解析：一般说来，网络资源维护管理就是通过某种方式对网络资源进行调整，使网络能正常、高效地运行。其目的就是使网络中的各种资源得到更加高效地利用，当网络出现故障时能及时做出报告和处理，并协调、保持网络的高效运行等。一般而言，网络维护管理有五大功能，它们是：网络的失效管理、网络的配置管理、网络的性能管理、网络的安全管理、网络的计费管理。这5大功能包括了保证一个网络系统正常运行的基本功能。因此选择B。

(60) 答案：C

★解析：比例计算法（Average）指保持十足的投保额，使承保人能收取足够的保费是极为重要的，如保额不足，保险公司会采用比例制度。这个制度乃为投保额不足的情况而设，让投保人需要承担不足部分的风险。现时大部分财物和财务方面的保险都采用比例制度来计算赔偿。比例分析的核心是为了控制成本。

(61) 答案：D

★解析：咨询洽谈：电子商务使企业可借助非实时的电子邮件(E-mail)、新闻组(News Group)和实时的讨论组(chat)来了解市场和商品信息、洽谈交易事务，如有进一步的需求，还可用网上的白板会议(Whieboard Conference)、公告板BBS来交流即时的信息。在网上的咨询和洽谈能超越人们面对面洽谈的限制、提供多种方便的异地交谈形式，但是很难回答一些隐蔽性强的问题。

(62) 答案：A

★解析：信息系统在完成系统实施、投入运行之后，就进入了系统运行和维护阶段。维护工作是系统正常运行的重要保障。针对系统的不同部分（如设备、硬件、程序和数据等），可以采用多种方式进行维护，如每日检查、定期维护、事后维护或建立预防性维护设施等。质量保证审查对于获取和维持系统各阶段的质量是一项很重要的技术，审查可以检测系统在开发和维护阶段发生的质量变化，也可及时纠正出现的问题，从而延长系统的有效声明周期。因此选择A。

(63) 答案：A

★解析：定义 Million Instructions Per Second 的缩写，每秒处理的百万级的机器语言指令数。这是衡量CPU速度的一个指标。因此选择A。

(64) 答案：C

★解析：问题预防的范围非常广泛，既包括单个问题（如系统操作困难），也包括有重要影响的战略决策，如投资建设更好的网络，或者为客户提供多种帮助信息，甚至可以是为问题解决人员提供在线支持以提高他们解决问题的速度，减少用户等待时间。问题预防过程分为两步：分析趋势和采取预防措施。

① 分析趋势

分析趋势的目的是为了能够主动采取措施提高服务质量，它可以从多个方面进行，比如找出IT基础架构中的不稳定组件，分析其原因，以便采取措施降低配置项故障对业务的影响；分析已发生事故和问题，发现某些潜在的事故诱发趋势；或通过其他方式和途径，如会议和用户反馈等来分析趋势。

② 采取预防措施

趋势分析既可能导致发现、分析和消除IT架构故障，也可能导致发现某些需要支持小组更多关注的一些问题。

(65) 答案：B

★解析：企业信息资源开发利用做得好坏的关键人物是企业领导和信息系统负责人。IRM工作层上的最重要的角色就是数据管理员(Data Administrator, DA)。数据管理员负责支持整个企业目标的信息资源的规划、控制和管理；协调数据库和其他数据结构的开发，使数据存储的冗余最小而具有最大的相容性；负责建立有效使用数据资源的标准和规程，组织所需要的培训；负责实现和维护支持这些目标的数据字典；审批所有对数据字典做的修改；负责监督数据管理部门中的所有职员的工作。数据管理员应能提出关于有效使用数据资源的整治建议，向主管部门提出不同的数据结构设计的优缺点忠告，监督其他人员进行逻辑数据结构设计和数据管理。因此选择 B。

(66)答案：D

✲ 解析：邮件协议是指手机可以通过那种方式进行电子邮件的收发。

IMAP 是 Internet Message Access Protocol 的缩写，顾名思义，主要提供的是通过 Internet 获取信息的一种协议。IMAP 像 POP 那样提供了方便的邮件下载服务，让用户能进行离线阅读，但 IMAP 能完成的却远远不只这些。IMAP 提供的摘要浏览功能可以让用户在阅读完所有的邮件到达时间、主题、发件人、大小等信息后才做出是否下载的决定。

POP 的全称是 Post Office Protocol，即邮局协议，用于电子邮件的接收，它使用 TCP 的 110 端口，现在常用的是第三版，所以简称为 POP3。POP3 仍采用 Client/Server 工作模式。当客户机需要服务时，客户端的软件（Outlook Express 或 Fox Mail）将与 POP3 服务器建立 TCP 连接，此后要经过 POP3 协议的三种工作状态，首先是认证过程，确认客户机提供的用户名和密码，在认证通过后便转入处理状态，在此状态下用户可收取自己的邮件或做邮件的删除，在完成响应的操作后客户机便发出 quit 命令，此后便进入更新状态，将做删除标记的邮件从服务器端删除掉。到此为止整个 POP 过程完成。

SMTP 称为简单邮件传输协议（Simple Mail Transfer Protocol），目标是向用户提供高效、可靠的邮件传输。SMTP 的一个重要特点是它能够在传送中接力传送邮件，即邮件可以通过不同网络上的主机接力方式传送。工作在两种情况下：一是电子邮件从客户机传输到服务器；二是从某一个服务器传输到另一个服务器。SMTP 是个请求/响应协议，它监听 25 号端口，用于接收用户的 Mail 请求，并与远端 Mail 服务器建立 SMTP 连接。因此选择 D。

(67)答案：A

✲ 解析：通过 FTP 命令将文件从本地上传，从服务器下载的步骤如下："开始"→"运行"→输入"FTP"成功登录后就可以用 dir 查看命令查看 FTP 服务器中的文件及目录，用 ls 命令只可以查看文件。！dir 查看本地文件夹中的文件及目录。

(68)答案：A

✲ 解析：全 0 的 IP 地址表示本地计算机，在点对点通信中不能作为目标地址。A 类地址 100.255.255.255 属于广播地址，不能作为源地址。

(69)答案：B

✲ 解析：国际标准化组织（ISO）于 1983 年提出了开放式系统互连，即著名的 ISO 7498 国际标准，记为 OSI/RM。

在 OSI/RM 中采用了七个层次的体系结构。

① 物理层：物理层涉及通信在信道上传输的原始比特流。

② 数据链路层：数据链路层的主要任务是加强物理层传输原始比特的功能，使之对网络层呈现为一条无错线路。

③ 网络层：网络层关系到子网的运行控制，其中一个关键问题是确定分组从源端到目的端如何选择路由。

④ 传输层：传输层的基本功能是从会话层接收数据，并且在必要时把它分成较小的单元，传递给网络层，并确保达到对方的各段信息正确无误，传输层使会话层不受硬件技术变化的影响。

⑤ 会话层：会话层允许不同计算机上的用户建立会话关系。会话层服务之一是管理对话。

⑥ 表示层：表示层以下的各层只关心可靠地传输比特流，而表示层关心的是所传输信息的语法和语义。

⑦ 应用层：应用层包含大量人们普遍需要的协议。

因此选择 B。

(70)答案：B

✲ 解析：HTML（Hyper Text Mark-up Language，超文本标记语言）是 WWW 的描述语言。设计 HTML 语言的目的是为了能把存放在一台计算机中的文本或图形与另一台计算机中的文本或图形方便地联系在一起，形成有机的整体，人们不用考虑具体信息是在当前计算机上还是在网络的其他计算机上。这样，只要使用鼠标在某一文档中单击一个图标，Internet 就会马上转到与此图标相关的内容上去，而这些信息可能存放在网络的另一台计算机中。因此，HTML 不属于 Internet 提供的服务。

(71)(72)(73)(74)(75)答案：A C D C B

✲ 解析：如果你不能访问信息，信息不会给你带来好处。信息的位置维度意味着不管你身在何处，都有机会获得信息。换句话说，你的位置或信息的位置并不重要。你在酒店、在家里、在工作单位或者在学生中心，一时冲动而走在大街上，或者甚至在旅途客机上，都应该能够访问信息。信息维度与移动和无线通信密切相关。

要保持信息的私密性和安全，同时为员工提供远程访问，许多企业都在建立企业内部网。企业内部网是一个能够防止外部接入的内部组织网络，一般通过一个称为防火墙的特殊安全功能来防御。防火墙可以是软件、硬件，或两者的组合，是防范组织网络。因此，如果你的组织有一个内部网，而你要远离办公室访问内部网的信息，你所需要的是 Web Access 和密码，可以让你通过防火墙。

## 下午试卷答案解析

### 试题一分析

本题考查的是系统维护的基本知识。

【问题 1】

系统维护的任务就是要有计划、有组织地对系统进行必要的改动，以保证系统中的各个要素随着环境的变化始终处于最新的、正确的工作状态。信息系统维护的内容可分为五类：

（1）系统应用程序维护。系统的业务处理过程是通过程序的运行而实现的，一旦程序发生问题或业务发生变化，就必然引起程序的修改和调整，因此系统维护的主要活动是对程序进行维护。

（2）数据维护。业务处理对数据的需求是不断发生变化的,除了系统中主体业务数据的定期更新外,还有许多数据需要进行不定期的更新,或者随环境、业务的变化而进行调整,数据内容的增加、数据结构的调整、数据备份与恢复等,都是数据维护的工作内容。

(3) 系统代码维护。当系统应用范围扩大和应用环境变化时,系统中的各种代码需要进行一定程度的增加、修改、删除以及设计新的代码。

(4) 硬件设备维护。主要是指对于主机及外设的日常管理和维护,都应由专人负责,定期进行,以保证系统正常有效地运行。

(5) 文档维护。根据应用系统、数据、代码及其他维护的变化,对相应文档进行修改,并对所进行的维护进行记载。

【问题2】
系统的维护的项目如下。
(1) 硬件维护:对硬件系统的日常维修和故障处理。
(2) 软件维护:在软件交付使用后,为了改正软件当中存在的缺陷、扩充新的功能、满足新的要求、延长软件寿命而进行的修改工作。
(3) 设施维护:规范系统监视的流程,IT人员自发地维护系统运行,主动地为其他部门乃至外界客户服务。

其中,系统维护的重点是系统应用软件的维护工作,按照软件维护的不同性质划分为4种类型,即纠错性维护、适应性维护、完善性维护和预防性维护。根据对各种维护工作分布情况的统计结果,一般纠错性维护占21%,适应性维护占25%,完善性维护达到50%,而预防性维护及其他类型的维护仅占4%。可见系统维护工作中,半数以上的工作是完善性维护。

【问题3】
本题考查的是维护的具体实现方式之一。

**参考答案:**

【问题1】
信息系统维护的内容可分为五类:应用程序维护、应用数据维护、系统代码维护、硬件设备维护和文档维护。

【问题2】
按照软件维护的不同性质划分为4种类型,即纠错性维护、适应性维护、完善性维护和预防性维护。

为了适应运行环境的变化而对软件进行修改适应性维护。

【问题3】
备份最常用的技术有系统灾难恢复和数据远程复制这两种。

脱机备份优点为会生成较少的重做日志,效率高,实现相对简单。

## 试题二分析

本题主要考查的是新系统运行及系统转换的。

【问题1】
系统转换的方法有4种:直接转换、试点后直接转换、逐步转换、并行转换。

许多新系统的实施不只是简单的功能转换,还是一个全新设计。而且整个系统转换的范围可能是硬件、网络、系统软件、数据库、应用系统的复杂组合,实现新旧系统并行有一定困难。

并行转换的转换风险较小,但投入较大,而且新旧并行的条件较苛刻,要求做到主机的新旧并行;主机系统的新旧并行;网络的新旧并行;终端设备的新旧并行;主机应用系统的新旧并行;终端应用系统的新旧并行;对外接口的新旧并行;操作管理办法的新旧并行。

【问题2】
在真正实施系统转换之前,首先要进行转换测试和运行测试。如果转换测试结果或者运行测试结果不理想,则应当多方面查找其原因并及时解决。负责系统转换的工作人员要特别关注新旧系统的转换时间、方法、并行运行的时间(当采用了并行转换的方式时)、新旧系统的维护、新系统的验证、新旧系统数据一致性、试运行中遇到的重大问题的处理方法、问题响应处理等问题。

系统转换完成后,要对转换后系统的性能进行评估,我们所关心的系统的性能主要是在CPU、主存、I/O设备、线路(速度、线数、流率)、工作负载、进度与运行时间区域等方面。

新系统实际地运转起来,从而可以对新系统的各方面性能进行监测,得到实际的数据。分析这些数据,得到对系统的各方面指标评价的结论。最后可以确定是否达到了系统转换的要求,鉴别出有可能进一步改进的领域以及项目的优点和缺点,以便进行改进。

【问题3】
主要是对系统运行各个阶段的分类,由字面意思即可答题。

【问题4】
测试应当覆盖整个安装流程和相应系统的功能集成过程,并且要完成关于记录、跟踪和事后重现的工作。每个测试阶段都要有一个完成标记。应当保留系统测试阶段的全部测试报告、所有测试用例及测试结果报告,为今后的系统运行、维护扩充创造条件。此外,转换测试过程所用时间和所需资源可能会与计划中的有差别,也要将这方面的实际情况记录下来。

运行测试包括对系统临时运行方式的测试、评价和对正常运转期间的系统运行进行测试、评价。测试系统的临时运行方式时,可以采用并行运行的方式,即旧系统和新系统同时运行,以便检验新的计算机系统。此时可以通过对比新旧系统的运行方式,来对新系统的运行情况进行评价。当系统已经完成系统转换并正式投入使用时,可以定期测试正常运转期间的系统运行,有助于进行新系统的维护。

**参考答案:**

【问题1】
逐步转换方式:
许多新系统的实施不只是简单的功能转换,还是一个全新设计。而且整个系统转换的范围可能是硬件、网络、系统软件、数据库、应用系统的复杂组合,实现新旧系统并行有一定困难。直接转换的风险比较大,而且转换的条件较苛刻。

【问题2】
在真正实施系统转换之前,首先要进行转换测试和运行测试。

系统转换完成后,要对转换后系统的性能进行评估,主要是在CPU、主存、I/O设备、线路、工作负载、进度与运行时间区域等方面的性能评估。

【问题3】
对新系统的性能进行监测：评估。
确定转换工具和转换过程：实施。
建立系统使用文档三项工作：计划。

【问题4】
系统测试应当覆盖整个安装流程和相应系统的功能集成过程。
运行测试包括对系统临时运行方式的测试、评价和对正常运转期间的系统运行进行测试、评价。

**试题三分析**

本试题主要考查企业IT管理工作的层级架构及其相互之间的关系。

企业的IT管理工作，既是一个技术问题，更是一个管理问题。就企业IT管理工作的层级结构而言，有3层架构，它们分别是：

· 战略层：即IT战略规划，具体包括IT战略制定、IT治理、IT投资管理。
· 战术层：即IT系统管理，具体包括IT管理流程、组织设计、管理制度、管理工具等。
· 运作层：即IT技术及运作管理，具体包括IT技术管理、服务支持、日常维护等。

目前我国企业的IT管理大部分还处于IT技术及运作管理层次，即侧重于技术性管理工作而非战略性管理工作。因此为了提升IT管理工作的水平，必须协助企业在实现有效的IT技术及运作管理基础之上，通过协助企业进行IT系统管理的规划、设计和建立，进而进行IT战略规划，真正实现IT与企业业务目标的融合。那么，企业IT战略规划进行战略性思考的时候可以从以下几方面考虑：

(1) IT战略规划目标的制定要具有战略性，确立与企业战略目标相一致的企业IT战略规划目标，并且以支撑和推动企业战略目标的实现作为价值核心。

(2) IT战略规划要体现企业核心竞争力要求，规划的范围控制要紧密围绕如何提升企业的核心竞争力来进行，切忌面面俱到的无范围控制。

(3) IT战略规划目标的制定要具有较强的业务结合性，深入分析和结合企业不同时期的发展要求，将建设目标分解为合理可行的阶段性目标，并最终转化为企业业务目标的组成部分。

(4) IT战略规划对信息技术的规划必须具有策略性，对信息技术发展的规律和趋势要具有敏锐的洞察力，在信息化规划时就要考虑到目前以及未来发展的适应性问题。

(5) IT战略规划对成本的投资分析要有战术性，既要考虑到总成本投资的最优，又要结合企业建设的不同阶段做出科学合理的投资成本比例分析，为企业获得较低的投资/效益比。

(6) IT战略规划要对资源的分配和切入时机进行充分的可行性评估。

简单地说，IT规划关注的是组织的IT方面的战略问题，而系统管理是确保战略得到有效执行的战术性和运作性活动。

**参考答案：**

【问题1】
IT管理工作有3层架构，分别是：

· 战略层：即IT战略规划，具体包括IT战略制定、IT治理、IT投资管理。
· 战术层：即IT系统管理，具体包括IT管理流程、组织设计、管理制度、管理工具等。
· 运作层：即IT技术及运作管理，具体包括IT技术管理、服务支持、日常维护等。

【问题2】
制定IT战略规划要求为：

(1) IT战略规划目标的制定要具有战略性，确立与企业战略目标相一致的企业IT战略规划目标，并且以支撑和推动企业战略目标的实现作为价值核心。

(2) IT战略规划要体现企业核心竞争力要求，规划的范围控制要紧密围绕如何提升企业的核心竞争力来进行，切忌面面俱到的无范围控制。

(3) IT战略规划目标的制定要具有较强的业务结合性，深入分析和结合企业不同时期的发展要求，将建设目标分解为合理可行的阶段性目标，并最终转化为企业业务目标的组成部分。

(4) IT战略规划对信息技术的规划必须具有策略性，对信息技术发展的规律和趋势要具有敏锐的洞察力，在信息化规划时就要考虑到目前以及未来发展的适应性问题。

(5) IT战略规划对成本的投资分析要有战术性，既要考虑到总成本投资最优，又要结合企业建设的不同阶段做出科学合理的投资成本比例分析，为企业获得较低的投资/效益比。

(6) IT战略规划要对资源的分配和切入时机进行充分的可行性评估。

简单地说，IT规划关注的是组织的IT方面的战略问题，而系统管理是确保战略得到有效执行的战术性和运作性活动。

【问题3】
此表述是不正确的。
正确的表述应该是：IT战略规划不同于IT系统管理。IT战略规划关注的是组织的IT方面的战略问题，而系统管理是确保战略得到有效执行的战术性和运作性活动。

**试题四分析**

本题主要考查信息资源管理的相关知识。

信息资源管理（Information Resource Management, IRM）是对整个组织信息资源开发利用的全面管理。IRM把经济管理和信息技术结合起来，使信息作为一种资源而得到优化地配置和使用。从IRM的技术侧面看，数据环境建设是信息资源管理的重要工作。

企业信息资源管理不是把资源整合起来就行了，而是需要一个有效的信息资源管理体系，其中最为关键的是从事信息资源管理的人才队伍建设；其次，是架构问题，在信息资源建设阶段，规划是以建设进程为主线的，在信息资源管理阶段，规划应是以架构为主线，主要涉及的是这个信息化运营体系的架构，这个架构要消除以往分散建设所导致的信息孤岛，实现大范围内的信息共享、交换和使用，提升系统效率，达到信息资源的最大增值；技术也是一个要素，要选择与信息资源整合和管理相适应的软件和平台；另外一个就是环境要素，主要是指标准和规范，信息资源管理最核心的基础问题就是信息资源的标准和规范。
企业信息资源开发利用做得好坏的关键人物是企业领导和信息系统负责人。IRM工作层上的最重要的角色就是数据管理员(Data Administrator,DA)。数据管理员负责支持整个企业目标的信息资源的规划、控制和管理；协调数据库和其他数据结构的开发，使数据存储的冗余最小而具有最大的相容性；负责建立有效使用数据资源的标准和规程，组织所需要的培训；负责实现和维护支持这些目标的数据字典；审批所有对数据字典做的修改；负责监督数据管理部门中的所有职员的工作。数据管理员应能提出关于有效使用数据资源的整治建议，向主管部门提出不同的数据结构设计的优缺点忠告，监督其他人员进行逻辑数据结构设计和数据管理。

数据管理员还需要有良好的人际关系；善于同中高层管理人员一起制定信息资源的短期和长期计划。在数据结构的研制、建立文档和维护过程中，能与项目领导、数据处理人员和数据库管理员协同工作。能同最终用户管理部门一起工作，为他们提供有关数据资源的信息。

**参考答案：**

【问题1】
(1)选项：A
(2)选项：A
(3)选项：A
(4)选项：A
(5)选项：B
(6)选项：A

【问题2】
(7)选项：A
(8)选项：B
(9)选项：A
(10)选项：A
(11)选项：A

【问题3】
数据管理员工作职责有：
负责支持整个企业目标的信息资源的规划、控制和管理；
协调数据库和其他数据结构的开发，使数据存储的冗余最小而具有最大的相容性；
负责建立有效使用数据资源的标准和规程，组织所需要的培训；
负责实现和维护支持这些目标的数据字典；审批所有对数据字典做的修改；
负责监督数据管理部门中的所有职员的工作。
只要举出三个即可。

## 试题五分析

本试题主要考查信息化与标准化章节相关知识。
国家信息化就是在国家统一规划和组级下，在农业、工业、科学技术、国防和社会生活各个方面应用现代信息技术，深入开发、广泛利用信息资源，发展信息产业，加速实现国家现代化的进程。这个定义包含4层含义：一是实现四个现代化离不开信息化，信息化要服务于现代化；二是国家要统一规划、统一组织；三是各个领域要广泛应用现代信息技术，开发利用信息资源；四是信息化是一个不断发展的过程。

企业信息化指的是挖掘先进的管理理念，应用先进的计算机网络技术去整合企业现有的生产、经营、设计、制造、管理，及时地为企业的"三层决策"系统(战术层、战略层、决策层)提供准确而有效的数据信息，以便对需求做出迅速的反应，其本质是加强企业的"核心竞争力"。

企业的信息化建设可以按照不同的分类方式进行分类。常用的分类方式有按照行业、企业运营模式和企业的应用深度等进行分类。按所处的行业分为：制造业的信息化、商业的信息化、金融业的信息化、服务业务的信息化等。按照企业的运营模式分为：离散型企业的信息化建设和流程型企业的信息化。

目前比较流行的企业信息化有企业资源计划(ERP)、客户关系管理(CRM)、供应链管理(SCM)、知识管理系统(ABC)等。企业资源计划系统(Enterprise Resource Planning,ERP)是指建立在信息技术基础上，以系统化的管理思想，为企业决策层及员工提供决策运行手段的管理平台。ERP系统集信息技术与先进的管理思想于一身，成为现代企业的运行模式，反映时代对企业合理调配资源、最大化地创造社会财富的要求，成为企业在信息时代生存、发展的基石。

**参考答案：**

【问题1】
国家信息化这个定义包含4层含义：
一是实现四个现代化离不开信息化，信息化要服务于现代化；
二是国家要统一规划、统一组织；
三是各个领域要广泛应用现代信息技术，开发利用信息资源；
四是信息化是一个不断发展的过程。

【问题2】
战术层、战略层、决策层。

【问题3】
按所处的行业分为：制造业的信息化、商业的信息化、金融业的信息化、服务业务的信息化等。
C D E F
按照企业的运营模式分为：离散型企业的信息化建设和流程型企业的信息化。
A B

【问题4】
ERP企业资源计划、CRM客户关系管理、SCM供应链管理、ABC知识管理系统

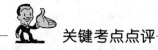

## 考点1：问题分析与控制

**评注：** 本考点考查问题控制与管理：概念和目标、相关逻辑关系、问题管理流程、问题控制、错误控制、问题预防、管理报告。

问题分析方法主要有4种：Kepner&Tregoe法、鱼骨图法、头脑风暴法和流程图法。

（1）Kepner&Tregoe法是一种分析问题的方法，即出发点是解决问题是一个系统的过程，应该最大程度上利用已有的知识和经验。它把问题分析分为以下5个阶段。

① 定义问题。
② 描述问题。
③ 找出产生问题的可能原因。
④ 测试最可能的原因。评价每个可能原因以确认其是否就是形成问题症状的原因。
⑤ 验证问题原因。通过上一步的测试后，剩余的可能原因需经进一步测试以确认其是否是产生某个问题的真正原因。一般应优先消除那些可以简单快速验证的起因。

（2）鱼骨图法是分析问题原因常用的方法之一。在问题分析中，"结果"是指故障或者问题现象，"因素"是指导致问题现象的原因。

鱼骨图的做法如下：

① 按具体需要选择因果图中的"结果"，放在因果图的最"右边"（相当于"鱼头"）。
② 用带箭头的粗实线或用表示直通"结果"的主干线。
③ 通过调查分析，判别影响"结果"的所有原因。先画出"大原因"，用直线与主干线相连，并在直线的尾端常用长方形框（或圆圈）框（或圈）起来，在框（或圈）内填入"大原因"的内容，进而依次细分所属的全都原因，直至能采取解决问题的措施为止。
④ 主要的或关键的原因常用框框起来，以表示醒目。根据实际需要，对这些关键的或主要的原因还可以做单独的特性因素图。

（3）头脑风暴法是一种激发个人创造性思维的方法，它常用于解决问题的方法的前三步：明确问题、原因分类和获得解决问题的创新性方案。应用头脑风暴法必须遵守下列4个原则：畅所欲言、强调数量、不做评论、相互结合。

（4）流程图法。流程图法通过梳理系统服务的流程和业务运营的流程，画出相应的流程图，关注各个服务和业务环节交接可能出现异常的地方，分析问题的原因所在。流程图中应该包括系统服务中涉及的软硬件设备、文件、技术和管理人员等所有问题的相关因素。

**历年真题链接**

2006年5月上午(49)    2009年11月上午(45)
2011年5月上午(64)    2012年5月上午(62)
2013年5月上午(63)

## 考点2：安全管理

**评注：** 本考点考查关于安全管理的基本概念。包括概述：安全策略、安全管理措施、安全管理系统、安全管理范围、风险管理。物理安全措施：环境安全、设施和设备安全、介质安全。技术安全措施：系统安全措施、数据安全性措施。

在计算机信息系统中存储的信息主要包括纯粹的数据信息和各种功能文件信息两大类。对纯粹数据信息的安全保护，以数据库信息的保护最为典型。而对各种功能文件的保护，终端安全很重要。

1. 数据库安全

数据库安全对数据库系统所管理的数据和资源提供安全保护，一般包括以下几点：①物理完整性，即数据能够免于物理方面破坏的问题，如掉电、火灾等；②逻辑完整性，能够保持数据库的结构，如对一个字段的修改不至于影响其他字段；③元素完整性，包括在每个元素中的数据是准确的；④数据的加密；⑤用户鉴别，确保每个用户被正确识别，避免非法用户入侵；⑥可获得性，指用户一般可访问数据库和所有授权访问的数据；⑦可审计性。

2. 终端识别

终端安全主要解决计算机信息的安全保护问题，一般的安全功能如下：基于密码或/和密码算法的身份验证，防止非法使用机器；自主和强制存取控制，防止非法访问文件；多级权限管理，防止越权操作；存储设备安全管理，防止非法软盘复制和硬盘启动；数据和程序代码加密存储，防止信息被窃；预防病毒，防止病毒侵袭；严格的审计跟踪，便于追查责任事故。

3. 文件备份

备份能在数据或系统丢失的情况下恢复操作。备份的频率应与系统，应用程序的重要性相联系。要进行数据恢复，就需要进行某种形式的数据备份。管理员可以指定哪些文件需要备份以及备份的频率。每当移动设备连接到网络上并进行备份的时候，它会创建一个检查点。

4. 访问控制

访问控制是指防止对计算机及计算机系统进行非授权访问和存取，主要采用两种方式实现：一种是限制访问系统的人员；另一种是限制进入系统的用户所能做的操作。前一种主要通过用户标识与验证来实现，而后一种则依靠存取控制来实现。手段包括用户识别代码、密码、登录控制、资源授权（例如用户配置文件、资源配置文件和控制列表）、授权核查、日志和审计。

**历年真题链接**

2006年5月上午(16)    2007年5月上午(57)
2008年5月上午(53)    2009年11月上午(66)
2011年5月上午(45)    2012年5月上午(40)

## ●考点3：系统性能评价

**评注**：本考点考查系统性能评价：性能评价概述、性能评价指标、设置评价项目、性能评价的方法和工具、评价结果的统计和比较。

反映计算机系统负载和工作能力的常用性能指标主要有三类。

(1) 系统响应时间(Elapsed Time)。

时间是衡量计算机性能最主要和最为可靠的标准，系统响应能力根据各种响应时间进行衡量，它指计算机系统完成某一任务(程序)所花费的时间。

(2) 系统吞吐率(Throughput)。

吞吐率指标是系统生产力的度量标准，描述了在给定时间内系统处理的工作量。系统的吞吐率是指单位时间内的工作量。

下面介绍一下 MIPS、MFLOPS、TPS 等几个反映系统吞吐率的概念。

① 每秒百万次指令(Million Instruction Per Second，MIPS)，MIPS 可以用公式表示为：MIPS＝指令数/(执行时间×1000000)，MIPS 的大小和指令集有关，不同指令集的计算机间的 MIPS 不能做比较，因此在同一台计算机上的 MIPS 是变化的，因程序不同而变化。MIPS 中，除包含运算指令外，还包含取数、存数、转移等指令。相对 MIPS 是指相对于参照机而言的 MIPS，通常用 VAX-II/780 机处理能力为 1MIPS。

② 每秒百万次浮点运算(Million Instruction Per Second，MFLOPS)。MFLOPS 可以用公式表示为：MFLOPS＝浮点指令数/(执行时间×1000000)

MFLOPS 约等于 3MIPS。MIPS 只适宜于评估标量机，不能用于评估向量机，而 MFLOPS 则比较适用于衡量向量机的性能。但是 MFLOPS 仅仅只能用来衡量机器浮点操作的性能，而不能体现机器的整体性能。例如编译程序，不管机器的性能有多好，它的 MFLOPS 不会太高。MFLOPS 是基于操作而非指令的，所以它可以用来比较两种不同的机器。单个程序的 MFLOPS 值并不反映机器的性能。

③ 位每秒(Bits Per Second，BPS)计算机网络信号传输速率一般以每秒传送数据位( Bit )来度量，简写为 BPS。更大的单位包括 KBPS(Kilo Bits Per Second) 和 MBPS(Million Bits Per Second)。

④ 数据报文每秒(Packets Per Second，PPS)。通信设备(例如路由器)的吞吐量通常由单位时间内能够转发的数据报文数量表示，简写为 PPS。更大的单位包括 KPPS(Kilo Packets Per Second) 和 MPPS(Million Packets Per Second)。

⑤ 事务每秒(Transaction Per Second，TPS)。即系统每秒处理的事务数量。

(3) 资源利用率(Utilization Ratio)。

资源利用率指标以系统资源处于忙状态时间为度量标准。系统资源是计算机系统中能分配给某项任务的任何设施，包含系统中的任何硬件、软件和数据资源。

**历年真题链接**
2006 年 5 月上午(5)　　2007 年 5 月上午(7)
2008 年 5 月上午(55)　 2009 年 11 月上午(49)
2011 年 5 月上午(46)　 2012 年 5 月上午(3)
2014 年 5 月上午(68)

## ●考点4：系统能力管理

**评注**：本考点考查系统能力管理：能力管理概述、能力管理活动、设计和构建能力数据库、能力数据监控、能力分析诊断、能力调优和改进、实施能力变更、能力管理的高级活动项目、能力计划考核和目标。

能力管理是一个流程，是所有 IT 服务绩效和能力问题的核心。它所涉及的管理范围包括：(1) 所有硬件设备；(2) 所有网络设备；(3) 所有外部设备；(4) 所有软件；(5) 人力资源。

能力管理的目标是确保以合理的成本及时地提供 IT 资源以满足组织当前及将来的业务需求。具体而言，能力管理流程的目标有以下几点：

(1) 分析当前的业务需求和预测将来的业务需求，并确保这些需求在制定能力计划时得到了充分的考虑。

(2) 确保当前的 IT 资源能够发挥最大的效能、提供最佳的服务绩效。

(3) 确保组织的 IT 投资按计划进行，避免不必要的资源浪费。

(4) 合理预测技术的发展趋势，实现服务能力与服务成本、业务需求与技术可行性的最佳组合。

**历年真题链接**
2006 年 5 月上午(52)　2007 年 5 月上午(58)
2008 年 5 月上午(56)　2011 年 5 月上午(58)
2012 年 5 月上午(65)　2013 年 5 月上午(65)
2014 年 5 月上午(67)

## ●考点5：系统维护

**评注**：本考点考查关于系统维护的基本概念。

包括系统维护概述：系统维护的任务和内容、系统维护的方法。制定系统维护计划：系统的可维护性、系统维护的需求、系统维护计划、系统维护的实施形式。维护工作的实施：执行维护工作的过程、软件维护、硬件维护。

模块化是一种可提高软件质量的有效方法，在系统开发中，应做到模块内部耦合度高，而模块间耦合度低，这样将有利于提高软件质量和可维护程度。而系统执行效率的高低通常不是影响系统可维护程度的因素。

可维护性是指满足用户新要求，或运行中发现错误后，对系统进行修改、诊断并在规定时间内可被修复到规定运行水平的能力。可维护性用系统发生一次失败后，系统返回正常状态所需的时间来度量，通常采用平均修复时间来表示。平均无故障时间、平均故障率和平均失效间隔时间等用来衡量系统的可靠性。
系统的可维护性是对系统进行维护的难易程度的度量。影响系统可维护性主要有3个方面：① 可理解性，外来人员理解系统的结构、接口、功能和内部过程的难易程度；② 可测试性，对系统进行诊断和测试的难易程度；③ 可修改性，对系统各部分进行修改的难易程度。

**历年真题链接**
2006年5月上午(53)　　　2007年5月上午(48)
2009年11月上午(43)　　2011年5月上午(49)
2012年5月上午(55)　　　2014年5月上午(52)

### ●考点6：系统转换

**评注**：本考点考查系统转换：系统转换计划、系统转换的执行、系统转换评估。

系统转换计划可以包括以下几个方面。

1. 确定转换项目

要转换的项目可以是软件、数据库、文件、网络、服务器、磁盘设备等。

2. 起草作业运行规则

作业运行规则根据单位的业务要求和系统的功能与特性来制定。

3. 确定转换方法。

系统转换的方法有4种：直接转换、试点后直接转换、逐步转换、并行转换。

4. 确定转换工具和转换过程

转换工具可以使系统转换的工作更有效更快地完成，在系统转换之前应当确定转换所用的工具。这种工具包括：基本软件、通用软件、专用软件以及其他软件，这几种类的工具可以同时使用。

5. 转换工作执行计划

转换工作执行计划是执行系统转换工作的一个具体的行动方面的计划，规定了在一定长度的时间内需要完成的一项一项的工作。

转换期间的配套制度是另外一个成功关键点。

6. 风险管理计划

(1) 系统环境转换。

(2) 数据迁移。

(3) 业务操作的转换。

(4) 防范意外风险。

7. 系统转换人员计划

转换工作涉及的人员有：转换负责人、系统运行管理负责人、从事转换工作的人员、开发负责人、从事开发的人员、网络工程师和数据库工程师。

新旧系统的转换是一项严密的系统工程，组织、协调工作相当重要。首先，带领好这个团队所需要具备的条件有：正式的任务和职责；培训及知识共享举措；任务目标、计划、进度、问题及风险的传达；对人员配备水平、变化、缺少量及工作量的监控。然后要通过建立强有力的组织体系来保证各级组织严格按照预定程序或指令执行，遇到问题时能及时、准确地报告。组织体系中的指挥中心非常重要，整个上线工作如同是一次全方位的协同作战，需要一个由各方面人员组成的指挥中心来统一指挥、统一协调。

**历年真题链接**
2006年5月上午(39)　　　2007年5月上午(38)
2011年5月上午(50)　　　2012年5月上午(42)
2014年5月上午(70)

# 2009年11月全国计算机技术与软件专业技术资格(水平)考试信息系统管理工程师

## 上午考试

**(考试时间 150 分钟,满分 75 分)**

本试卷共有 75 空,每空 1 分,共 75 分。

- 以下关于 CPU 的叙述中,错误的是___(1)___。
  - (1) A. CPU 产生每条指令的操作信号并将操作信号送往相应的部件进行控制
     B. 程序计数器 PC 除了存放指令地址,也可以临时存储算术、逻辑运算结果
     C. CPU 中的控制器决定计算机运行过程的自动化
     D. 指令译码器是 CPU 控制器中的部件
- 以下关于 CISC(Complex Instruction Set Computer,复杂指令集计算机)和 RISC(Reduced Instruction Set Computer,精简指令集计算机)的叙述中,错误的是___(2)___。
  - (2) A. 在 CISC 中,其复杂指令都采用硬布线逻辑来执行
     B. 采用 CISC 技术的 CPU,其芯片设计复杂度更高
     C. 在 RISC 中,更适合采用硬布线逻辑执行指令
     D. 采用 RISC 技术,指令系统中的指令种类和寻址方式更少
- 以下关于校验码的叙述中,正确的是___(3)___。
  - (3) A. 海明码利用多组数位的奇偶性来检错和纠错
     B. 海明码的码距必须大于等于 1
     C. 循环冗余校验码具有很强的检错和纠错能力
     D. 循环冗余校验码的码距必定为 1
- 以下关于 Cache 的叙述中,正确的是___(4)___。
  - (4) A. 在容量确定的情况下,替换算法的时间复杂度是影响 Cache 命中率的关键因素
     B. Cache 的设计思想是在合理成本下提高命中率
     C. Cache 的设计目标是容量尽可能与主存容量相等
     D. CPU 中的 Cache 容量应大于 CPU 之外的 Cache 容量
- "http:// www.rkB.gov.cn"中的"gov"代表的是___(5)___。
  - (5) A. 民间组织   B. 商业机构   C. 政府机构   D. 高等院校
- 在微型计算机中,通常用主频来描述 CPU 的___(6)___;对计算机磁盘工作影响最小的因素是___(7)___。
  - (6) A. 运算速度   B. 可靠性   C. 可维护性   D. 可扩充性
  - (7) A. 温度   B. 湿度   C. 噪声   D. 磁场
- 计算机各部件之间传输信息的公共通路称为总线,一次传输信息的位数通常称为总线的___(8)___。
  - (8) A. 宽度   B. 长度   C. 粒度   D. 深度
- 按制定标准的不同层次和适应范围,标准可分为国际标准、国家标准、行业标准和企业标准等,___(9)___制定的标准是国际标准。
  - (9) A. IEEE 和 ITU          B. ISO 和 IEEE

　　　　　　C. ISO 和 ANSI　　　　　　　　D. ISO 和 IEC
- 《GB 8567—88 计算机软件产品开发文件编制指南》是__(10)__标准。
  (10)　A. 强制性国家　　　　　　　　B. 推荐性国家
  　　　C. 强制性行业　　　　　　　　D. 推荐性行业
- 在操作系统的进程管理中,若系统中有 10 个进程使用互斥资源 R,每次只允许 3 个进程进入互斥段(临界区),则信号量 S 的变化范围是__(11)__。
  (11)　A. −7～1　　B. −7～3　　C. −3～0　　D. −3～10
- 操作系统是裸机上的第一层软件,其他系统软件(如__(12)__等)和应用软件都是建立在操作系统基础上的。下图①②③分别表示__(13)__。

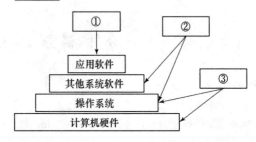

　　(12)　A. 编译程序、财务软件和数据库管理系统软件
  　　　　B. 汇编程序、编译程序和 Java 解释器
  　　　　C. 编译程序、数据库管理系统软件和汽车防盗程序
  　　　　D. 语言处理程序、办公管理软件和气象预报软件
  (13)　A. 应用软件开发者、最终用户和系统软件开发者
  　　　B. 应用软件开发者、系统软件开发者和最终用户
  　　　C. 最终用户、系统软件开发者和应用软件开发者
  　　　D. 最终用户、应用软件开发者和系统软件开发者
- 对表 1 和表 2 进行__(14)__关系运算可以得到表 3。

表 1

| 项目号 | 项目名 |
| --- | --- |
| 00111 | ERP 管理 |
| 00112 | 搜索引擎 |
| 00113 | 数据库建设 |
| 00211 | 软件测试 |
| 00311 | 校园网规划 |

表 2

| 项目号 | 项目成员 |
| --- | --- |
| 00111 | 张小军 |
| 00112 | 李华 |
| 00112 | 王志敏 |
| 00311 | 李华 |
| 00311 | 王志敏 |

表 3

| 项目号 | 项目名 | 项目成员 |
| --- | --- | --- |
| 00111 | ERP 管理 | 张小军 |
| 00112 | 搜索引擎 | 李华 |
| 00112 | 搜索引擎 | 王志敏 |
| 00311 | 校园网规划 | 李华 |
| 00311 | 校园网规划 | 王志敏 |

　(14)　A. 投影　　　B. 选择　　　C. 自然连接　　　D. 笛卡儿积

- 设有员工关系 Emp(员工号,姓名,性别,部门,家庭住址),其中,属性"性别"的取值只能为 M 或 F;属性"部门"是关系 Dept 的主键。要求可访问"家庭住址"的某个成分,如邮编、省、市、街道以及门牌号。关系 Emp 的主键和外键分别是 (15) 。"家庭住址"是一个 (16) 属性。创建 Emp 关系的 SQL 语句如下:
  CREATE TABLE Emp(员工号 CHAR (4),
  姓名 CHAR (10),
  性别 CHAR(1) (17) ,
  部门 CHAR (4) (18) ,
  家庭住址 CFIAR (30),
  PRIMARY KEY(员工号);
  (15) A. 员工号、部门           B. 姓名、部门
       C. 员工号、家庭住址       D. 姓名、家庭住址
  (16) A. 简单    B. 复合    C. 多值    D. 派生
  (17) A. IN('M','F')  B. LIKE('M','F')  C. CHECK('M','F')  D. CHECK(性别 IN'M','F')
  (18) A. NOT NULL              B. REFERENCES Dept(部门)
       C. NOT NULL UNIQUE       D. REFERENCES Dept(部门')

- 在采用结构化方法进行软件分析时,根据分解与抽象的原则,按照系统中数据处理的流程,用 (19) 来建立系统的逻辑模型,从而完成分析工作。
  (19) A. E-R 图   B. 数据流图   C. 程序流程图   D. 软件体系结构

- 多媒体中的"媒体"有两重含义,一是指存储信息的实体;二是指表达与传递信息的载体。 (20) 是存储信息的实体。
  (20) A. 文字、图形、磁带、半导体存储器
       B. 磁盘、光盘、磁带、半导体存储器
       C. 文字、图形、图像、声音
       D. 声卡、磁带、半导体存储器

- RGB8:8:8 表示一帧彩色图像的颜色数为 (21) 种。
  (21) A. 23    B. 28    C. 224    D. 2512

- 位图与矢量图相比,位图 (22) 。
  (22) A. 占用空间较大,处理侧重于获取和复制,显示速度快
       B. 占用空间较小,处理侧重于绘制和创建,显示速度较慢
       C. 占用空间较大,处理侧重于获取和复制,显示速度较慢
       D. 占用空间较小,处理侧重于绘制和创建,显示速度快

- 不属于系统设计阶段的是 (23) 。
  (23) A. 总体设计           B. 系统模块结构设计
       C. 程序设计           D. 物理系统配置方案设计

- 按照信息服务对象进行划分,专家系统属于面向 (24) 的系统。
  (24) A. 作业处理  B. 管理控制  C. 决策计划  D. 数据处理

- 系统运行管理通常不包括 (25) 。
  (25) A. 系统运行的组织机构    B. 基础数据管理
       C. 运行制度管理          D. 程序修改

- 某企业欲开发基于互联网的业务系统,前期需求不明确,同时在市场压力下,要求尽快推向市场。此时适宜使用的软件开发过程模型是 (26) 。
  (26) A. 瀑布模型  B. 螺旋模型    C. V 模型    D. 原型化模型

- 下面说法不是项目基本特征的是 (27) 。
  (27) A. 项目具有一次性        B. 项目需要确定的资源

C. 项目有一个明确目标　　　D. 项目组织采用矩阵式管理

- 风险发生前消除风险可能发生的根源并减少风险事件的概率,在风险事件发生后减少损失的程度,被称为　(28)　。
  
  (28) A. 回避风险　B. 转移风险　　C. 损失控制　　D. 自留风险

- 项目经理在进行项目管理的过程中用时最多的是　(29)　。
  
  (29) A. 计划　　B. 控制　　　C. 沟通　　　　D. 团队建设

- 不属于系统测试的是　(30)　。
  
  (30) A. 路径测试　B. 验收测试　C. 安装测试　　D. 压力测试

- 　(31)　从数据传递和加工的角度,以图形的方式刻画系统内部数据的运动情况。
  
  (31) A. 数据流图　B. 数据字典　C. 实体关系图　D. 判断树

- UML 中,用例属于　(32)　。
  
  (32) A. 结构事物　B. 行为事物　C. 分组事物　　D. 注释事物

- 　(33)　是类元之间的语义关系,其中的一个类元指定了由另一个类元保证执行的契约。
  
  (33) A. 依赖关系　　　　　　B. 关联关系
       C. 泛化关系　　　　　　D. 实现关系

- 　(34)　属于 UML 中的交互图。
  
  (34) A. 用例图　B. 类图　　C. 顺序图　　　D. 组件图

- 模块设计中常用的衡量指标是内聚和耦合,内聚程度最高的是　(35)　;耦合程度最低的是　(36)　。
  
  (35) A. 逻辑内聚　B. 过程内聚　C. 顺序内聚　D. 功能内聚
  (36) A. 数据耦合　B. 内容耦合　C. 公共耦合　D. 控制耦合

- 在现实的企业中,IT 管理工作自上而下是分层次的,一般分为三个层级。在下列选项中,不属于企业 IT 管理工作三层架构的是　(37)　。
  
  (37) A. 战略层　B. 战术层　　C. 运作层　　D. 行为层

- 由于信息资源管理在组织中的重要作用和战略地位,企业主要高层管理人员必须从企业的全局和整体需要出发,直接领导与主持整个企业的信息资源管理工作。担负这一职责的企业高层领导人是　(38)　。
  
  (38) A. CEO　　B. CFO　　　C. CIO　　　　D. CKO

- 下面的表述中,最能全面体现 IT 部门定位的是　(39)　。
  
  (39) A. 组织的 IT 部门是组织的 IT 核算中心
       B. 组织的 IT 部门是组织的 IT 职能中心
       C. 组织的 IT 部门是组织的 IT 成本中心
       D. 组织的 IT 部门是组织的 IT 责任中心

- 外包合同中的关键核心文件是　(40)　,这也是评估外包服务质量的重要标准。
  
  (40) A. 服务等级协议　　　　B. 评估外包协议
       C. 风险控制协议　　　　D. 信息技术协议

- 在系统成本管理过程中,当业务量变化以后,各项成本有不同的形态,大体可以分为　(41)　。
  
  (41) A. 边际成本与固定成本　B. 固定成本与可变成本
       C. 可变成本与运行成本　D. 边际成本与可变成本

- 要进行企业的软件资源管理,就要先识别出企业中运行的　(42)　和文档,将其归类汇总、登记入档。
  
  (42) A. 软件　　B. 代码　　　C. 指令　　　　D. 硬件

- 一般的软件开发过程包括需求分析、软件设计、编写代码、软件维护等多个阶段,其中　(43)　是软件生命周期中持续时间最长的阶段。
  
  (43) A. 需求分析　B. 软件设计　C. 编写代码　D. 软件维护

- 现代计算机网络维护管理系统主要由 4 个要素组成,其中　(44)　是极为重要的部分。
  
  (44) A. 被管理的代理　　　　B. 网络维护管理器
       C. 网络维护管理协议　　D. 管理信息库

- 在实际运用 IT 服务过程中,出现问题是无法避免的,因此需要对问题进行调查和分析。问题分析方法主要有 Kepner&Tregoe 法、__(45)__与流程图法。
  - (45) A. 鱼骨图法、头脑风暴法　　　B. 成本控制法、鱼骨图法
  　　　 C. KPI 法、头脑风暴法　　　　D. 头脑风暴法、成本控制法
- 从测试所暴露的错误出发,收集所有正确或不正确的数据,分析它们之间的关系,提出假想的错误原因,用这些数据来证明或反驳,从而查出错误所在,是属于排错调试方法中的__(46)__。
  - (46) A. 回溯法　　B. 试探法　　C. 归纳法　　D. 演绎法
- 系统维护项目有软件维护、硬件维护和设施维护等。各项维护重点不同,那么系统维护重点是__(47)__。
  - (47) A. 软件维护　B. 硬件维护　　C. 设施维护　　D. 环境维护
- 通过 TCO 分析,可以发现 IT 的真实成本平均超出购置成本的__(48)__倍之多,其中大多数的成本并非与技术相关,而是发生在持续进行的服务管理过程之中。
  - (48) A. 1　　　　B. 5　　　　C. 10　　　　D. 20
- 系统评价就是对系统运行一段时间后的__(49)__及经济效益等方面的评价。
  - (49) A. 社会效益　B. 技术性能　　C. 管理效益　　D. 成本效益
- 信息系统经济效益评价的方法主要有成本效益分析法、__(50)__和价值工程方法。
  - (50) A. 净现值法　　　　　　　　B. 投入产出分析法
  　　　 C. 盈亏平衡法　　　　　　　D. 利润指数法
- 计算机操作中,导致 IT 系统服务中断的各类数据库故障属于__(51)__。
  - (51) A. 人为操作故障　　　　　　B. 硬件故障
  　　　 C. 系统软件故障　　　　　　D. 相关设备故障
- 建立在信息技术基础之上,以系统化的管理思想,为企业决策层及员工提供决策运行手段的管理平台是__(52)__。
  - (52) A. 企业资源计划系统　　　　B. 客户关系管理系统
  　　　 C. 供应链管理系统　　　　　D. 知识管理系统
- 面向组织,特别是企业组织的信息资源管理的主要内容有信息系统的管理,信息产品与服务的管理,__(53)__,信息资源管理中的人力资源管理,信息资源开发和利用的标准、规范、法律制度的制订与实施等。
  - (53) A. 信息资源的效率管理　　　B. 信息资源的收集管理
  　　　 C. 信息资源的安全管理　　　D. 信息资源的损耗管理
- 在系统用户管理中,企业用户管理的功能主要包括__(54)__、用户权限管理、外部用户管理、用户安全审计等。
  - (54) A. 用户请求管理　　　　　　B. 用户数量管理
  　　　 C. 用户账号管理　　　　　　D. 用户需求管理
- 分布式环境中的管理系统一般具有跨平台管理、可扩展性和灵活性 __(55)__和智能代理技术等优越特性。
  - (55) A. 可量化管理　　　　　　　B. 可视化管理
  　　　 C. 性能监视管理　　　　　　D. 安全管理
- 配置管理作为一个控制中心,其主要目标表现在计量所有 IT 资产、__(56)__,作为故障管理等的基础以及验证基础架构记录的正确性并纠正发现的错误等 4 个方面。
  - (56) A. 有效管理 IT 组件　　　　B. 为其他 IT 系统管理流程提供准确信息
  　　　 C. 提供高质量 IT 服务　　　D. 更好地遵守法规
- COBIT 中定义的 IT 资源如下:数据、应用系统、__(57)__、设备和人员。
  - (57) A. 财务支持　B. 场地　　　C. 技术　　　D. 市场预测
- 国家信息化建设的信息化政策法规体系包括信息技术发展政策、__(58)__、电子政务发展政策、信息化法规建设四个方面。
  - (58) A. 信息产品制造业政策　　　B. 通信产业政策
  　　　 C. 信息产业发展政策　　　　D. 移动通信业发展政策

- 网络设备管理是网络资源管理的重要内容。在网络设备中,网关属于___(59)___。
  - (59) A. 网络传输介质互联设备　　　B. 网络物理层互联设备
  　　　C. 数据链路层互联设备　　　　D. 应用层互联设备
- 网络管理包含五部分内容:___(60)___、网络设备和应用配置管理、网络利用和计费管理、网络设备和应用故障管理以及网络安全管理。
  - (60) A. 网络数据库管理　　　　　　B. 网络性能管理
  　　　C. 网络系统管理　　　　　　　D. 网络运行模式管理
- 企业信息资源管理不是把资源整合起来就行了,而是需要一个有效的信息资源管理体系,其中最为关键的是___(61)___。
  - (61) A. 从事信息资源管理的人才队伍建设
  　　　B. 有效、强大的市场分析
  　　　C. 准确地把握用户需求
  　　　D. 信息资源的标准和规范
- IT系统管理工作可以按照一定的标准进行分类。在按系统类型的分类中,___(62)___作为企业的基础架构,是其他方面的核心支持平台,包括广域网、远程拨号系统等。
  - (62) A. 信息系统　B. 网络系统　　C. 运作系统　　　D. 设施及设备
- 企业信息化建设需要大量的资金投入,成本支出项目多且数额大。在企业信息化建设的成本支出项目中,系统切换费用属于___(63)___。
  - (63) A. 设备购置费用　　　　　　　B. 设施费用
  　　　C. 开发费用　　　　　　　　　D. 系统运行维护费用
- 外包成功的关键因素之一是选择具有良好社会形象和信誉、相关行业经验丰富的外包商作为战略合作伙伴。因此,对外包商的资格审查应从技术能力、发展能力和___(64)___3个方面综合考虑。
  - (64) A. 盈利能力　B. 抗风险能力　C. 市场开拓能力　D. 经营管理能力
- 为IT服务定价是计费管理的关键问题,"IT服务价格=IT服务成本+X%"属于___(65)___。
  - (65) A. 价值定价法　　　　　　　　B. 成本定价法
  　　　C. 现行价格法　　　　　　　　D. 市场价格法
- 网络安全体系设计可从物理线路安全、网络安全、系统安全、应用安全等方面来进行,其中,数据库容灾属于___(66)___。
  - (66) A. 物理线路安全和网络安全　　B. 应用安全和网络安全
  　　　C. 系统安全和网络安全　　　　D. 系统安全和应用安全
- 包过滤防火墙对数据包的过滤依据不包括___(67)___。
  - (67) A. 源IP地址　B. 源端口号　　C. MAC地址　　　D. 目的IP地址
- 某网站向CA申请了数字证书,用户通过___(68)___来验证网站的真伪。
  - (68) A. CA的签名　B. 证书中的公钥　C. 网站的私钥　D. 用户的公钥
- 下面选项中,不属于HTTP客户端的是___(69)___。
  - (69) A. IE　　　　　B. Netscape　　　C. Mozilla　　　D. Apache
- 下列网络互连设备中,属于物理层的是___(70)___。
  - (70) A. 中继器　　　B. 交换机　　　　C. 路由器　　　D. 网桥
- Why is ___(71)___ fun? What delights may its practitioner expect as his reward? First is the sheer joy of making things. As the child delights in his mud pie, so the adult enjoys building things, especially things of his own design. Second is the pleasure of making things that are useful to other people. Third is the fascination of fashioning complex puzzle-like objects of interlocking moving parts and watching them work in subtle cycles, playing out the consequences of principles built in from the beginning. Fourth is the joy of always learning, which springs from the ___(72)___ nature of the task. In one way or another the problem is ever new, and its solver learns something: sometimes ___(73)___, sometimes theoretical, and sometimes both. Finally, there is the delight of working in such attractable medium. The ___(74)___, like the poet, works only slightly removed from pure thought-stuff. Few media of creation are so flexible, so easy to polish and rework, so readily capable of realizing grand conceptual structures.

Yet the program ___(75)___ , unlike the poet's words, is real in the sense that it moves and works, producing visible outputs separate from the construct itself. It prints results, draws pictures, produces sounds, moves arms. Programming then is fun because it gratifies creative longings built deep within us and delights sensibilities we have in common with all men.

(71)  A. programming     B. composing
      C. working         D. writing
(72)  A. repeating   B. basic     C. non-repeating   D. advance
(73)  A. semantic    B. practical  C. lexical        D. syntactical
(74)  A. poet        B. architect  C. doctor         D. programmer
(75)  A. construct   B. code       C. size           D. scale

# 下午考试

**（考试时间 150 分钟，满分 75 分）**

## 试题一（15 分）

【说明】

某公司针对通信手段的进步，需要将原有的业务系统扩展到互联网上。运行维护部门需要针对此需求制定相应的技术安全措施，来保证系统和数据的安全。

【问题 1】（4 分）

当业务扩展到互联网上后，系统管理在安全方面应该注意哪两方面？应该采取的安全测试有哪些？

【问题 2】（6 分）

由于系统与互联网相连，除了考虑病毒防治和防火墙之外，还需要专门的入侵检测系统。请简要说明入侵检测系统的功能。

【问题 3】（5 分）

数据安全中的访问控制包含两种方式，用户标识与验证和存取控制。请简要说明用户标识与验证常用的 3 种方法和存取控制中的两种方法。

## 试题二（15 分）

【说明】

某企业业务系统，使用一台应用服务器和一台数据库服务器，支持数百台客户机同时工作。该业务系统投入运行后，需交给运行维护部门来负责该业务系统的日常维护工作。运行维护部门内部分为两大部门，网络维护部门负责所有业务系统的网络运行维护；应用系统维护部门负责应用系统服务器的运行维护，保证应用系统处在正常的工作环境下，并及时发现出现的问题，分析和解决该问题。

【问题 1】（6 分）

针对该业务系统，应用系统维护部门在运行维护中需要监控的主要性能数据有哪些？

【问题 2】（4 分）

业务系统中，终端用户响应时间是一项非常重要的指标。获取系统和网络服务的用户响应时间的常见方案有哪些？

【问题 3】（5 分）

针对应用系统服务器监控所获取的数据，需要经过认真的分析来发现系统存在的性能问题。对监控数据进行分析主要针对的问题除了"服务请求突增"外，还有哪些？

## 试题三 (15分)

【说明】

随着信息技术的快速发展,信息技术对企业发展的战略意义已广泛被企业认同,当企业不惜巨资进行信息化建设的时候,IT 项目的投资评价就显得尤为重要。IT 财务管理作为重要的 IT 系统管理流程,可以解决 IT 投资预算、IT 成本、效益核算和投资评价等问题,从而为高层管理提供决策支持。

【问题1】(4分)

IT 财务管理,是负责对 IT 服务运作过程中所涉及的所有资源进行货币化管理的流程。该服务流程一般包括 3 个环节,分别是:

(1) IT 服务计费;
(2) IT 投资预算;
(3) IT 会计核算。

请将上述 3 项内容按照实施顺序填在下图的 3 个空白方框里。

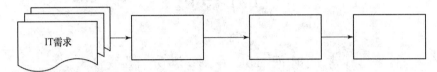

【问题2】(6分)

IT 投资预算与 IT 服务计费的主要目的和作用是什么?

【问题3】(5分)

IT 会计核算的主要目标是什么?它包括的活动主要有哪些?在 IT 会计核算中,用于 IT 项目投资评价的指标主要有哪两个?

## 试题四 (15分)

【说明】

信息系统是一个复杂的人机系统,系统内外环境以及各种人为的、机器的因素都在不断地变化。为了使系统能够适应这种变化,充分发挥软件的作用,产生良好的社会效益和经济效益,就要进行系统的维护工作。在软件生命周期中,软件维护占整个软件生命周期的 60%~80%。项目建成后,如果后期维护工作跟不上,信息化项目顺利运行就得不到保证。所以,在企业中必须要强化系统维护工作的重要性,以充分发挥系统的作用。

【问题1】(4分)

系统维护的一项重要任务就是要有计划、有组织地对系统进行必要的改动,以保证系统中的各个要素随着环境的变化始终处于最新的、正确的工作状态。请指出信息系统维护的 5 个方面的具体内容。

【问题2】(4分)

系统的维护对于延长系统的生命具有决定意义,请列出系统开发中能够提高系统可维护性的要求。

【问题3】(7分)

(1) 根据系统运行的不同阶段,可以实施不同级别的系统维护,一般来说系统维护的级别主要有哪 4 种?

(2) 系统的维护不仅范围广,而且影响因素多。在设计系统维护计划之前,通常要考虑哪三方面的因素?

## 试题五 (15分)

【说明】

企业的 IT 管理工作有 3 层架构:IT 战略规划、IT 系统管理和 IT 技术及运作管理。IT 系统管理位于中间,起着承上启下的核心作用。IT 系统管理是 IT 的高效运作和管理,而不是 IT 战略规划。IT 战略规划关注战略层面的问题,IT 系统管理是确保战略得到有效执行的战术性和运作性活动,两者的性质不同,目标也不同。

【问题1】(4分)

写出企业 IT 系统管理的基本目标。

**【问题2】(2分)**
　　在IT系统管理中,用于管理的关键IT资源包括计算机、打印机、扫描仪、操作系统、中间件、通信线路、企业网络服务器,以及企业生产和管理过程中所涉及的一切文件、资料、图表和数据等。这些用于管理的关键资源,可以归为哪四类?

**【问题3】(6分)**
　　IT系统管理的通用体系架构,可以分为哪3个部分?请简要说明。

**【问题4】(3分)**
　　系统管理预算可以帮助IT部门在提供服务的同时加强成本/收益分析,提高IT投资效益。企业IT预算大致可以分为3个方面:技术成本、服务成本和组织成本的预算,而且每项成本所包括的具体内容也不相同。下图的左边为3项成本,右边为3项成本的具体项目。请按图中的示范,用箭线表示它们的对应关系。

```
技术成本          日常开支

                 故障处理

服务成本          基础设施

                 帮助台支持

                 会议

组织成本          软件开发与维护

                 硬件
```

## 上午试卷答案解析

**(1) 答案:B**
　　**解析:** 本题考查计算机硬件组成基础知识。
　　CPU是计算机的控制中心,主要由运算器、控制器、寄存器组和内部总线等部件组成。控制器由程序计数器、指令寄存器、指令译码器、时序产生器和操作控制器组成,它是发布命令的"决策机构",即完成协调和指挥整个计算机系统的操作。它的主要功能有:从内存中取出一条指令,并指出下一条指令在内存中的位置;对指令进行译码或测试,并产生相应的操作控制信号,以便启动规定的动作;指挥并控制CPU、内存和输入/输出设备之间数据的流动。
　　程序计数器(PC)是专用寄存器,具有寄存信息和计数两种功能,又称为指令计数器,在程序开始执行前,将程序的起始地址送入PC,该地址在程序加载到内存时确定,因此PC的初始内容即是程序第一条指令的地址。执行指令时,CPU将自动修改PC的内容,以便使其保持的总是将要执行的下一条指令的地址。由于大多数指令都是按顺序执行的,因此修改的过程通常只是简单地对PC加1。当遇到转移指令时,后继指令的地址根据当前指令的地址加上一个向前或向后转移的位移量得到,或者根据转移指令给出的直接转移的地址得到。

**(2) 答案:A**
　　**解析:** 本题考查指令系统和计算机体系结构基础知识。

　　CISC(Complex Instruction Set Computer,复杂指令集计算机)的基本思想是:进一步增强原有指令的功能,用更为复杂的新指令取代原先由软件子程序完成的功能,实现软件功能的硬件化,导致机器的指令系统越来越庞大而复杂。CISC计算机一般所含的指令数目至少300条以上,有的甚至超过500条。
　　RISC(Reduced Instruction Set Computer,精简指令集计算机)的基本思想是:通过减少指令总数和简化指令功能,降低硬件设计的复杂度,使指令能单周期执行,并通过优化编译提高指令的执行速度,采用硬布线控制逻辑优化编译程序。在20世纪70年代末开始兴起,导致机器的指令系统进一步精练而简单。

**(3) 答案:A**
　　**解析:** 本题考查校验码基础知识。
　　一个编码系统中任意两个合法编码(码字)之间不同的二进数位数称为这两个码字的码距,而整个编码系统中任意两个码字的最小距离就是该编码系统的码距。为了使一个系统能检查和纠正一个差错,码间最小距离必须至少是3。海明码是一种可以纠正一位差错的编码,是利用奇偶性来检错和纠错的校验方法。海明码的基本意思是给传输的数据增加$r$个校验位,从而增加两个合法消息(合法码字)的不同位的个数(海明距离)。假设要传输的信息有$m$位,则经海明编码的码字就有$n=m+r$位。

循环冗余校验码(CRC)编码方法是在 $k$ 位信息码后再拼接 $r$ 位的校验码,形成长度为 $n$ 位的编码,其特点是检错能力极强且开销小,易于用编码器及检测电路实现。在数据通信与网络中,通常 $k$ 相当大,由一千甚至数千数据位构成一帧,而后采用 CRC 码产生 $r$ 位的校验位。它只能检测出错误,而不能纠正错误。一般取 $r=16$,标准的 16 位生成多项式有 CRC-16 = $X^{16}+X^{15}+X^2+1$ 和 CRC-CCITT = $X^{16}+X^{12}+X^5+1$。一般情况下,$r$ 位生成多项式产生的 CRC 码可检测出所有的双错、奇数位错和突发长度小于等于 $r$ 的突发错。用于纠错目的的循环码的译码算法比较复杂。

(4) 答案:B

※ 解析:本题考查高速缓存基础知识。

Cache 是一个高速小容量的临时存储器,可以用高速的静态存储器(SRAM)芯片实现,可以集成到 CPU 芯片内部,或者设置在 CPU 与内存之间,用于存储 CPU 最经常访问的指令或者操作数据。Cache 的出现是基于两种因素:首先是由于 CPU 的速度和性能提高很快而主存速度较低且价格高,其次是程序执行的局部性特点。因此,才将速度比较快而容量有限的 SRAM 构成 Cache,目的在于尽可能发挥 CPU 的高速度。很显然,要尽可能发挥 CPU 的高速度,就必须用硬件实现其全部功能。

(5) 答案:C

※ 解析:因特网最高层域名分为机构性域名和地理性域名两大类。域名地址由字母或数字组成,中间以"."隔开,例如 www.rkB.gov.cn。其格式为:机器名.网络名.机构名.最高域名。Internet 上的域名由域名系统 DNS 统一管理。

域名被组织成具有多个字段的层次结构。最左边的字段表示单台计算机名,其他字段标识了拥有该域名的组;第二组表示网络名,如 rkb;第三组表示机构性质,例如.gov 是政府部门;而最后一个字段被规定为表示组织或者国家,称为顶级域名。常见的国家或地区域名和常见的机构性域名需要了解掌握。

(6)(7) 答案:A C

※ 解析:主频是 CPU 的时钟频率,简单地说也就是 CPU 的工作频率。一般来说,一个时钟周期完成的指令数是固定的,所以主频越高,CPU 的速度也就越快,故常用主频来描述 CPU 的运算速度。外频是系统总线的工作频率。倍频是指 CPU 外频与主频相差的倍数,主频=外频×倍频。

使用硬盘时应注意防高温、防潮和防电磁干扰。硬盘工作时会产生一定热量,使用中存在散热问题。温度以 20～25℃为宜,温度过高或过低都会使晶体振荡器的时钟主频发生改变。温度还会造成硬盘电路元件失灵,磁介质也会因热胀效应而造成记录错误。温度过低,空气中的水分会凝结在集成电路元件上,造成短路。湿度过高,电子元件表面可能会吸附一层水膜,氧化、腐蚀电子线路,以致接触不良,甚至短路,还会使磁介质的磁力发生变化,造成数据的读写错误;湿度过低,容易积累大量因机器转动而产生的静电荷,这些静电会烧坏 CMOS 电路,吸附灰尘而损坏磁头、划伤磁盘片。机房内的湿度以 45%～65% 为宜。注意使空气保持干燥或经常给系统加电,靠自身发热将机内水汽蒸发掉。另外,尽量不要使硬盘靠近强磁场,如音箱、喇叭、电动机、电台和手机等,以免硬盘所记录的数据因磁化而损坏。

(8) 答案:A

※ 解析:本题考查计算机基础知识。

数据总线负责整个系统数据流量的大小,而数据总线宽度则决定了 CPU 与二级高速缓存、内存以及输入输出设备之间一次数据传输的信息量。

数据总线的宽度(传输线根数)决定了通过它一次所能传递的二进制位数。显然,数据总线越宽,则每次传递的位数越多,因而,数据总线的宽度决定了在内存和 CPU 之间数据交换的效率。虽然内存是按字节编址的,但可由内存一次传递多个连续单元里存储的信息,即一次同时传递几个字节的数据。对于 CPU 来说,最合适的数据总线宽度是与 CPU 的字长一致。这样,通过一次内存访问就可以传递足够的信息供计算处理使用。过去微机的数据总线宽度不够,影响了微机的处理能力,例如,20 世纪 80 年代初推出的 IBM PC 所采用的 Intel 8088 CPU 的内部结构是 16 位,但数据总线宽度只有 8 位(称为准 16 位机),每次只能传送 1 个字节。

由于数据总线的宽度对整个计算机系统的效率具有重要的意义,因而常简单地据此将计算机分类,称为 16 位机、32 位机和 64 位机等。

地址总线的宽度是影响整个计算机系统的另一个重要参数。在计算机里,所有信息都采用二进制编码来表示,地址也不例外。原则上讲,总线宽度是由 CPU 芯片决定的。CPU 能够送出的地址宽度决定了它能直接访问的内存单元的个数。假定地址总线是 20 位,则能够访问 $2^{20}B=1MB$ 个内存单元。20 世纪 80 年代中期以后开发的新微处理器,地址总线达到了 32 位或更多,可直接访问的内存地址达到 4000MB 以上。巨大的地址范围不仅是扩大内存容量所需要的,也为整个计算机系统(包括磁盘等外存储器在内),甚至还包括与外部的连接(如网络连接)而形成的整个存储体系提供了全局性的地址空间。例如,如果地址总线的标准宽度进一步扩大到 64 位,则可以将内存地址和磁盘的文件地址统一管理,这对于提高信息资源的利用效率,在信息共享时避免不必要的信息复制,避免工作中的其他开销方面都起着重要作用,同时还有助于提高整个系统保密安全的防护等。

对于各种外部设备的访问也要通过地址总线。由于设备的种类不可能像存储单元的个数那么多,故对输入/输出端口寻址是通过地址总线的低位来进行的。例如,早期的 IBM PC 使用 20 位地址线的低 16 位来寻址 I/O 端口,可寻址 $2^{16}$ 个端口。由于采用了总线结构,各功能部件都挂接在总线上,因而存储器和外设的数量可按需要扩充,使微型机的配置非常灵活。

(9) **答案**:D

❀ **解析**:国际标准是由国际标准化团体制定、公布和通过的标准。通常,国际标准是指 ISO、IEC 以及 ISO 所出版的国际标准题目关键词索引(KWIC Index)中收录的其他国际组织制定、发布的标准等。国际标准在世界范围内统一使用,没有强制的含义,各国可以自愿采用。

(10) **答案**:A

❀ **解析**:我国 1983 年 5 月成立"计算机与信息处理标准化技术委员会",下设 13 个分技术委员会,其中程序设计语言分技术委员会软件工程技术委员会与软件相关。现已得到国家批准的软件工程国家标准包括如下几个文档标准:

- 计算机软件产品开发文件编制指南 GB 8567—88;
- 计算机软件需求说明编制指南 GB/T 9385—88;
- 计算机软件测试文件编制指南 GB/T 9386—88。

因此,《GB 8567—88 计算机软件产品开发文件编制指南》是强制性国家标准。

(11) **答案**:B

❀ **解析**:本题考查操作系统信号量与 PV 操作的基础知识。

由于系统中有 10 个进程使用互斥资源 R,每次只允许 3 个进程进入互斥段(临界区),因此信号量 S 的初值应为 3。由于每当有一个进程进入互斥段时信号量的值需要减 1,故信号量 S 的变化范围是 −7~3。

(12)(13) **答案**:B D

❀ **解析**:本题考查操作系统基本概念。

财务软件、汽车防盗程序、办公管理软件和气象预报软件都属于应用软件,而选项 A、C 和 D 中含有这些软件。选项 B 中汇编程序、编译程序和数据库管理系统软件都属于系统软件。计算机系统由硬件和软件两部分组成。通常把未配置软件的计算机称为裸机,直接使用裸机不仅不方便,而且将严重降低工作效率和机器的利用率。操作系统(Operating System)的目的是为了填补人与机器之间的鸿沟,即建立用户与计算机之间的接口,而为裸机配置的一种系统软件。由下图可以看出,操作系统是裸机上的第一层软件,是对硬件系统功能的首次扩充。它在计算机系统中占据重要而特殊的地位,所有其他软件,如编辑程序、汇编程序、编译程序和数据库管理系统等系统软件,以及大量的应用软件都是建立在操作系统基础上,并得到它的支持和得到它的服务。从用户角度看,当计算机配置了操作系统后,用户不再直接使用计算机系统硬件,而是利用操作系统所提供的命令和服务去操纵计算机,操作系统已成为现代计算机系统中必不可少的最重要的系统软件,因此把操作系统看作是用户与计算机之间的接口。操作系统紧贴系统硬件之上,所有其他软件之下(是其他软件的共同环境)。

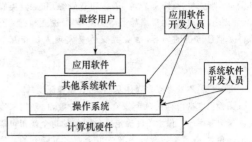

(14) **答案**:C

❀ **解析**:本题考查数据库关系运算方面的基础知识。自然连接是一种特殊的等值连接,它要求两个关系中进行比较的分量必须是相同的属性组,并且在结果集中将重复属性列去掉。一般连接是从关系的水平方向运算,而自然连接不仅要从关系的水平方向,还要从关系的垂直方向运算。因为自然连接要去掉重复属性,如果没有重复属性,那么自然连接就转化为笛卡儿积。题中表 1 和表 2 具有相同的属性项目号,进行等值连接后,去掉重复属性列得到表 3。

(15)(16)(17)(18) **答案**:A B D B

❀ **解析**:本题考查关系数据库方面的基础知识。按照外键定义,如果关系模式 R 中的属性或属性组非该关系的键,但它是其他关系的键,那么该属性或属性组相对关系模式 R 而言是外键。在试题(15)中关系 Emp 的主键是"员工号",外键是"部门"。因为属性"姓名"不是关系 Emp 的主键,但是根据题意"部门"是关系 DEPT 的主键,因此,"部门"是关系 Emp 的一个外键。

简单属性是原子的、不可再分的。复合属性可以细分为更小的部分(即划分为别的属性)。有时用户希望访问整个属性,有时希望访问属性的某个成分,那么在模式设计时可采用复合属性。例如,试题(16)中"家庭住址"可以进一步分为邮编、省、市、街道以及门牌号。

试题(17)的正确答案是 D。因为根据题意属性"性别"的取值只能为 M 或 F,因此需要用语句"CHECK 性别 IN ('M','F')"进行完整性约束。试题(18)的正确答案是 B。因为根据题意属性"部门"是外键,因此需要用语句"REFERENCES Dept(部门)"进行参考完整性约束。

(19) **答案**:B

❀ **解析**:本题考查结构化分析方法中图形工具的作用。数据流图摆脱系统的物理内容,在逻辑上描述系统的功能、输入、输出和数据存储等,是系统逻辑模型的重要组成部分。

(20) **答案**:B

❀ **解析**:通常所说的"媒体(Media)"包括两重含义:一是指信息的物理载体,即存储和传递信息的实体,如手册、磁盘、光盘、磁带以及相关的播放设备等(本题只涉及存储信息);二是指承载信息的载体即信息的表现形式(或者说传播形式),如文字、声音、图像、动画和视频等,即 CCITT 定义的存储媒体和表示媒体。表示媒体又可以分为三种类型:视觉类媒体(如位图图像、矢量图形、图表、符号、视频和动画等)、听觉类媒体(如音响、语音和音乐等)和触觉类媒体(如点、位置跟踪、力反馈与运动反馈等)。视觉和听觉类媒体是信息传播的内容,触觉类媒体是实现人机交互的手段。

(21) **答案**:C

✿ **解析**:本题考查多媒体基础知识(图像深度)。

图像深度是指存储每个像素所用的位数,也是用来度量图像分辨率的。像素深度确定彩色图像的每个像素可能有的颜色数,或者确定灰度图像的每个像素可能有的灰度级数。如一幅图像的图像深度为 6 位,则该图像的最多颜色数或灰度级为 26 种。显然,表示一个像素颜色的位数越多,它能表达的颜色数或灰度级就越多。例如,只有 1 个分量的单色图像,若每个像素有 8 位,则最大灰度数目为 $2^8=256$;一幅彩色图像的每个像素用 R、G、B 3 个分量表示,若 3 个分量的像素位数分别为 4、4、2,则最大颜色数目为 $2^{4+4+2}=2^{10}=1024$,就是说像素的深度为 10 位,每个像素可以是 $2^{10}$ 种颜色中的一种。表示一个像素的位数越多,它能表达的颜色数目就越多,它的深度就越深。

(22) **答案**:A

✿ **解析**:矢量图形是用一系列计算机指令来描述和记录图的内容,即通过指令描述构成一幅图的所有直线、曲线、圆、圆弧、矩形等图元的位置、维数和形状,也可以用更为复杂的形式表示图像中曲面、光照和材质等效果。矢量图法实质上是用数学的方式(算法和特征)来描述一幅图形图像,在处理图形图像时根据图元对应的数学表达式进行编辑和处理。在屏幕上显示一幅图形图像时,首先要解释这些指令,然后将描述图形图像的指令转换成屏幕上显示的形状和颜色。编辑矢量图的软件通常称为绘图软件,如适于绘制机械图、电路图的 AutoCAD 软件等。这种软件可以产生和操作矢量图的各个成分,并对矢量图形进行移动、缩放、叠加、旋转和扭曲等变换。编辑图形时将指令转变成屏幕上所显示的形状和颜色,显示时也往往能看到绘图的过程。由于所有的矢量图形部分都可以用数学的方法加以描述,从而使得计算机对其进行任意放大、缩小、旋转、变形、扭曲、移动和叠加等变换,而不会破坏图像的画面。但是,用矢量图形格式表示复杂图像(如人物、风景照片),并且要求很高时,将需要花费大量的时间进行变换、着色和处理光照效果等。因此,矢量图形主要用于表示线框型的图画、工程制图和美术字等。

位图图像是指用像素点来描述的图。图像一般是用摄像机或扫描仪等输入设备捕捉实际场景画面,离散化为空间、亮度、颜色(灰度)的序列值,即把一幅彩色图或灰度图分成许许多多的像素(点),每个像素用若干二进制位来指定该像素的颜色、亮度和属性。位图图像在计算机内存中由一组二进制位组成,这些位定义图像中每个像素点的颜色和亮度。图像适合于表现比较细腻,层次较多,色彩较丰富,包含大量细节的图像,并直接、快速地在屏幕上显示出来。但占用存储空间较大,一般需要进行数据压缩。

(23) **答案**:C

✿ **解析**:本题考查信息系统开发的基础知识。

系统设计阶段的主要工作是总体设计(包括系统模块结构设计和计算机物理系统配置方案设计)、详细设计和编写系统设计说明书。程序设计不属于系统设计阶段的工作,而是属于系统实施阶段的工作。

(24) **答案**:C

✿ **解析**:本题考查信息系统开发的基础知识。

根据信息服务对象的不同,企业中的信息系统可以分为三类:

① 面向作业处理的系统。包括办公自动化系统、事务处理系统、数据采集与监测系统。

② 面向管理控制的系统。包括电子数据处理系统、知识工作支持系统和计算机集成制造系统。

③ 面向决策计划的系统。包括决策支持系统、战略信息系统和管理专家系统。

因此专家系统属于面向决策计划的系统。

(25) **答案**:D

✿ **解析**:本题考查信息系统开发的基础知识。

系统运行和维护阶段主要包括系统运行、系统运行管理和系统维护。其中系统运行管理通常包括:

① 系统运行的组织机构。包括各类人员的构成、职责、主要任务和管理内部组织机构。

② 基础数据管理。包括对数据收集和统计渠道的管理、计量手段和计量方法的管理、原始数据管理、系统内各种运行文件和历史文件(包括数据库文件)的归档管理等。

③ 运行制度管理。包括系统操作规程、系统安全保密制度、系统修改规程、系统定期维护以及系统运行状态记录和日志归档等。

④ 系统运行结果分析。分析系统运行结果得到某种能够反映企业组织经营生产方面发展趋势的信息,用以提高管理部门指导企业的经营生产能力。

程序修改是属于系统维护的工作。

(26) **答案**:D

✿ **解析**:本题考查信息系统开发的基础知识。

瀑布模型简单易用,开发进程比较严格,要求在项目开发前,项目需求已经被很好地理解,也很明确,项目实施过程中发生需求变更的可能性小。V 模型在瀑布模型的基础上,强调测试过程与开发过程的对应性和并行性,同样要求需求明确,而且很少有需求变更的情况发生。

螺旋模型表现为瀑布模型的多次迭代,主要是针对风险比较大的项目而设计的一种软件开发过程模型,主要适用于规模很大的项目,或者采用了新技术以及不确定因素和风险限制了项目进度的项目。

原型模型是在需求阶段快速构建一部分系统的生存期模型,主要是在项目前期需求不明确,或者需要减少项目不确定性的时候采用。原型化可以尽快地推出一个可执行的程序版本,有利于尽早占领市场。

综上所述,该企业应该采用原型化模型。

(27) 答案:D

解析:本题考查信息系统开发中项目管理的基础知识。

项目是为了创造一个唯一的产品或提供一个唯一的服务而进行的临时性的努力。其具备的特征有目标性、相关性、周期性、独特性、约束性、不确定性和结果的不可逆转性。题中的A选项属于独特性,B选项属于约束性,C选项属于目标性,而项目组织采用的机构组织管理模型和项目的基本特征无关,因此答案为D。

(28) 答案:C

解析:本题考查信息系统开发中风险管理的基础知识。

规划降低风险的主要策略是回避风险、转移风险、损失控制和自留风险。回避风险是对可能发生的风险尽可能地规避,可以采取主动放弃或拒绝使用导致风险的方案来规避风险;转移风险是指一些单位或个人为避免承担风险损失,而有意识地将损失或与损失有关的财务后果转嫁给另外的单位或个人去承担;损失控制是指风险发生前消除风险可能发生的根源并减少风险事件的概率,在风险事件发生后减少损失的程度;自留风险又称承担风险,是由项目组织自己承担风险事件所致损失的措施。

(29) 答案:C

解析:本题考查信息系统开发中项目管理的基础知识。

项目经理的主要职责包括开发计划、组织实施和项目控制,其中组织实施包括了团队建设。但是在项目中,要做到及时成功地完成并能达到或者超过预期的结果是很不容易的。项目组中必须有一个灵活而容易使用的沟通方法,从而使一些重要的项目信息及时更新,做到实时同步。

在IT项目中,许多专家认为:对于成功威胁最大的就是沟通的失败。IT项目成功的三个主要因素:用户的积极参与、明确的需求表达和管理层的大力支持,都依赖于良好的沟通技巧。统计表明,项目经理80%以上的时间用在了沟通管理。

(30) 答案:A

解析:本题考查信息系统开发中测试阶段的基础知识。

测试阶段,系统测试主要包括功能测试、性能测试、压力测试、验收测试和安装测试等,都是以整个系统为对象而进行的测试工作。路径测试则属于单元测试中白盒测试方法中的一种测试。

(31) 答案:A

解析:本题考查信息系统开发中分析阶段的基础知识。

数据流图从数据传递和加工的角度,以图形的方式刻画系统内部数据的运动情况。数据字典是以特定格式记录下来的,对系统的数据流图中各个基本要素的内容和特征所做的完整的定义和说明,是对数据流图的重要补充和说明。实体关系图(E-R图)是指以实体、关系和属性三个基本概念概括数据的基本结构,从而描述静态数据结构的概念模式,多用于数据库概念设计。判断树是用来表示逻辑判断问题的一种图形工具,它用"树"来表达不同条件下的不同处理,比语言、表格的方式更为直观。

(32) 答案:A

解析:本题考查信息系统开发中UML的基础知识。包含4种事物,分别是结构事物、行为事物、分组事物和注释事物。

① 结构事物:UML模型中的静态部分,描述概念或物理元素,共有类、接口、协作、用例、活动类、组件和结点7种结构事物。

② 行为事物:UML模型的动态部分,描述了跨越时间和空间的行为,有交互和状态机两种主要的行为事物。

③ 分组事物:UML模型的组织部分,最主要的分组事物是包。

④ 注释事物:UML模型的解释部分,用来描述、说明和标注模型的任何元素,主要注释事物是注解。

(33) 答案:D

解析:本题考查信息系统开发中UML的基础知识。

UML中有4种关系:

① 依赖关系。是两个事物间的语义关系,其中一个事物发生变化会影响另一个事物的语义。

② 关联关系。是一种结构关系,它描述了一组链,链是对象之间的连接。聚合是一种特殊类型的关联,描述了整体和部分间的特殊关系。

③ 泛化关系。是一种特殊/一般关系,特殊元素的对象可替代一般元素的对象。

④ 实现关系。是类元之间的语义关系,其中的一个类元指定了由另一个类元保证执行的契约。

(34) 答案:C

解析:本题考查信息系统开发中UML的基础知识。

UML中的图分为:

① 用例图。从用户角度描述系统功能,并指出各功能的操作者。

② 静态图。包括类图、对象图和包图。

③ 行为图。描述系统的动态模型和组成对象之间的交互关系,包括状态图和活动图。

④ 交互图。描述对象之间的交互关系,包括顺序图和协作图。

⑤ 实现图。包括组件图和配置图。

(35)(36) 答案:D A

解析:本题考查信息系统开发中设计阶段的基础知识。

模块设计中常用的衡量指标是内聚和耦合。耦合是模块间相互依赖程度的度量,耦合的强弱取决于模块间接口的复杂程度。耦合按照从低到高可以分为非直接耦合、数据耦、标记耦合、控制耦合、公共耦合和内容耦合。内聚指的是模块内各个成分彼此结合的紧密程度,即模块内部的聚合能力。内聚从低到高可以分为偶然内聚、逻辑内聚、时间内聚、过程内聚、通信内聚、顺序内聚和功能内聚。

模块设计追求的目标是高内聚、低耦合。

(37) 答案:D

※ 解析:本题考查企业IT管理工作的架构问题。企业的IT管理工作既是一个技术问题,更是一个管理问题。企业IT管理工作分为三层架构:战略层、战术层和运作层。

(38) 答案:C

※ 解析:本题考查CEO、CIO和CFO等概念的区别。CIO指的是企业首席信息主管,必须从企业的全局和整体需要出发,直接领导与主持全企业的信息资源管理工作。而CEO指的是企业首席行政主管。CFO指的是企业首席财务主管。CKO指的是企业首席技术主管。

(39) 答案:D

※ 解析:传统的IT部门仅仅是核算中心,只是简单地核算一些预算项目的投入成本。这种政策的整个IT会计系统集中于成本的核算,从而在无须支出账单和簿记费用的情况下改进了投资政策。然而,这种政策也许不能影响用户的行为,也不能使IT部门能够完全从财务角度进行经营。为了改变这种状况,提高IT服务质量及投资收益,使IT部门逐渐从IT支持角度转变为IT服务角度,从以IT职能为中心转变为以IT服务流程为中心,从费用分摊的成本中心模式转变为责任中心,企业必须改变IT部门在组织结构中的定位,应该将IT部门从技术支持中心改造为一个成本中心,甚至利润中心。这样就可以将IT部门从一个支持部门转变为一个责任中心,从而提高IT部门运作的效率。

(40) 答案:A

※ 解析:外包合同应明确地规定外包商的任务与职责并使其得到支持,为企业的利益服务。外包合同应该是经法律顾问评价的契约性协议,并且经过独立审查以确保完整性和风险的级别,在其中明确地规定服务的级别及评价标准,以及对不履行所实施的惩罚,第三方机密性/不泄露协议与利益冲突声明;用于关系的终止、重新评价/重新投标的规程以确保企业利益最大化。而外包合同中的关键核心文件就是服务等级协议(SLA),SLA是评估外包服务质量的主要标准。

(41) 答案:B

※ 解析:系统成本性态是指成本总额对业务量的依存关系。业务量是组织的生产经营活动水平的标志量,当业务量变化以后,各项成本有不同的性态,大体可以分为固定成本和可变成本。固定成本是为购置长期使用的资产而发生的成本;可变成本是指日常发生的与形成有形资产无关的成本,随着业务量增长而正比例增长的成本。

(42) 答案:A

※ 解析:软件资源管理是指优化管理信息的收集,对企业所拥有的软件授权数量和安装地点进行管理。要进行企业的软件资源管理,首先要识别出企业中运行的软件和文档,将其归类汇总,登记入档。

(43) 答案:D

※ 解析:软件开发的生命周期包括两方面的内容:项目应包括哪些阶段及这些阶段的顺序如何。一般的软件开发过程包括需求分析、软件设计、编写代码和软件维护等多个阶段,软件维护是软件生命周期中持续时间最长的阶段。在软件开发完成并投入使用后,由于多方面原因,软件不能继续适应用户的要求。要延续软件的使用寿命,就必须对软件进行维护。

(44) 答案:C

※ 解析:计算机网络维护管理系统主要由4个要素组成:若干被管理的代理、至少一个网络维护管理器、一种公共网络维护管理协议以及一种或多种管理信息库。其中网络维护管理协议是最重要的部分,它定义了网络维护管理器与被管理代理之间的通信方法,规定了管理信息库的存储结构、信息库中关键字的含义以及各种事件的处理方法。

(45) 答案:A

※ 解析:问题分析方法主要有Kepner&Tregoe法、鱼骨图法、头脑风暴法与流程图法。Kepner&Tregoe法出发点是把解决问题作为一个系统的过程,强调最大程度上利用已有的知识与经验。鱼骨图法是分析问题原因常用方法之一。问题分析中,"结果"是指故障或者问题现象,"因素"是导致问题现象的原因。鱼骨图就是将系统或者服务的故障或者问题作为"结果",以导致系统发生失效的诸因素作为"原因"绘出图形。

(46) 答案:C

※ 解析:无论哪种调试方法,其目的都是为了对错误进行定位。目前常用的调试方法有试探法、回溯法、对分查找法、演绎法和归纳法。归纳法就是从测试所暴露的错误出发,收集所有正确或不正确的数据,分析它们之间的关系,提出假想的错误原因,用这些数据来证明或反驳,从而查出错误所在。

(47) 答案:A

※ 解析:系统维护项目如下:

① 硬件维护:对硬件系统的日常维修与故障处理。

② 软件维护:在软件交付使用后,为了改正软件当中存在的缺陷、扩充新的功能、满足新的要求、延长软件寿命而进行的修改工作。

③ 设施维护:规范系统监视的流程,IT人员自发地维护系统运行,主动地为其他部分,乃至外界客户服务。系统维护的重点是系统应用软件的维护工作。

(48) 答案:B

※ 解析:TCO模型面向的是一个由分布式的计算、服务台、应用解决方案、数据网络、语音通信、运营中心以及电子商务等构成的IT环境。度量这些设备成本之外的因素,如IT员工的比例、特定活动的员工成本和信息系统绩效指标等也经常被包含在TCO的指标之中。

确定一个特定的IT投资是否能给一个企业带来积极价值是一个很具有争论性的话题。企业一般只是把目光放在直接投资上,比如软硬件价格、操作或管理成本。但是IT

投资的成本远不止这些,通常会忽视一些间接成本,比如教育、保险、终端用户平等支持、终端用户培训以及停工引起的损失。这些因素也是企业实现一个新系统的成本的一个很重要的组成部分。

很多企业允许或者鼓励使用部门预算进行IT购置,其他企业在功能的或者其他各种各样的商业条目中掩盖了与使用和管理技术投资相关的成本。

(49) **答案**:B

❀ **解析**:系统评价就是对系统运行一段时间后的技术性能及经济效益等方面的评价,是对信息系统审计工作的延伸。评价的目的是检查系统是否达到了预期的目标,技术性能是否达到了设计的要求,系统的各种资源是否得到充分利用,经济效益是否理想。

(50) **答案**:B

❀ **解析**:信息系统经济效益评价的方法主要有成本效益分析法、投入产出分析法和价值工程方法。成本效益分析法即用一定的价格分析测算系统的效益和成本,从而计算系统的净收益,以判断该系统在经济上的合理性。投入产出法主要采用投入产出表。根据系统的实际资源分配和流向,列出系统的所有投入和产出,并制成二维表的形式。价值工程法的基本方程式可以简单表述为:一种产品的价值(V)等于其功能(F)与成本(C)之比。

(51) **答案**:C

❀ **解析**:为了便于实际操作中的监视设置,将导致IT系统服务中断的因素由三类扩展成了七类。

① 因根据计划而执行硬件、操作系统的维护操作而引起的故障。

② 应用性故障:包括性能问题、应用缺陷及系统应用变更。

③ 人为操作故障:包括人员的误操作和不按规定的非标准操作引起的故障。

④ 系统软件故障:包括操作系统死机、数据库的各类故障等。

⑤ 硬件故障:如硬盘或网卡损坏等。

⑥ 相关设备故障:如停电时UPS失效导致服务中断。

⑦ 自然灾害:如火灾、地震和洪水等。

而导致IT系统服务中断的数据库故障属于系统软件故障。

(52) **答案**:A

❀ **解析**:信息系统是企业的信息处理基础平台,直接面向业务部门(客户),包括办公自动化系统、企业资源计划、客户关系管理、供应链管理、数据仓库系统和知识管理平台等。客户关系管理的主要含义就是通过对客户详细资料的深入分析来提高客户满意程度,从而提高企业的竞争力的一种手段。供应链管理就是指在满足一定的客户服务水平的条件下,为了使整个供应链系统成本达到最小而把供应商、制造商、仓库、配送中心和渠道商等有效地组织在一起进行的产品制造、转运、分销及销售的管理方法。知识管理是指把企业内部各种存放在员工头脑中的有用信息按照一定逻辑关系呈现出来(让知识从隐性到显性),提高企业的应变和创新能力。

(53) **答案**:C

❀ **解析**:一个信息系统就是信息资源为实现某类目标的有序组合,因此系统建设与管理就成了组织内信息资源配置与运用的主要手段。面向组织,特别是企业组织的信息资源管理的主要内容如下:

① 信息系统的管理,包括信息系统开发项目的管理、信息系统运行与维护管理、信息系统评价。

② 信息资源开发和利用的标准、规范、法律制度的制订与实施。

③ 信息产品与服务的管理。

④ 信息资源的安全管理。

⑤ 信息资源管理中的人力资源管理。

(54) **答案**:C

❀ **解析**:企业用户管理的功能主要包括用户账户管理、用户权限管理、外部用户管理和用户安全审计。

(55) **答案**:B

❀ **解析**:分布式环境中的管理系统能够回应管理复杂环境、提高管理生产率及应用的业务价值,表现出优越特性。

① 跨平台管理。包括Windows NT、Windows 2000和Windows XP等,还包括适用于数据中心支持的技术的支持。

② 可扩展性和灵活性。分布式环境下的管理系统可以支持超过1000个管理结点和数以千计的事件。支持终端服务和虚拟服务器技术,确保最广阔的用户群体能够以最灵活的方式访问系统。

③ 可视化管理。可视化能力可以使用户管理环境更快捷、更简易。

④ 智能代理技术。每个需要监视的系统上都要安装代理,性能代理用于记录和收集数据,然后在必要时发出关于该数据的报警。

(56) **答案**:B

❀ **解析**:配置管理数据库需要根据变更实施情况进行不断地更新,以保证配置管理中保存的信息总能反映IT基础架构的现时配置情况以及各配置项之间的相互关系。配置管理作为一个控制中心,主要目标表现在4个方面:计量所有IT资产、为其他IT系统管理流程提供准确信息、作为故障管理等的基础以及验证基础架构记录的正确性并纠正发现的错误。

(57) **答案**:C

❀ **解析**:本题考查COBIT中定义的IT资源,包括数据、应用系统、技术、设备和人员。

(58) **答案**:C

❀ **解析**:国家信息化建设的信息化政策法规体系包括信息技术发展政策、信息产业发展政策、电子政务发展政策和信息化法规建设4个方面。

①信息技术发展政策。信息技术是第一推动力,信息

技术政策在信息化政策体系发挥着重要作用。

②信息产业发展政策。包括通信产业政策和信息产品制造业政策两类。

③电子政务发展政策。电子政务是国民经济和社会信息化的一个重要领域。

④信息化法规建设。在制定信息化政策时，信息化立法是基础。

(59) **答案**：D

✹ **解析**：计算机与计算机或工作站与服务器进行连接时，除了使用连接介质外，还需要一些中介设备，这些中介设备就是网络设备，主要有网络传输介质互联设备（T型连接器、调制解调器等）、应用层互联设备（中继器、集线器等）、数据链路层互联设备（网桥、交换机等）以及应用层互联设备（网关、多协议路由器等）。

(60) **答案**：B

✹ **解析**：网络管理包含网络性能管理、网络设备和应用配置管理、网络利用和计费管理、网络设备和应用故障管理以及网络安全管理。

① 网络性能管理：衡量及利用网络性能，实现网络性能监控和优化。

② 配置管理：监控网络和系统配置信息，从而可以跟踪和管理各种版本的硬件和软件元素的网络操作。

③ 计费管理：衡量网络利用个人或小组网络活动，主要负责网络使用规则和账单等。

④ 故障管理：负责监测、日志、通告用户（一定程度上可能）自动解除网络问题。

⑤ 安全管理：控制网络资源访问权限，从而不会导致网络遭到破坏。

(61) **答案**：A

✹ **解析**：企业信息资源管理不是把资源整合起来就行了，而是需要一个有效的信息资源管理体系，其中最为关键的是从事信息资源管理的人才队伍建设。其次是架构问题，在信息资源建设阶段，规划是以建设进程为主线，在信息资源管理阶段，规划应是以架构为主线，主要涉及的是这个信息化运营体系的架构，这个架构要消除以往分散建设所导致的信息孤岛，实现大范围内的信息共享、交换和使用，提升系统效率，达到信息资源的最大增值。

(62) **答案**：B

✹ **解析**：IT系统管理工作可以按照两个标准予以分类：一是按流程类型分类，分为侧重于IT部门的管理、侧重于业务部门的IT支持及日常作业、侧重于IT基础设施建设；二是按系统类型分类，分为信息系统、网络系统、运作系统、设施及设备，其中网络系统作为企业的基础架构，是其他方面的核心支持平台，包括广域网、远程拨号系统等。

(63) **答案**：D

✹ **解析**：信息化建设过程中，随着技术的发展，原有的信息系统不断被功能更强大的新系统所取代，所以需要系统转换。系统转换，也就是系统切换与运行，是指以新系统替换旧系统的过程。系统成本分为固定成本和运行成本。

其中设备购置费用、设施费用、软件开发费用属于固定成本，为购置长期使用的资产而发生的成本。而系统切换费用属于系统运行维护费用。

(64) **答案**：D

✹ **解析**：对外包商的资格审查应从技术能力、发展能力和经营管理能力3个方面综合考虑。经营管理能力是指外包商的领导层结构、员工素质、客户数量、社会评价；项目管理水平；是否具备能够证明其良好运营管理能力的成功案例；员工间是否具备团队合作精神；外包商客户的满意程度。

(65) **答案**：B

✹ **解析**：IT服务的价格等于提供服务的成本加成的定价方法，表示为"IT服务价格＝IT服务成本＋X％"。其中X％是加成比例，这个比例是由组织设定的，它可以参照其他投资的收益率，并考虑IT部门满足整个组织业务目标的需要情况适当调整。

(66) **答案**：D

✹ **解析**：网络安全体系设计是逻辑设计工作的重要内容之一，数据库容灾属于系统安全和应用安全考虑范畴。

(67) **答案**：C

✹ **解析**：本题考查防火墙相关知识。包过滤防火墙对数据包的过滤依据包括源口地址、源端口号、目标IP地址和目标端口号。

(68) **答案**：A

✹ **解析**：本题考查数字证书相关知识点。

数字证书是由权威机构CA（Certificate Authority）证书授权中心发行的，能提供在Internet上进行身份验证的一种权威性电子文档，人们可以在因特网交往中用它来证明自己的身份和识别对方的身份。数字证书包含版本、序列号、签名算法标识符、签发人姓名、有效期、主体名和主体公钥信息等并附有CA的签名，用户获取网站的数字证书后通过验证CA的签名来确认数字证书的有效性，从而验证网站的真伪。在用户与网站进行安全通信时，用户发送数据时使用网站的公钥（从数字证书中获得）加密，收到数据时使用网站的公钥验证网站的数字签名；网站利用自身的私钥对发送的消息签名和对收到的消息解密。

(69) **答案**：D

✹ **解析**：本题考查HTTP服务相关常识。

HTTP客户端是利用HTTP协议从HTTP服务器中下载并显示HTML文件，并让用户与这些文件互动的软件。个人计算机上常见的网页浏览器包括微软的Internet Explorer（IE）、Mozilla、Firefox、Opera和Netscape等。Apache是一款著名的Web服务器软件，可以运行在几乎所有广泛使用的计算机平台上。

(70) **答案**：A

✹ **解析**：中继器是网络层设备，其作用是对接收的信号进行再生放大，以延长传输的距离。网桥是数据链路层设备，可以识别MAC地址，进行帧转发。交换机是由硬件构成的多端口网桥，也是一种数据链路层设备。路由器是网络层设备,可以识别IP地址,进行数据包的转发。

(71)(72)(73)(74)(75) 答案：A C B D A

❀ 解析:编程为什么有趣？作为回报,其从业者期望得到什么样的快乐？首先是一种创建事物的纯粹快乐。如同小孩在玩泥巴时感到愉快一样,成年人喜欢创建事物,特别是自己进行设计。其次,快乐来自于开发对其他人有用的东西。第三是整个过程体现出魔术般的力量——将相互啮合的零部件组装在一起,看到它们精妙地运行,得到预先所希望的结果。第四是学习的乐趣,来自于这项工作的非重复特性。人们所面临的问题,在某个或其他方面总有些不同,因而解决问题的人可以从中学习新的事物；有时是实践上的,有时是理论上的,或者兼而有之。最后,乐趣还来自于工作在如此易于驾驭的介质上。程序员就像诗人一样,几乎仅仅工作在单纯的思考中,凭空地运用自己的想象来建造自己的"城堡"。很少有这样的介质——创造的方式如此灵活,如此易于精炼和重建,如此容易地实现概念上的设想。

然而程序毕竟同诗歌不同,它是实实在在的东西：可以移动和运行,能独立产生可见的输出；能打印结果,绘制图形,发出声音,移动支架。编程非常有趣,在于它不仅满足了我们内心深处进行创造的渴望,而且还愉悦了每个人内在的情感。

## 下午试卷答案解析

**试题一分析**

本题考查信息系统安全管理知识。

【问题1】

技术安全是指通过技术方面的手段对系统进行安全保护,使计算机系统具有很高的性能,能够容忍内部错误和抵挡外来攻击,主要包括系统安全和数据安全。

系统管理过程规定安全性和系统管理如何协同工作,以保护机构的系统。系统管理的安全测试有薄弱点扫描、策略检查、日志检查和定期监视。

【问题2】

当公司业务扩展到互联网后,仅仅使用防火墙和病毒防治是远远不够的,因为入侵者可以寻找防火墙背后的后门,入侵者还可能就在防火墙内。而入侵检测系统可以提供实时的入侵检测,通过对网络行为的监视来识别网络入侵行为,并采取相应的防护手段。

入侵检测系统的主要功能有：

（1）实时监视网络上的数据流并进行分析,反映内外网络的连接状态；

（2）内置已知网络攻击模式数据库,根据通信数据流查询网络事件并进行相应的响应；

（3）根据所发生的网络时间,启用配置好的报警方式,例如E-mail等；

（4）提供网络数据流量统计功能；

（5）默认预设了很多的网络安全事件,保障客户基本的安全需要；

（6）提供全面的内容恢复,支持多种常用协议。

【问题3】

数据安全中的访问控制是防止对计算机及计算机系统进行非授权访问和存取,主要采用两种方式：用户标识与验证,是限制访问系统的人员；存取控制,是限制进入系统的用户所能做的操作。

用户标识与验证是访问控制的基础,是对用户身份的合法性验证。3种最常用的方法是:

（1）要求用户输入一些保密信息,如用户名称和密码；

（2）采用物理识别设备,例如访问卡、钥匙或令牌；

（3）采用生物统计学系统,基于某种特殊的物理特征对人进行唯一性识别,例如签名、指纹、人脸和语音等。

存取控制是对所有的直接存取活动通过授权进行控制,以保证计算机系统安全保密机制,是对处理状态下的信息进行保护。一般有两种方法：

（1）隔离技术法。即在电子数据处理成分的周围建立屏障,以便在该环境中实施存取规则；

（2）限制权限法。就是限制特权以便有效地限制进入系统的用户所进行的操作。

**参考答案：**

【问题1】

应注意系统管理过程规定安全性和系统管理如何协同工作。

主要的测试有薄弱点扫描、策略检查、日志检查和定期监视。

【问题2】

入侵检测系统的功能主要有：

（1）实时监视网络上的数据流并进行分析,反映内外网络的连接状态；

（2）内置已知网络攻击模式数据库,根据通信数据流查询网络事件并进行相应的响应；

（3）根据所发生的网络时间,启用配置好的报警方式,例如E-mail等；

（4）提供网络数据流量统计功能；

（5）默认预设了很多的网络安全事件,保障客户基本的安全需要；

（6）提供全面的内容恢复,支持多种常用协议。

【问题3】

用户表示与验证常用的3种方法是：

（1）要求用户输入一些保密信息,例如用户名称和密码；

(2) 采用物理识别设备,例如访问卡、钥匙或令牌;
(3) 采用生物统计学系统,基于某种特殊的物理特征对人进行唯一性识别,例如签名、指纹、人脸和语音等。

存取控制包括两种基本方法:隔离技术法和限制权限法。

### 试题二分析

本题考查信息系统运行维护相关知识。

**【问题 1】**

应用系统投入运行后,维护部门需要进行持续性的监控,目的在于保证所有的软件和硬件能够得到最佳利用,确保所有为业务服务的目标都能够实现,并且根据监控结果对组织业务量进行合理预测。主要监控的性能数据包括 CPU 使用率、内存使用率、磁盘 I/O 和存储设备利用率、作业等待、队列长度、每秒处理作业数(吞吐量)响应时间、平均作业周转时间等。

**【问题 2】**

很多的系统服务级别协议都将终端用户响应时间列为监控对象,但由于系统涉及众多的单位和部门,以及种类繁多的信息技术,对响应时间的监控需求往往得不到有效支持。常见的方案有:

(1) 在客户端和服务器端的应用软件内植入专门的监控代码;
(2) 采用装有虚拟终端软件的模拟系统;
(3) 使用分布式代理监控软件;
(4) 通过监控设备跟踪客户端样本。

**【问题 3】**

针对应用系统服务器监控所获取的数据,需要经过认真的分析来发现系统存在的性能问题。通过分析,可以得出有关情况的变化趋势,从而帮助确定系统服务正常的使用情况或服务级别,或者为其制定基准线。通过定期地将监控结果与基准线进行比较,可以确定设备或系统的使用情况及运营的异常情况,此外,还可以预测未来资源的使用量以及比较预期增长率来监控实际的业务增长率。对监控数据进行分析主要针对的问题包括:

(1) 资源(数据、文件、内存和处理器等)争夺;
(2) 资源负载不均衡;
(3) 不合理的锁机制;
(4) 低效的应用逻辑设计;
(5) 内存占用效率低;
(6) 服务请求的突增。

**参考答案:**

**【问题 1】**

针对应用系统,监控中最常见的性能数据包括 CPU 使用率、内存使用率、磁盘 I/O 和存储设备利用率、作业等待、队列长度、每秒处理作业数(吞吐量)响应时间、平均作业周转时间等。

**【问题 2】**

常见的方案有:

(1) 在客户端和服务器端的应用软件内植入专门的监控代码;
(2) 采用装有虚拟终端软件的模拟系统;
(3) 使用分布式代理监控软件;
(4) 通过监控设备来跟踪客户端样本。

**【问题 3】**

对监控数据进行分析主要针对的问题还包括:

(1) 资源(数据、文件、内存和处理器等)争夺;
(2) 资源负载不均衡;
(3) 不合理的锁机制;
(4) 低效的应用逻辑设计;
(5) 内存占用效率低。

### 试题三分析

本题主要考查 IT 财务管理流程的基本概念和知识。

IT 财务管理,是负责对 IT 服务运作过程中所涉及的所有资源进行货币化管理的流程。该服务流程一般包括如下 3 个环节:

(1) IT 投资预算。其主要目的是对 IT 投资项目进行事前规划和控制。通过预算,可以帮助高层管理人员预测 IT 项目的经济可行性,也可以作为 IT 服务实施和运作过程中控制的依据。

(2) 会计核算。主要目标在于通过量化 IT 服务运作过程中所耗费的成本和收益,为 IT 服务管理人员提供考核依据和决策信息。IT 会计核算的活动包括 IT 服务项目成本核算、投资评价、差异分析和处理。这些活动分别实现了对 IT 项目成本和收益的事中和事后控制。IT 项目投资评价的指标主要有投资回报率和资本报酬率。为了达到控制目的,IT 会计人员需要将每月、每年的实际数据与相应的预算、计划数据进行比较,发现差异,调查、分析差异产生的原因,并对差异进行适当处理。

(3) IT 服务计费。负责向使用 IT 服务的业务部门(客户)收取相应费用。通过向客户收取 IT 服务费用,构建一个内部市场并以价格机制作为合理配置资源的手段,迫使业务部门有效地控制自身的需求、降低总体服务成本,从而提高 IT 投资的效率。

**参考答案:**

**【问题 1】**

正确的顺序是:(1) IT 投资预算、(2) IT 会计核算、(3) IT 服务计费。

**【问题 2】**

IT 投资预算的目的:对 IT 投资项目进行事前规划和控制。

IT 投资预算的作用:通过预算,可以帮助高层管理人员预测 IT 项目的经济可行性,也可以作为 IT 服务实施和运作过程中控制的依据。

IT 服务计费的目的:通过向客户收取 IT 服务费用,构建一个内部市场并以价格机制作为合理配置资源的手段。

IT 服务计费的作用:通过服务计费,迫使业务部门有效地控制自身的需求、降低总体服务成本，从而提高IT投资的效率。

**【问题3】**

IT会计核算的目标：通过量化IT服务运作过程中所耗费的成本和收益，为IT服务管理人员提供考核依据和决策信息。

IT会计核算的活动：IT服务项目成本核算、投资评价、差异分析和处理。

IT项目投资评价的指标：投资回报率和资本报酬率。

### 试题四分析

本题考查的是系统维护的基本知识。

**【问题1】**

系统维护的任务就是要有计划、有组织地对系统进行必要的改动，以保证系统中的各个要素随着环境的变化始终处于最新的、正确的工作状态。信息系统维护的内容可分为五类：

（1）系统应用程序维护。系统的业务处理过程是通过程序的运行而实现的，一旦程序发生问题或业务发生变化，就必然引起程序的修改和调整，因此系统维护的主要活动是对程序进行维护。

（2）数据维护。业务处理对数据的需求是不断发生变化的，除了系统中主体业务数据的定期更新外，还有许多数据需要进行不定期的更新，或者随环境、业务的变化而进行调整，数据内容的增加、数据结构的调整、数据备份与恢复等，都是数据维护的工作内容。

（3）系统代码维护。当系统应用范围扩大和应用环境变化时，系统中的各种代码需要进行一定程度的增加、修改、删除以及设计新的代码。

（4）硬件设备维护。主要是指对于主机及外设的日常管理和维护，都应由专人负责，定期进行，以保证系统正常有效地运行。

（5）文档维护。根据应用系统、数据、代码及其他维护的变化，对相应文档进行修改，并对所进行的维护进行记载。

**【问题2】**

系统的可维护性对于延长系统的生命周期具有决定意义，因此必须考虑如何才能提高系统的可维护性。

（1）建立明确的软件质量目标和优先级，可维护的程序应是可理解的、可靠的、可测试的、可更改的、可移植的、高效率的、可使用的。

（2）使用提高软件质量的技术和工具，模块化是系统开发过程中提高软件质量、降低成本的有效方法之一。

（3）进行明确的质量保证审查，质量保证审查是获得和维持系统各阶段的质量的重要措施。

（4）选择可维护的程序设计语言，程序是维护的对象，要做到程序代码本身正确无误，同时要充分重视代码和文档资料的易读性和易理解性。

（5）系统的文档是对程序总目标、程序各组成部分之间的关系、程序设计策略、程序实现过程的历史数据等的说明和补偿。

**【问题3】**

（1）根据系统运行的不同阶段可以实施4种不同级别的维护。

① 一级维护：最完美支持，配备足够数量工作人员，他们在接到请求时，能即时对服务请求进行响应，并针对系统运转的情况提出前瞻性的建议。

② 二级维护：提供快速的响应，工作人员在接到请求时，能在24小时内对请求进行响应。

③ 三级维护：提供较快的响应，工作人员在接到请求时，能在72小时内对请求进行响应。

④ 四级维护：提供一般性的响应，工作人员在接到请求时，能在10日内对请求进行响应。

（2）系统维护不仅范围广，而且影响因素多。

通常，在设计系统维护计划之前，要考虑以下3个方面的因素：

① 维护背景。系统的当前情况、维护的对象、维护工作的复杂性与规模。

② 维护工作的影响。对新系统目标的影响、对当前工作进度的影响、对本系统其他部分的影响、对其他系统的影响。

③ 资源要求。对维护提出的时间要求、维护所需费用（并与不进行维护所造成的损失比是否合算）、所需工作人员。

### 参考答案：

**【问题1】**

信息系统维护的内容可分为五类：应用程序维护、应用数据维护、系统代码维护、硬件设备维护和文档维护。

**【问题2】**

提高系统可维护性的要求包括5个方面：

（1）建立明确的软件质量目标和优先级；

（2）使用提高软件质量的技术和工具；

（3）进行明确的质量保证审查；

（4）选择可维护的程序设计语言；

（5）系统的文档。

**【问题3】**

（1）根据系统运行的不同阶段可以实施一级维护、二级维护、三级维护和四级维护这4种不同级别的维护。

一级维护提供最完美的支持，二级维护提供快速的响应，三级维护提供较快的响应，四级维护提供一般性的响应。

（2）要考虑的3个方面因素是维护背景、维护工作的影响和资源要求。

① 维护背景。系统的当前情况、维护的对象、维护工作的复杂性与规模。

② 维护工作的影响。对新系统目标的影响、对当前工作进度的影响、对本系统其他部分的影响、对其他系统的影响。

③ 资源要求。对维护提出的时间要求、维护所需费用、所需工作人员。

**试题五分析**

本题考查系统管理的基本知识。

**【问题1】**

系统管理指的是IT的高效运作和管理,而不是IT战略规划。IT规划关注的是组织的IT方面的战略问题,而系统管理是确保战略得到有效执行的战术性和运作性活动。系统管理核心目标是管理客户(业务部门)的IT需求,如何有效利用IT资源恰当地满足业务部门的需求是它的核心使命。IT系统管理的基本目标有4个方面:

(1) 全面掌握企业IT环境,方便管理异构网络,从而实现对企业业务的全面管理。

(2) 确保企业IT环境的可靠性和整体安全性,及时处理各种异常信息,在出现问题时及时进行恢复,保证企业IT环境的整体性能。

(3) 确保企业IT环境整体的可靠性和整体安全性,对涉及安全操作的用户进行全面跟踪与管理,提供一种客观的手段来评估组织在使用IT方面面临的风险,并确定这些风险是否得到了有效控制。

(4) 提高服务水平,加强服务的可管理性并及时产生各类情况报告,及时、可靠地维护服务数据。

**【问题2】**

用于管理的关键IT资源可以归为如下四类:

(1) 硬件资源。包括各类服务器(小型机、UNIX和Windows等)、工作站、台式计算机/笔记本、各类打印机和扫描仪等硬件设备。

(2) 软件资源。是指在企业整个环境中运行的软件和文档,其中包括操作系统、中间件、市场上买来的和本公司开发的应用软件、分布式环境软件、服务于计算机的工具软件以及所提供的服务等。文档包括应用表格、合同、手册和操作手册等。

(3) 网络资源。包括通信线路,即企业的网络传输介质;企业网络服务器,运行网络操作系统,提供硬盘、文件数据及打印机共享等服务功能,是网络系统的核心;网络传输介质互联设备(T型连接器、调整解调器等)、网络物理层互联设备(中继器、集线器等)、数据链路层互联设备(网桥、交换机)以及应用层互联设备(网关、多协议路由器等);企业所用到的网络软件,例如网络操作系统、网络管理控制软件和网络协议等服务软件。

(4) 数据资源。是企业生产与管理过程中所涉及的一切文件、资料、图表和数据等的总称,它涉及企业生产和经营活动过程中所产生、获取、处理、存储、传输和使用的一切数据资源,贯穿于企业管理的全过程。

**【问题3】**

IT系统管理的通用体系架构分为3个部分,分别为IT部门管理、业务部门(客户)IT支持和IT基础架构管理。

(1) IT部门管理包括IT组织结构及职能管理,以及通过达成的服务水平协议实现对业务的IT支持,不断改进IT服务。

(2) 业务部门IT支持通过帮助服务台实现在支持用户的日常运作过程中涉及的故障管理、性能及可用性管理、日常作业调度、用户支持等。

(3) IT基础架构管理会从IT技术的角度建立、监控及管理IT基础架构,提供自动处理功能和集成化管理,简化IT管理复杂度,保障IT基础架构有效、安全、持续地运行,并且为服务管理提供IT支持。

IT系统管理的3个部分相互支撑,同时支持整个IT战略规划,满足业务部门对于IT服务的各种需求。

**【问题4】**

系统管理预算的目的是帮助IT部门在提供服务的同时加强成本/收益分析,以合理地利用IT资源,提高IT投资效益。企业IT预算大致可分为下面3个方面:技术成本(硬件和基础设施)、服务成本(软件开发与维护、故障处理、帮助台支持)和组织成本(会议、日常开支)。

**参考答案:**

**【问题1】**

IT系统管理的基本目标有4个方面:

(1) 实现对企业业务的全面管理;

(2) 保证企业IT环境的可靠性和整体安全性,或保证企业IT环境的整体性能;

(3) 对用户进行全面跟踪与管理,对风险进行有效控制;

(4) 维护服务数据,提高服务水平。

**【问题2】**

(1) 硬件资源。

(2) 软件资源。

(3) 网络资源。

(4) 数据资源。

**【问题3】**

IT系统管理的通用体系架构分为3个部分:

(1) IT部门管理。主要是IT组织结构及职能管理。

(2) 业务部门IT支持。主要是业务需求、开发软件和故障管理、性能和可用性管理、日常作业调度、用户支持等。

(3) IT基础架构管理。从IT技术的角度建立、监控及管理IT基础架构。提供自动处理功能和集成化管理。

**【问题4】**

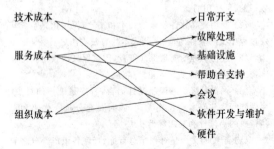

## 关键考点点评

● **考点1：信息化与标准化**

**评注**：本考点考查信息化和标准化。

信息化战略与策略：信息化、国家信息化、企业信息化、我国信息化政策法规。

标准化基础：标准化的发展、标准化的定义、标准化的过程形式、标准化的级别和种类。

标准化应用：标准化的代号和编号、信息技术标准化、标准化组织。

我国信息化发展的指导思想是：以邓小平理论和"三个代表"重要思想为指导，贯彻落实科学发展观，坚持以信息化带动工业化、以工业化促进信息化，坚持以改革开放和科技创新为动力，大力推进信息化，充分发挥信息化在促进经济、政治、文化、社会和军事等领域发展的重要作用，不断提高国家信息化水平，走中国特色的信息化道路，促进我国经济社会又快又好地发展。

我国信息化发展的战略方针是：统筹规划、资源共享、深化应用、务求实效、面向市场、立足创新、军民结合、安全可靠。

标准化是人类由自然人进入社会共同生活实践的必然产物。根据适用范围分类，标准分为国际标准、国家标准、区域标准、行业标准、企业标准和项目规范。

（1）国际标准：由国际标准化组织（ISO）、国际电工委员会（IEC）所制定的标准，以及 ISO 出版的《国际标准题内关键字索引》中收录的其他国际组织制定的标准。

（2）国家标准：由政府或国家级的机构制定或批准的、适用于全国范围的标准。

（3）区域标准：泛指世界上按地理、经济或政治划分的某一区域标准化团体制定，并公布开发布的标准。

（4）行业标准：由行业机构、学术团体或国防机构制定，并适用于某个业务领域的标准。

（5）企业标准：有些国家又将其称为公司标准，是由企业或公司批准、发布的标准，也是"根据企业范围内需要协调、统一的技术要求，管理要求和工作要求"所制定的标准。

（6）项目规范：由某一科研生产项目组织制定，并为该项任务专用的软件工程规范。如计算机集成制造系统（CIMS）的软件工程规范。

**历年真题链接**

2006年5月上午(10)　2007年5月上午(22)
2008年5月上午(52)　2009年11月上午(61)
2011年5月上午(33)　2012年5月上午(26)
2013年5月上午(35)　2014年5月上午(28,64)

● **考点2：系统管理规划**

**评注**：本考点考查系统管理的定义：管理层级的系统管理要求、运作层级的系统管理要求；系统管理服务；为何引入 IT 服务理念、服务级别管理。

制定系统管理计划：IT 部门的职责及定位、运作方的系统管理计划、用户放的系统管理计划。

企业的 IT 管理工作，不仅是一个技术问题，更是一个管理问题。企业 IT 管理工作的三层架构：战略层、战术层、运作层。战略层负责 IT 战略规划，主要有 IT 战略制定、IT 治理、IT 投资管理。战术层负责 IT 系统管理，主要有 IT 管理流程、组织设计、管理制度、管理工具等。运作层负责 IT 技术及运作管理，主要有 IT 技术管理、服务支持、日常维护等。

服务级别管理的主要目标在于，根据客户的业务需求和相关的成本预算，制定恰当的服务级别目标，并将其以服务级别协议的形式确定下来。在服务级别协议中确定的服务级别目标，既是 IT 服务部门监控和评价实际服务品质的标准，也是协调 IT 部门和业务部门之间有关争议的基本依据。

IT 财务管理，是负责对 IT 服务运作过程中所涉及的所有资源进行货币化管理的流程。该服务管理流程包括三个环节，它们分别是 IT 投资预算（budgeting）、IT 会计核算和 IT 服务计费。

系统管理计划包括 IT 战略制定及应用系统规划、网络及基础设施管理、系统日常运行管理、人员管理、成本计费管理、资源管理、故障管理、性能/能力管理、维护管理、安全管理等方面。

**历年真题链接**

2006年5月上午(45)　2008年5月上午(41)
2009年11月上午(24)　2011年5月上午(36)
2012年5月上午(42)　2013年5月上午(44)
2014年5月上午(41)

● **考点3：系统运行**

**评注**：本考点考查系统运行：系统管理分类、系统管理规范化、系统运做报告。

IT 系统管理工作主要是优化 IT 部门的各类管理流程，并保证能够按照一定的服务级别，为业务部门（客户）高质量、低成本地提供 IT 服务。IT 系统管理工作可以按照以下两个标准予以分类。

1. 按系统类型分类

（1）信息系统，企业的信息处理基础平台，直接面向业务部门（客户）。

（2）网络系统，作为企业的基础架构，是其他方面的核心支撑平台。

（3）运作系统，作为企业 IT 运行管理的各类系统，是 IT 部门的核心管理平台。

（4）设施及设备，设施及设备管理是为了保证计算机处于适合其连续工作的环境中,并把灾难(人为或自然的)的影响降到最低限度。

2. 按流程类型分类

(1) 侧重于IT部门的管理,从而保证能够高质量地为业务部门(客户)提供IT服务。

(2) 侧重于业务部门的IT支持及日常作业,从而保证业务部门(客户)IT服务的可用性和持续性。

(3) 侧重于IT基础设施建设,主要是建设企业的局域网、广域网、Web架构、Internet连接。

其中系统运行管理通常包括:

① 系统运行的组织机构。包括各类人员的构成、职责、主要任务和管理内部组织机构。

② 基础数据管理。包括对数据收集和统计渠道的管理、计量手段和计量方法的管理、原始数据管理、系统内部各种运行文件和历史文件(包括数据库文件)的归档管理等。

③ 运行制度管理。包括系统操作规程、系统安全保密制度、系统修改规程、系统定期维护以及系统运行状态记录和日志归档等。

④ 系统运行结果分析。分析系统运行结果得到某种能够反映企业组织经营生产方面发展趋势的信息。

**历年真题链接**

2007年5月上午(39)　　2008年5月上午(43)
2009年11月上午(25)　　2012年5月上午(37)
2013年5月上午(45)　　2014年5月上午(46)

● 考点4:IT部门人员管理

评注:本考点考查IT部门人员管理:IT组织及职责设计、IT人员的教育与培训、第三方/外包的管理。

企业IT管理的三个层次:IT战略规划、IT系统管理、IT技术管按照理及支持来进行IT组织及岗位职责设计。

IT战略及投资管理,这一部分主要由公司的高层及IT部门的主要及核心管理人员组成,其主要职责是制定IT战略规划以支撑业务发展,同时对重大IT授资项目予以评估决策。

IT系统管理,这一部分主要是对公司整个IT活动的管理,主要包括IT财务管理、服务级别管理、IT资源管理、性能及能力管理、系统安全管理、新系统运行转换职能,从而保证高质量地为业务部门(客户)提供IT服务。

IT技术及运作支持,这一部分主要是IT基础设施的建设及业务部门IT支持服务,包括IT基础设施建设、IT日常作业管理、帮助服务台管理、故障管理及用户支持、性能及可用性保障等,从而保证业务部门(客户)IT服务的可用性和持续性。

外包是一种合同协议,组织提交IT部门的部分控制或全部控制给一个外部组织,并支付费用,签约方依据合同所签订的服务水平协议,提供资源和专业技能来交付相应的服务。外包成功的关键因素是选择具有照好社会形象和信誉、相关行业经验丰富、能够引领或紧跟信息技术发展的外包商作为战略合作伙伴。因此,对外包商的资格审查应从技术能力、经营管理能力、发展能力这三个方面着手。

**历年真题链接**

2007年5月上午(45)　　2008年5月上午(44)
2009年11月上午(64)　　2012年5月上午(41)

● 考点5:成本管理,计费管理

评注:本考点考查关于成本管理和计费管理的基本概念。

成本管理:系统成本管理范围、系统预算及差异分析、TCO总成本管理。

计费管理:计费管理的概念、计费管理的策略、计费定价方法、计费数据收集。

各项成本有不同的性态,大体可以分为固定成本和可变成本。

企业信息系统的固定成本,是为购置长期使用的资产而发生的成本。这些成本一般以一定年限内的折旧体现在会计科目中,并且折旧与业务量的增加无关。主要包含以下几个方面。

(1) 建筑费用及场所成本。

(2) 人力资源成本,主要指IT人员较为固定的工资或培训成本。

(3) 外包服务成本,从外部组织购买服务成本。

企业信息系统的运行成本,也叫作可变成本,是指日常发生的与形成有形资产无关的成本,随着业务量增长而正比例增长的成本。IT人员的变动工资、打印机墨盒、纸张、电力等的耗费都会随着IT服务提供量的增加而增加,这些就是IT部门的变动成本。

IT服务计费管理是负责向使用IT服务的客户收取相应费用的流程,它是IT财务管理中的重要环节,也是真正实现企业IT价值透明化、提高IT投资效率的重要手段。

IT服务计费子流程通过构建一个内部市场并以价格机制作为合理配置资源的手段,使客户和用户自觉地将其真实的业务需求与服务成本结合起来,从而提高了IT投资的效率。

**历年真题链接**

2007年5月上午(41)　　2008年5月上午(46)
2009年11月上午(48)　　2011年5月上午(35)
2012年5月上午(36)　　2013年5月上午(52)

● 考点6:软件管理

评注:本考点考查关于软件管理的基本概念。

软件管理:软件管理的范围、软件生命周期和资源管理、软件构件管理、软件分发管理、文档管理、软件资源的合法保护。

软件生命周期指软件开发全部过程、活动和任务的结构框架。软件开发包括发现、定义、概念、设计和实现阶段。

(1) 瀑布模型。优点是强调开发的阶段性;强调早期计划及需求调查;强调产品测试。缺点是依赖于早期进行的需求调查,不能适应需求的需求变化;单一流程,开发中的经验教训不能反馈应用于本产品的过程;风险通常到开发后期才能显露,失去及早纠正的机会。适用项目必须简单清楚,在项目初期就可以明确所有的需求;阶段审核和文档控制要求做好;不需要二次开发。

(2)选代模型。优点是开发中的经验教训能及时反馈;信息反馈及时;销售工作有可能提前进行;采取早期预防措施,增加项目成功的几率。缺点是如果不加控制地让用户接触开发中尚未测试稳定的功能,可能对开发人员及用户都产生负面的影响。适合的项目是事先不能完整定义产品的所有需求;计划多期开发。

(3)快速原型开发。优点是直观、开发速度快。缺点是设计方面考虑不周全。适合项目需要很快给客户演示的产品。

软件开发的生命周期包括两方面的内容,首先是项目应包括哪些阶段,其次是这些阶段的顺序如何。一般的软件开发过程包括:需求分析(RA)、软件设计(SD)、编码(Coding)及单元测试(Unit Test)、集成及系统测试(Integration and System Test)、安装(Install)、实施(Implementation)等阶段。

在整个软件生存期中,各种文档作为半成品或最终成品,会不断地生成、修改或补充。为了最终得到高质量的产品,必须加强对文档的管理。应注意做到以下几点:

(1)软件开发小组应设一位文档保管人员,负责集中保管本项目已有文档的两套主文本。两套文本内容完全一致。

(2)软件开发小组的成员可根据工作需要在自己手中保存一些个人文档。

(3)开发人员个人只保存着主文本中与他工作相关的部分文档。

(4)在新文档取代了旧文档时,管理人员应及时注销旧文档。

(5)项目开发结束时,文档管理人员应收回开发人员的个人文档。

(6)在软件开发过程中,可能发现需要修改已完成的文档,特别是规模较大的项目,对主文本的修改必须特别谨慎。

**历年真题链接**

2006年5月上午(46)　　2008年5月上午(50)
2009年11月上午(42)　　2011年5月上午(41)
2012年5月上午(14)　　2013年5月上午(56)
2014年5月上午(21)

# 2008年5月全国计算机技术与软件专业技术资格(水平)考试信息系统管理工程师

## 上午考试

（考试时间150分钟，满分75分）

本试卷共有75空，每空1分，共75分。

- 在计算机体系结构中，CPU内部包括程序计数器PC、存储器数据寄存器MDR、指令寄存器IR和存储器地址寄存器MAR等。若CPU要执行的指令为：MOV R0,♯100（即将数值100传送到寄存器R0中），则CPU首先要完成的操作是__(1)__。
  (1) A. 100→R0    B. 100→MDR    C. PC→MAR    D. PC→IR

- 使用__(2)__技术，计算机微处理器可以在完成一条指令前就开始执行下一条指令。
  (2) A. 迭代    B. 流水线    C. 面向对象    D. 中间件

- 内存按字节编址，地址从90000H到CFFFFH，若用存储容量为16 k×8 bit的存储器芯片构成该内存，至少需要__(3)__片。
  (3) A. 2    B. 4    C. 8    D. 16

- 在计算机中，数据总线宽度会影响__(4)__。
  (4) A. 内存容量的大小          B. 系统的运算速度
      C. 指令系统的指令数量      D. 寄存器的宽度

- 在计算机中，使用__(5)__技术保存有关计算机系统配置的重要数据。
  (5) A. Cache    B. CMOS    C. RAM    D. CD-ROM

- 利用高速通信网络将多台高性能工作站或微型机互连构成集群系统，其系统结构形式属于__(6)__计算机。
  (6) A. 单指令流单数据流（SISD）      B. 多指令流单数据流（MISD）
      C. 单指令流多数据流（SIMD）      D. 多指令流多数据流（MIMD）

- 内存采用段式存储管理有许多优点，但__(7)__不是其优点。
  (7) A. 分段是信息逻辑单位，用户可见
      B. 各段程序的修改互不影响
      C. 内存碎片少
      D. 便于多道程序共享主存的某些段

- 操作系统的任务是__(8)__。
  (8) A. 把源程序转换为目标代码
      B. 管理计算机系统中的软、硬件资源
      C. 负责存取数据库中的各种数据
      D. 负责文字格式编排和数据计算

- 若进程P1正在运行，操作系统强行终止P1进程的运行，让具有更高优先级的进程P2运行，此时P1进程进入__(9)__状态。
  (9) A. 就绪    B. 等待    C. 结束    D. 善后处理

- 在Windows文件系统中，一个完整的文件名由__(10)__组成。

(10) A. 路径、文件名、文件属性
     B. 驱动器号、文件名和文件的属性
     C. 驱动器号、路径、文件名和文件的扩展名
     D. 文件名、文件的属性和文件的扩展名

- 在下图所示的树形文件系统中,方框表示目录,圆圈表示文件,"/"表示路径中的分隔符,"/"在路径之首时表示根目录。假设当前目录是 A2,若进程 A 以下两种方式打开文件 f2:
  方式① fdl=open("__(11)__/f2",o_RDONLY);
  方式② fdl=open("/A2/C3/f2",o_RDONLY);
  那么,采用方式①比采用方式②的工作效率高。

  (11) A. /A2/C3    B. A2/C3    C. C3    D. f2

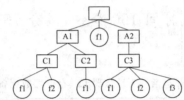

- 虚拟存储管理系统的基础是程序的__(12)__原理,其基本含义是指程序执行时往往会不均匀地访问主存储器单元。根据这个原理,Denning 提出了工作集理论。工作集是进程运行时被频繁地访问的页面集合。在进程运行时,如果它的工作集页面都在__(13)__内,能够使该进程有效地运行,否则会出现频繁的页面调入/调出现象。

  (12) A. 全局性    B. 局部性    C. 时间全局性    D. 空间全局性
  (13) A. 主存储器  B. 虚拟存储器 C. 辅助存储器    D. U 盘

- 由于软硬件故障可能造成数据库中的数据被破坏,数据库恢复就是__(14)__。可用多种方法实现数据库恢复,如定期将数据库作备份;在进行事务处理时,将数据更新(插入、删除、修改)的全部有关内容写入__(15)__。

  (14) A. 重新安装数据库管理系统和应用程序
       B. 重新安装应用程序,并将数据库做镜像
       C. 重新安装数据库管理系统,并将数据库做镜像
       D. 在尽可能短的时间内,将数据库恢复到故障发生前的状态

  (15) A. 日志文件  B. 程序文件  C. 检查点文件  D. 图像文件

- 某公司的部门(部门号,部门名,负责人,电话)、商品(商品号,商品名称,单价,库存量)和职工(职工号,姓名,住址)3 个实体之间的关系如表 1、表 2 和表 3 所示。假设每个部门有一位负责人和一部电话,但有若干名员工,每种商品只能由一个部门负责销售。

表 1

| 部门号 | 部门名 | 负责人 | 电话 |
|---|---|---|---|
| 001 | 家电部 | E002 | 1001 |
| 002 | 百货部 | E026 | 1002 |
| 003 | 食品部 | E030 | 1003 |

表 2

| 商品号 | 商品名称 | 单价 | 库存量 |
|---|---|---|---|
| 30023 | 微机 | 4800 | 26 |
| 30024 | 打印机 | 1650 | 7 |
| ... | ... | ... | ... |
| 30101 | 毛巾 | 10 | 106 |
| 30102 | 牙刷 | 3.8 | 288 |

表 3

| 职工号 | 姓名 | 住址 |
|---|---|---|
| E001 | 王军 | 南京路 |
| E002 | 李晓斌 | 淮海路 |
| E021 | 柳烨 | 江西路 |
| E026 | 田波 | 西藏路 |
| E028 | 李晓斌 | 西藏路 |
| E029 | 刘丽华 | 淮海路 |
| E030 | 李彬彬 | 唐山路 |
| E031 | 胡慧芬 | 昆明路 |
| E032 | 吴昊 | 西直门 |
| E033 | 黎明明 | 昆明路 |
| ... | ... | ... |

a. 若部门名是唯一的,请将下述部门 SQL 语句的空缺部分补充完整。
   CREATE TABLE 部门(部门号 CHAR(3)PRIMARY KEY,
                    部门名 CHAR (10)　(16)　,
                    负责人 CHAR (4),
                    电话 CHAR (20),
                    　(17)　);
   (16) A. NOT NULL           B. UNIQUE
        C. UNIQUE KEY         D. PRIMARY KEY
   (17) A. PRIMARY KEY(部门号)NOT NULL UNIQUE
        B. PRIMARY KEY(部门名)UNIQUE
        C. FOREIGN KEY(负责人)REFERENCES 职工(姓名)
        D. FOREIGN KEY(负责人)REFERENCES 职工(职工号)
b. 查询各部门负责人的姓名及住址的 SQL 语句如下:
   SELECT 部门名,姓名,住址 FROM 部门,职工　(18)　;
   (18) A. WHERE 职工号=负责人    B. WHERE 职工号='负责人'
        C. WHERE 姓名=负责人      D. WHERE 姓名='负责人'

- 站在数据库管理系统的角度看,数据库系统一般采用三级模式结构,如下图所示。图中①②处应填写　(19)　,③处应填写　(20)　。
  (19) A. 外模式/概念模式        B. 概念模式/内模式
       C. 外模式/概念模式映像    D. 概念模式/内模式映像
  (20) A. 外模式/概念模式        B. 概念模式/内模式
       C. 外模式/概念模式映像    D. 概念模式/内模式映像

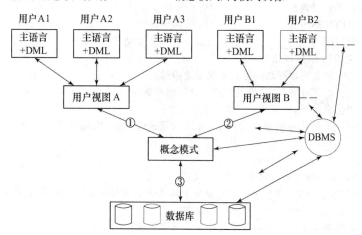

- 依据我国著作权法的规定,　(21)　属于著作人身权。
  (21) A. 发行权    B. 复制权    C. 署名权    D. 信息网络传播权
- 李某大学毕业后在 M 公司销售部门工作,后由于该公司软件开发部门人手较紧,李某被暂调到该公司软件开发部开发新产品,2 月后,李某完成了该新软件的开发。该软件产品著作权应归　(22)　所有。
  (22) A. 李某    B. M 公司    C. 李某和 M 公司    D. 软件开发部
- 根据信息系统定义,下列说法错误的是　(23)　。
  (23) A. 信息系统的输入与输出为一一对应关系
       B. 处理意味着转换与变换原始输入数据,使之成为可用的输出信息
       C. 反馈是进行有效控制的重要手段
       D. 计算机并不是信息系统所固有的

- 为适应企业虚拟办公的趋势,在信息系统开发中,需要重点考虑的是信息系统的 (24) 。
  (24) A. 层次结构　B. 功能结构　　C. 软件结构　　　D. 硬件结构
- 某待开发的信息系统,具体功能需求不明确,需求因业务发展需要频繁变动,适用于此信息系统的开发方法是 (25) 。
  (25) A. 螺旋模型　B. 原型方法　　C. 瀑布模型　　　D. 面向系统的方法
- 项目三角形的概念中,不包含项目管理中的 (26) 要素。
  (26) A. 范围　　　B. 时间　　　　C. 成本　　　　　D. 质量
- 数据流图(DFD)是一种描述数据处理过程的工具,常在 (27) 活动中使用。
  (27) A. 结构化分析　　　　　　B. 结构化设计
       C. 面向对象分析与设计　　D. 面向构件设计
- 极限编程(Extreme Programming)是一种轻量级软件开发方法, (28) 不是它强调的准则。
  (28) A. 持续的交流和沟通　　　B. 用最简单的设计实现用户需求
       C. 用测试驱动开发　　　　D. 关注用户反馈
- 软件开发过程包括需求分析、概要设计、详细设计、编码、测试、维护等活动。程序流程设计在 (29) 活动中完成,软件的总体结构设计在 (30) 活动中完成并在 (31) 中进行说明。
  (29) A. 需求分析　B. 概要设计　　C. 详细设计　　　D. 编码
  (30) A. 需求分析　B. 概要设计　　C. 详细设计　　　D. 编码
  (31) A. 系统需求说明书　　　　B. 概要设计说明书
       C. 详细设计说明书　　　　D. 数据规格说明书
- 统一建模语言(UML)是面向对象开发方法的标准化建模语言。采用 UML 对系统建模时,用 (32) 描述系统的全部功能,等价于传统的系统功能说明。
  (32) A. 分析模型　B. 设计模型　　C. 用例模型　　　D. 实现模型.
- 白盒测试主要用于测试 (33) 。
  (33) A. 程序的内部逻辑　　　　B. 程序的正确性
       C. 程序的外部功能　　　　D. 结构和理性
- 在结构化程序设计中, (34) 的做法会导致不利的程序结构。
  (34) A. 避免使用 GOTO 语句
       B. 对递归定义的数据结构尽量不使用递归过程
       C. 模块功能尽可能单一,模块间的耦合能够清晰可见
       D. 利用信息隐蔽,确保每一个模块的独立性
- 在调试中,调试人员往往分析错误的症状,猜测问题的位置,进而验证猜测的正确性来找到错误的所在。该方法是 (35) 。
  (35) A. 试探法　　B. 回溯法　　　C. 归纳法　　　　D. 演绎法
- 下面关于可视化编程技术的说法错误的是 (36) 。
  (36) A. 可视化编程的主要思想是用图形化工具和可重用部件来交互地编写程序
       B. 可视化编程一般基于信息隐蔽的原理
       C. 一般可视化工具有应用专家或应用向导提供模板
       D. OOP 和可视化编程开发环境的结合,使软件开发变得更加容易
- 下面关于测试的说法错误的是 (37) 。
  (37) A. 测试是为了发现错误而执行程序的过程
       B. 测试的目的是为了证明程序没有错误
       C. 好的测试方案能够发现迄今为止尚未发现的错误
       D. 测试工作应避免由原开发软件的人或小组来承担
- 人们常说的 α、β 测试,属于 (38) 。
  (38) A. 模块测试　B. 联合测试　　C. 验收测试　　　D. 系统测试
- P3E 的企业项目结构(EPS)使得企业可按多重属性对项目进行随意层次化的组织,可基于 EPS 层次化结构的任一点进行项目执行情况的 (39) 。
  (39) A. 进度分析　B. 计划分析　　C. 成本分析　　　D. 财务分析

- 系统管理预算可以帮助 IT 部门在提供服务的同时加强成本、收益分析,以合理利用资源、提高 IT 投资效益。在 IT 企业的实际预算中,所需硬件设备的预算属于 __(40)__ ,故障处理的预算属于 __(41)__ 。
  - (40) A. 组织成本　B. 技术成本　　C. 服务成本　　D. 运作成本
  - (41) A. 组织成本　B. 技术成本　　C. 服务成本　　D. 运作成本
- 在实际应用中,对那些业务规模较大且对 IT 依赖程度较高的企业而言,可将其 IT 部门定位为 __(42)__ 。
  - (42) A. 成本中心　B. 技术中心　　C. 核算中心　　D. 利润中心
- IT 系统管理工作是优化 IT 部门管理流程的工作,在诸多系统管理工作中,ERP 和 CRM 是属于 __(43)__ 。
  - (43) A. 网络系统　B. 运作系统　　C. 信息系统　　D. 设施及设备管理系统
- 能够较好地适应企业对 IT 服务需求变更及技术发展需要的 IT 组织设计的原则是 __(44)__ 。
  - (44) A. 清晰远景和目标的原则　　B. 目标管理的原则
      C. 部门职责清晰化原则　　　D. 组织的柔性化原则
- 企业信息系统的运行成本,也称可变成本,如 IT 工作人员在工作中使用的打印机的墨盒,该项成本跟业务量增长之间的关系是 __(45)__ 。
  - (45) A. 负相关增长关系　　　　B. 正相关增长关系
      C. 等比例增长关系　　　　D. 没有必然联系
- 在 TCO 总成本管理中,TCO 模型面向的是一个由分布式计算、应用解决方案、运营中心以及电子商务等构成的 IT 环境。TCO 总成本一般包括直接成本和间接成本。下列各项中直接成本是 __(46)__ ,间接成本是 __(47)__ 。
  - (46) A. 终端用户开发成本　　　B. 本地文件维护成本
      C. 外部采购成本　　　　　D. 解决问题的成本
  - (47) A. 软硬件费用　　　　　　B. 财务和管理费用
      C. IT 人员工资　　　　　　D. 中断生产、恢复成本
- 在常见的软件生命周期中,适用于项目需求简单清楚,在项目初期就可以明确所有需求,不需要二次开发的软件生命周期模型是 __(48)__ ;适用于项目事先不能完整定义产品所有需求,计划多期开发的软件生命周期模型是 __(49)__ 。
  - (48) A. 瀑布模型　B. 迭代模型　　C. 快速原型开发　D. 快速创新开发
  - (49) A. 快速原型开发　　　　　B. 快速创新开发
      C. 瀑布模型　　　　　　　D. 迭代模型
- __(50)__ 是软件生命周期中时间最长的阶段。
  - (50) A. 需求分析阶段　　　　　B. 软件维护阶段
      C. 软件设计阶段　　　　　D. 软件系统实施阶段
- 信息资源管理(IRM)是对整个组织信息资源开发利用的全面管理。那么,信息资源管理最核心的基础问题是 __(51)__ 。
  - (51) A. 人才队伍建设　　　　　B. 信息化运营体系架构
      C. 信息资源的标准和规范　D. 信息资源管理规划
- 企业信息化的最终目标是实现各种不同业务信息系统间跨地区、跨行业、跨部门的 __(52)__ 。
  - (52) A. 信息共享和业务协同　　B. 技术提升
      C. 信息管理标准化　　　　D. 数据标准化
- 运行管理作为管理安全的重要措施之一,是实现全网安全和动态安全的关键。运行管理实际上是一种 __(53)__ 。
  - (53) A. 定置管理　B. 过程管理　　C. 局部管理　　D. 巡视管理
- 企业的 IT 管理工作,不仅是一个技术问题,更是一个管理问题。在企业 IT 管理工作的层级结构中,IT 管理流程属于 __(54)__ 。
  - (54) A. IT 战略管理　　　　　　B. IT 系统管理
      C. IT 技术管理　　　　　　D. IT 运作管理

- 常见的一些计算机系统的性能指标大都是用某种基准程序测量出的结果。在下列系统性能的基准测试程序中，若按评价准确性的顺序排列，__(55)__ 应该排在最前面。
  (55) A. 浮点测试程序 Linpack    B. 整数测试程序 Dhrystone
       C. 综合基准测试程序        D. 简单基准测试程序
- IT 系统能力管理的高级活动项目包括需求管理、能力测试和 __(56)__。
  (56) A. 应用评价  B. 应用分析   C. 应用选型   D. 应用诊断
- 安全管理是信息系统安全能动性的组成部分，它贯穿于信息系统规划、设计、运行和维护的各阶段。在安全管理中的介质安全是属于 __(57)__。
  (57) A. 技术安全  B. 管理安全   C. 物理安全   D. 环境安全
- 人们使用计算机经常会出现"死机"，该现象属于安全管理中介质安全的 __(58)__。
  (58) A. 损坏     B. 泄露       C. 意外失误   D. 电磁干扰
- 某软件计算职工的带薪年假天数。根据国家劳动法规定,职工累计工作已满 1 年不满 10 年的,年休假为 5 天；已满 10 年不满 20 年的,年休假为 10 天；已满 20 年的,年休假为 15 天。该软件的输入参数为职工累计工作年数 X。根据等价类划分测试技术,X 可以划分为 __(59)__ 个等价类。
  (59) A. 3       B. 4          C. 5         D. 6
- __(60)__ 是项目与其他常规运作的最大区别。
  (60) A. 生命周期的有限性      B. 目标的明确性
       C. 实施的一次性          D. 组织的临时性
- 企业中有大量的局域网,每一局域网都有一定的管理工具,如何将这些众多实用的管理工具集成在系统管理的架构中,这是 __(61)__ 应实现的功能。
  (61) A. 存储管理  B. 安全管理工具  C. 用户连接管理  D. IT 服务流程管理
- 如果希望别的计算机不能通过 ping 命令测试服务器的连通情况,可以 __(62)__。
  (62) A. 删除服务器中的 ping.exe 文件
       B. 删除服务器中的 cmd.exe 文件
       C. 关闭服务器中 ICMP 的端口
       D. 关闭服务器中的 Net Logon 服务
- 以下关于网络存储描述正确的是 __(63)__。
  (63) A. SAN 系统是将存储设备连接到现有的网络上,其扩展能力有限
       B. SAN 系统是将存储设备连接到现有的网络上,其扩展能力很强
       C. SAN 系统使用专用网络,其扩展能力有限
       D. SAN 系统使用专用网络,其扩展能力很强
- 某银行为用户提供网上服务,允许用户通过浏览器管理自己的银行账户信息。为保障通信的安全性,该 Web 服务器可选的协议是 __(64)__。
  (64) A. POP     B. SNMP       C. HTTP      D. HTTPS
- 运行 Web 浏览器的计算机与网页所在的计算机要建立 __(65)__ 连接,采用 __(66)__ 协议传输网页文件。
  (65) A. UDP     B. TCP        C. IP        D. RIP
  (66) A. HTTP    B. HTML       C. ASP       D. RPC
- __(67)__ 不属于电子邮件协议。
  (67) A. POP3    B. SMTP       C. IMAP      D. MPLS
- 在 Windows Server 2003 操作系统中可以通过安装 __(68)__ 组件创建 FTP 站点。
  (68) A. IIS     B. IE         C. POP3      D. DNS
- 以下列出的 IP 地址中,不能作为目标地址的是 __(69)__,不能作为源地址的是 __(70)__。
  (69) A. 0.0.0.0                B. 127.0.0.1
       C. 10(69)0.10.255.255     D. 10.0.0.1

(70)  A. 0.0.0.0               B. 127.0.0.1
      C. 100.255.255.255       D. 10.0.0.1

- Object-oriented analysis (OOA) is a semiformal specification technique for the object-oriented paradigm. Object-oriented analysis consists of three steps. The first step is __(71)__ . It determines how the various results are computed by the product and presents this information in the form of a __(72)__ and associated scenarios, The second is __(73)__ , which determines the classes and their attributes. Then determine the interrelation ships and interaction. The last step is __(74)__ , which determines the actions performed by or to each class or subclass and presents this information in the form of __(75)__ .

(71)  A. use-case modeling       B. class modeling
      C. dynamic modeling        D. behavioral modeling
(72)  A. collaboration diagram   B. sequence diagram
      C. use-case diagram        D. activity diagram
(73)  A. use-case modeling       B. class modeling
      C. dynamic modeling        D. behavioral modeling
(74)  A. use-case modeling       B. class modeling
      C. dynamic modeling        D. behavioral modeling
(75)  A. activity diagram        B. component diagram
      C. sequence diagram        D. state diagram

# 下午考试

**（考试时间 150 分钟，满分 75 分）**

## 试题一（15 分）

【说明】

随着信息技术的快速发展，企业对信息技术依赖程度日渐提高，这使得 IT 成为企业许多业务流程必不可少的组成部分，甚至是某些业务流程赖以运作的基础。企业 IT 部门地位提升的同时，也意味着要承担更大的责任，即提高企业的业务运作效率，降低业务流程的运作成本。

【问题 1】(4 分)

企业的 IT 管理工作，既有战略层面的管理工作，也有战术层面(IT 系统管理)和运作层面的管理工作。下面左边是 IT 管理工作的 3 个层级，右边是具体的企业 IT 管理工作，请用箭线表示它们之间的归属关系。

```
                    管理工具
    IT 战略规划       组织设计
                    服务支持
                    管理制度
    IT 系统管理       日常维护
                    IT 投资管理
                    IT 管理流程
    IT 运作管理       IT 治理
```

【问题 2】(8 分)

目前，我国企业的 IT 管理工作，大部分侧重于 IT 运作管理层次而非战略性管理层次。为了提升 IT 管理工作的水平，必须协助企业在实现有效的 IT 技术及运作管理基础之上，通过协助企业进行 IT 系统管理的规划、设计和实施,进而进行IT战略规划。关于企业IT战略规划可以从6个方面进行考虑,如IT战略规划要对资源的分配和切入时机进行充分的可行性评估;IT战略规划对信息技术的规划要有策略性、对信息技术的发展要有洞察力等。请简要回答另外的4个方面。

【问题3】(3分)

IT战略规划不同于IT系统管理。IT战略规划是确保战略得到有效执行的战术性和运作性活动,而系统管理是关注组织IT方面的战略问题,从而确保组织发展的整体性和方向性。你认为此表述是否正确?如果正确,请简要解释;如果不正确,请写出正确的表述。

## 试题二(15分)

【说明】

近年来,中国IT外包产业发展迅速。据有关资料介绍,中国将成为继印度之后新的外包产业中心。企业应将外包商看作一种长期资源,并管理好与外包商之间的这种关系,使其价值最大化,这将对企业具有持续的价值。

【问题1】(6分)

外包成功的关键因素之一是选择具有良好社会形象和信誉、相关行业经验丰富、能够引领或紧跟信息技术发展的外包商作为战略合作伙伴。因此,对外包商的资格审查应从技术能力、经营管理能力、发展能力这3个方面着手。请从下列各项中挑选出哪些属于技术能力、哪些属于经营管理能力、哪些属于发展能力?

A. 了解外包商的员工间是否具备团队合作精神;
B. 外包商的领导层结构;
C. 项目管理水平;
D. 是否具备能够证明其良好运营管理能力的成功案例;
E. 外包商是否具有信息技术方面的资格认证;
F. 外包商是否了解行业特点,能够拿出真正适合本企业业务的解决方案;
G. 信息系统的设计方案中是否应用了稳定、成熟的信息技术;
H. 是否具备对大型设备的运行、维护、管理经验和多系统整合能力;
I. 分析外包服务商已通过审计的财务报告、年度报告和其他各项财务指标,了解其盈利能力;
J. 考查外包企业从事外包业务的时间、市场份额以及波动因素等。

【问题2】(3分)

外包合同关系可被视为一个连续的光谱,其中一端是 __(1)__ ,在这种关系下,组织可以在众多有能力完成任务的外包商中进行自由选择,合同期相对较短,合同期满后还可重新选择;另一端是 __(2)__ ,在这种关系下,组织和同一个外包商反复制订合同,建立长期互利关系;而占据连续光谱中间范围的关系是 __(3)__ 。

【问题3】(6分)

在IT外包日益普遍的浪潮中,企业应该发挥自身的作用、降低组织IT外包的风险,以最大程度地保证组织IT项目的成功实施。请叙述外包风险控制有哪些具体措施。

## 试题三(15分)

【说明】

某企业业务信息系统某天突然出现故障,无法处理业务。信息系统维护人员采用重新启动的方法来进行恢复,发现数据库系统无法正常启动。

数据库故障主要分为事务故障、系统故障和介质故障,不同故障的恢复方法也不同。

【问题1】(6分)

请解释这3种数据库故障的恢复方法,回答该企业的数据库故障属于何种类型的故障,为什么?

【问题2】(3分)

请回答该故障给数据库带来何种影响。

【问题3】(6分)

请给出该故障的主要恢复措施。

## 试题四(15分)

【说明】

某企业出于发展业务、规范服务质量的考虑,建设了一套信息系统,系统中包括供电系统、计算机若干、打印机若干、应用软件等。为保证系统能够正常运行,该企业还专门成立了一个运行维护部门,负责该系统相关的日常维护管理工作。

根据规定,系统数据每日都进行联机(热)备份,每周进行脱机(冷)备份,其他部件也需要根据各自情况进行定期或不定期维护,每次维护都必须以文档形式进行记录。

在系统运行过程中,曾多次发现了应用程序中的设计错误并已进行了修改。在试用半年后,应用软件中又增加了关于业务量的统计分析功能。

**【问题1】(5分)**
请问信息系统维护都包括哪些方面?

**【问题2】(6分)**
影响软件维护难易程度的因素包括软件的可靠性、可测试性、可修改性、可移植性、可使用性、可理解性及程序效率等。要衡量软件的可维护性,应着重从哪3个方面考查?

**【问题3】(4分)**
按照维护的具体目标来划分,软件维护可分为纠错性维护、适应性维护、完善性维护和预防性维护。请问上述的"增加统计分析功能"属于哪种维护?为什么?

## 试题五(15分)

**【说明】**
一个软件产品或软件项目的研制过程具有其自身的生命周期,该生命周期要经历策划、设计、编码、测试、维护等阶段,一般称该生命周期为软件开发生存周期或软件开发生命周期(SDLC)。把整个软件开发生命周期划分为若干阶段,使得每个阶段有明确的目标和任务,使规模大、结构和管理复杂的软件开发变得便于控制和管理。

**【问题1】(9分)**
常见软件开发生命周期中,瀑布模型、迭代模型和快速原型3种模型各有优缺点,主要表述如下。
优点:
  A. 强调开发的阶段;
  B. 强调早期计划及需求调查;
  C. 强调产品测试;
  D. 开发中的经验教训能及时反馈;
  E. 信息反馈及时;
  F. 销售工作有可能提前进行;
  G. 采取早期预防措施,增加项目成功的几率;
  H. 直观、开发速度快。
缺点:
  A. 依赖于早期进行的需求调查,不能适应需求的变化;
  B. 单一流程,开发中的经验教训不能反馈应用于本产品的过程;
  C. 风险通常要到开发后期才能显露,失去及早纠正的机会;
  D. 如果不加控制地让用户接触开发中尚未测试稳定的功能,可能对开发人员及用户都产生负面的影响;
  E. 设计方面考虑不周全。

**【问题2】(4分)**
软件开发生命周期的瀑布模型、迭代模型和快速原型各有其适合的项目,请用箭线表示它们之间的归属关系。

      瀑布模型   需要很快给客户演示产品的项目
              不需要二次开发的项目
      迭代模型   事先不能完整定义产品所有需求的项目
              计划多期开发的项目
      快速原型   需求简单清楚,在项目初期就可以明确所有需求的项目

【问题3】(2分)
软件开发生命周期的维护阶段实际上是一个微型的软件开发生命周期,在维护生命周期中,最重要的就是对稳定的管理。请问,此表述是否正确?如果你认为不正确,请写出正确的表述。

---上午试卷答案解析---

(1) **答案**:C

**解析**:本题考查计算机基本工作原理。

CPU 中的程序计数器 PC 用于保存要执行的指令的地址,IR 访问内存时,需先将内存地址送入存储器地址寄存器 MAR 中,向内存写入数据时,待写入的数据要先放入数据寄存器 MDR。程序中的指令一般放在内存中,要执行时,首先要访问内存取得指令并保存在指令寄存器 IR 中。

计算机中指令的执行过程一般分为取指令、分析指令并获取操作数、运算和传送结果等阶段,每条指令被执行时都要经过这几个阶段。若 CPU 要执行的指令为:MOV R0,#100(即将数值 100 传送到寄存器 R0 中),则 CPU 首先要完成的操作是将要执行的指令的地址送入程序计数器 PC,访问内存以获取指令。

(2) **答案**:B

**解析**:本题考查计算机中流水线概念。

使用流水线技术,计算机的微处理器可以在完成一条指令前就开始执行下一条指令。流水线方式执行指令是将指令流的处理过程划分为取指、译码、取操作数、执行并写回等几个并行处理的过程段。目前,几乎所有的高性能计算机都采用了指令流水线。

(3) **答案**:D

**解析**:本题考查计算机中的存储部件组成。

内存按字节编址,地址从 90000H 到 CFFFFH 时,存储单元数为 CFFFFH—90000H-3FFFFH,即 2^18B。若存储芯片的容量为 16 k×8 bit,则需除以 16 k=24 个芯片组成该内存。

(4) **答案**:B

**解析**:本题考查计算机组成基础知识。

CPU 与其他部件交换数据时,用数据总线传输数据。数据总线宽度同时传送的二进制位数,内存容量、指令系统中的指令数量和寄存器的位数与数据总线的宽度无关。数据总线宽度越大,单位时间内能进出 CPU 的数据就越多,系统的运算速度越快。

(5) **答案**:B

**解析**:本题考查计算机方面的基础知识。

Cache 是高速缓冲存储器,常用于在高速设备和低速设备之间数据交换时进行速度缓神。RAM 是随机访问存储器,即内存部件,是计算机工作时存放数据和指令的场所,断电后内容不保留。CMOS 是一块可读写的 RAM 芯片,集成在主板上,里面保存着重要的开机参数,而保存需要电力来维持的,所以每一块主板上都会有一颗纽扣电池,称为 CMOS 电池。CMOS 是主要用来保存当前系统的硬件配置和操作人员对某些参数的设定。微机启动自检时,屏幕上的很多数据就是保存在 CMOS 芯片里的,要想改变它,必须通过程序把设置好的参数写入 CMOS,所以,通常利用 BIOS 程序来读写。

(6) **答案**:D

**解析**:本题考查计算机系统结构基础知识。

串行计算是指在单个计算机(具有单个中央处理单元)上顺序地执行指令。CPU 按照一个指令序列执行以解决问题,但任意时刻只有一条指令可提供随时并及时的使用。

并行计算是相对于串行计算来说的,所谓并行计算分为时间上的并行和空间上的并行。时间上的并行就是指流水线技术,而空间上的并行则是指用多个处理器并发的执行计算。

空间上的并行导致了两类并行机的产生,按照 Flynn 的说法,根据不同指令流、数据流组织方式把计算机系统分成四类:单指令流单数据流(SISD,如单处理机)、单指令流多数据流(SIMD,如相联处理机)、多指令流单数据流(MISD,如流水线计算机)和多指令流多数据流(MIMD,如多处理机系统)。利用高速通信网络将多台高性能工作站或微型机互连构成机群系统,其系统结构形式属于多指令流多数据流(MIMD)计算机。

(7) **答案**:C

**解析**:本题考查操作系统内存管理方面的基本概念。操作系统内存管理方案有许多种,其中,分页存储管理系统中的每一页只是存放信息的物理单位,其本身没有完整的意义,因而不便于实现信息的共享,而段却是信息的逻辑单位,各段程序的修改互不影响,无内存碎片,有利于信息的共享。

(8) **答案**:B

**解析**:本题考查操作系统基本概念。操作系统的任务是:管理计算机系统中的软、硬件资源;把源程序转换为目标代码的是编译或汇编程序;负责存取数据库中的各种数据的是数据库管理系统;负责文字格式编排和数据计算是文字处理软件和计算软件。

(9) **答案**:A

**解析**:本题考查操作系统进程管理方面的基础知识。进程一般有 3 种基本状态:运行、就绪和阻塞。其中运行状态表示当一个进程在处理机上运行时,则称该进程处于运行状态。显然对于单处理机系统,处于运行状态的进程只有一个。

就绪状态表示一个进程获得了除处理机外的一切所需资源,一旦得到处理机即可运行,则称此进程处于就绪状态。

阻塞状态也称等待或睡眠状态,一个进程正在等待某一事件发生(例如请求 I/O 而等待 I/O 完成等)而暂时停止运行,这时即使把处理机分配给进程也无法运行,故称该进程处于阻塞状态。

综上所述,进程 P1 正在运行,操作系统强行终止 P1 进程的运行,并释放所占用的 CPU 资源,让具有更高优先级的进程 P2 运行,此时 P1 进程处于就绪状态。

(10) **答案**:C

❋ **解析**:本题考查 Windows 文件系统方面的基础知识。在 Windows 文件系统中,一个完整的文件名由驱动器号、路径、文件名和文件的扩展名构成。

(11) **答案**:C

❋ **解析**:本题考查操作系统中文件系统的树形目录结构的知识。在树形目录结构中,树的根结点为根目录,数据文件作为树叶,其他所有目录均作为树的结点。在树形目录结构中,从根目录到任何数据文件之间,只有一条唯一的通路,从树根开始,把全部目录文件名与数据文件名,依次用"/"连接起来,构成该数据文件的路径名,且每个数据文件的路径名是唯一的。这样,可以解决文件重名问题。从根目录开始的路径名为绝对路径名,如果文件系统有很多级,使用不是很方便,则引入相对路径名。引入相对路径名后,当访问当前目录下的文件时,可采用相对路径名,系统从当前目录开始查找要访问的文件,因此比采用绝对路径名,可以减少访问目录文件的次数,提高系统的工作效率。所以正确答案为 C。

(12)(13) **答案**:B A

❋ **解析**:本题主要考查程序的局部性理论和 Denning 的工作集理论。

试题(12)的正确答案是 B。因为虚拟存储管理系统的基础是程序的局部性理论。这个理论的基本含义是指程序执行时,往往会不均匀地访问内存储器,即有些存储区被频繁访问,有些则少有问津。程序的局部性表现在时间局部性和空间局部性上。时间局部性是指最近被访问的存储单元可能马上又要被访问。例如程序中的循环体,一些计数变量、累加变量、堆栈等都具有时间局部性特点。空间局部性是指马上被访问的存储单元,其相邻或附近单元也可能马上被访问。例如一段顺序执行的程序,数组的顺序处理等都具有空间局部性特点。

试题(13)的正确答案为 A。根据程序的局部性理论,Denning 提出了工作集理论。工作集是指进程运行时被频繁地访问的页面集合。显然,在进程运行时,如果能保证它的工作集页面都在主存储器内,就会大大减少进程的缺页次数,使进程高效地运行;否则就会因某些工作页面不在内存而出现频繁的页面调入调出现象,造成系统性能急剧下降,严重时会出现"抖动"现象。

(14)(15) **答案**:D A

❋ **解析**:本题考查的是关系数据库事务处理方面的基础知识。

为了保证数据库中数据的安全可靠和正确有效,数据库管理系统(DBMS)提供数据库恢复、并发控制、数据完整性保护与数据安全性保护等功能。数据库在运行过程中由于软硬件故障可能造成数据被破坏,数据库恢复就是在尽可能短的时间内,把数据库恢复到故障发生前的状态。具体的实现方法有多种,如定期将数据库作备份;在进行事务处理时,将数据更新(插入、删除、修改)的全部有关内容写入日志文件;当系统正常运行时,按一定的时间间隔,设立检查点文件,把内存缓冲区内容还未写入到磁盘中去的有关状态记录到检查点文件中;当发生故障时,根据现场数据内容、日志文件的故障前映像和检查点文件来恢复系统的状态。

(16)(17)(18) **答案**:B D A

❋ **解析**:试题(16)正确的答案是 B,因为试题要求部门名是唯一的,根据表1可以看出负责人来自职工且等于职工号属性;试题(17)正确的答案是 D,因为职工关系的主键是职工号,所以部门关系的主键负责人需要用 FOREIGN KEY(负责人) REFERENCES 职工(职工号)来约束。这样部门关系的 SQL 语句如下:

CREATE TABLE 部门(部门号 CHAR(3) PRIMARY KEY,
    部门名 CHAR(10) UNIQUE,
    负责人 CHAR(4),
    电话 CHAR(20),
FOREIGN KEY(负责人) REFERENCES 职工(职工号));

试题(18)正确的答案是 A,将查询各部门负责人的姓名及住址的 SQL 语句的空缺部分补充完整如下:

SELECT 部门名,姓名,住址
FROM 部门,职工 WHERE 职工号=负责人;

(19)(20) **答案**:C D

❋ **解析**:本题考查的是应试者对数据库系统中模式方面的基本概念。

站在数据库管理系统的角度看,数据库系统体系结构一般采用三级模式结构。数据库系统在三级模式之间提供了两级映像:模式/内模式映像、外模式/模式映像。

模式/内模式的映像:该映像存在于概念级和内级之间,实现了概念模式到内模式之间的相互转换。

外模式/模式的映像:该映像存在于外部级和概念级之间,实现了外模式到概念模式之间的相互转换。正因为这两级映射保证了数据库中的数据具有较高的逻辑独立性和物理独立性。数据的独立性是指数据与程序独立,将数据的定义从程序中分离出去,由 DBMS 负责数据的存储,从而简化应用程序,大大减少应用程序编制的工作量。

(21) **答案**:C

❋ **解析**:著作权法规定:"著作权人可以全部或者部分转让本条第一款第(五)项至第(十七)项规定的权利,并依照约定或者本法有关规定获得报酬。"其中,包括署名权。

(22) **答案**:B

※ 解析:因李某大学毕业后在 M 公司销售部门工作,后由于该公司软件开发部门人手较紧,李某被暂调到该公司软件开发部开发新产品,2周后,李某开发出一种新软件。该软件与工作任务有关,属于职务作品。所以,该项作品应属于软件公司所有。

法律依据:著作权法规定"执行本单位的任务或者主要是利用本单位的物质条件所完成的职务作品,其权利属于该单位"。职务作品人是指作品人或者设计人执行本单位的任务,或者主要是利用本单位的物质技术条件所完成的作品的人。该作品的权利为该作品人所在单位所有。职务作品包括以下情形:

① 在本职工作中做出的作品。
② 履行本单位交付的本职工作之外的任务所做出的作品。
③ 退职、退休或者调动工作后1年内做出的,与其在原单位承担作或者原单位分配的任务有关的作品。
④ 主要利用本单位的物质技术条件(包括资金、设备、不对外公开的技术资料等)完成的作品。

(23) 答案:A

※ (23)解析:信息系统是为了支持组织决策和管理而进行信息收集、处理、储存和传递的一组相互关联的部件组成的系统。从信息系统的定义可以确定以下内容:

① 信息系统的输入与输出类型明确,即输入是数据,输出是信息。
② 信息系统输出的信息必定是有用的,即服务于信息系统的目标,它反映了信息系统的功能或目标。
③ 信息系统中,处理意味着转换或变换原始输入数据,使之成为可用的输出信息的。
④ 信息系统中,反馈用于调整或改变输入或处理活动的输出,对于管理决策者来说,反馈是进行有效控制的重要手段。
⑤ 计算机并不是信息系统所固有的。实际上,计算机出现之前,信息系统就已经存在,如动物的神经信息系统。

因此,答案 A 是错误的,信息系统的输入与输出类型是明确的,但并不存在一一对应关系。

(24) 答案:D

※ 解析:信息系统的硬件结构,又称为信息系统的物理结构或信息系统的空间结构,是指系统的硬件、软件、数据等资源在空间的分布情况,或者说避开信息系统各部分的实际工作和软件结构,只抽象地考查其硬件系统的拓扑结构。企业虚拟办公的特点是信息系统的分布式处理,重点应该是考虑信息系统的硬件结构。

(25) 答案:B

※ 解析:螺旋模型、原型方法、瀑布模型都是信息系统开发中的软件过程模型,每个模型都有自己的特点,重点解决软件开发中的部分问题。螺旋模型首次提出对软件风险的管理;瀑布模型强调的是软件开发中过程的明确分割,强调有明确的需求;原型方法则针对的是需求不明确,而且需求在开发过程中可能会频繁变动的信息系统。适用于此信息系统的开发方法是原型方法。

(26) 答案:D

※ 解析:项目三角形是指项目管理中范围、时间、成本 3 个因素之间的互相影响的关系。项目三角形的范围,除了要考虑对项目直接成果的要求,还要考虑与之相关的在人力资源管理、质量管理、沟通管理、风险管理等方面的工作要求。项目三角形的成本,主要来自于所需资源的成本。

质量处于项目三角形的中心,质量会影响三角形的每条边,对三条边中的任何一条所做的更改都会影响质量。质量不是三角形的要素:它是时间、费用和范围协调的结果。

(27) 答案:A

※ 解析:数据流图(Data Flow Diagram,DFD)采用图形方式描述了数据在系统内部的移动和变换过程,是结构化分析方法中的主要工具之一。数据流图的要素包括数据流、加工、数据源点,数据汇点,数据文件,其中加工将输入数据流变换为输出数据流,数据文件保存数据,既可以是文件,也可以是数据库中的表。通常需要相应的数据字典对数据流图中各成分的含义给出定义。

(28) 答案:C

※ 解析:极限编程(eXtreme Programming,XP)是于1998 年由 Kent Beck 首先提出的,这是一种轻量级的软件开发方法,同时也是一种非常严谨和周密的方法。这种方法强调交流、简单、反馈和勇气 4 项原则,也就是说一个软件项目可以从 4 个方面进行改善:加强交流,从简单做起,寻求反馈,勇于实事求是。XP 是一种近螺旋式的开发方法,它将复杂的开发过程分解为一个个相对比较简单的小周期;通过积极的交流、反馈以及其他一系列的方法,开发人员和客户可以非常清楚开发进度、变化、待解决的问题和可能存在的困难等,并根据实际情况及时地调整开发过程。

(29)(30)(31) 答案:C B B

※ 解析:软件需求分析过程主要完成对目标软件的需求进行分析并给出详细描述,然后编写软件需求说明书、系统功能说明书;概要设计和详细设计组成了完整的软件设计过程,其中概要设计过程需要将软件需求转化为数据结构和软件的系统结构,并充分考虑系统的安全性和可靠性,最终编写概要设计说明书、数据库设计说明书等文档;详细设计过程完成软件各组成部分内部的算法和数据组织的设计与描述,编写详细设计说明书等;编码阶段需要将软件设计转换为计算机可接受的程序代码,且代码必须和设计一致。

(32) 答案:C

※ 解析:用例模型是系统功能和系统环境的模型,它通过耐软件系统的所有用例及其与用户之间关系的描述,表达了系统的功能性需求,可以帮助客户、用户和开发人员在如何使用系统方面达成共识。用例是贯穿整个系统开发的一条主线,同一个用例模型既是需求工作流程的结果,也是分析设计工作以及测试工作的前提和基础。

(33) 答案:A

※ 解析:本题考查测试中白盒测试和黑盒测试的基本概念。

黑盒测试也称为功能测试,将软件看成黑盒子,在完全不考虑软件内部结构和特性的情况下,测试软件的外部特性。白盒测试也称为结构测试,将软件看成透明的白盒,根据程序的内部结构和逻辑来设计测试用例,对程序的路径和过程进行测试,检查是否满足设计的需要。

(34) 答案:B

※ 解析:在信息系统实施阶段的程序语句的结构上,一般原则是语句简明、直观,直接反映程序设计意图,避免过分追求程序技巧性,不能为追求效率而忽视程序的简明性、清晰性。因此 A、C、D 有利于程序结构。

而采用递归来定义数据结构,则对该数据结构的操作也应该采用递归过程,否则会使得程序结构变得不清晰,不利于程序结构。

(35) 答案:A

※ 解析:常用的调试方法有试探法、回溯法、对分查找法、归纳法和演绎法。试探法是调试人员分析错误的症状,猜测问题的位置,进而验证猜测的正确性来找到错误的所在;回溯法是调试人员从发现错误症状的位置开始,人工沿着程序的控制流程往回跟踪程序代码,直到找出错误根源为止;归纳法就是从测试所暴露的错误出发,收集所有正确或不正确的数据,分析它们之间的关系,提出假想的错误原因,用这些数据来证明或反驳,从而查出错误所在;演绎法是根据测试结果,列出所有可能的错误原因,分析已有的数据,排除不可能的和彼此矛盾的原因,对余下的原因选择可能性最大的。利用已有的数据完善该假设,使假设更具体,并证明假设的正确性。

(36) 答案:B

※ 解析:可视化编程技术的主要思想是用图形工具和可重用部件来交互地编写程序;可视化编程一般基于事件驱动的原理。一般可视化编程工具还有应用专家或应用向导提供模板,按照步骤使用者进行交互式指导,让用户定制自己的应用,然后就可以生成应用程序的框架代码,用户再在适当的地方添加或修改以适应自己的需求。面向对象编程技术和可视化编程开发环境的结合,改变了应用软件只有经过专门技术训练的专业编程人员才能开发的状况,使得软件开发变得容易,从而扩大了软件开发队伍。

(37) 答案:B

※ 解析:《软件测试的艺术》指出,测试是为了发现错误而执行程序的过程;好的测试方案能够发现迄今为止尚未发现的错误。而并不是为了证明程序没有错误。同时测试时应遵循的原则之一是,测试工作应避免由原开发软件的人或小组来承担。

(38) 答案:C

※ 解析:模块测试也被称为单元测试,主要从模块的 5 个特征进行检查:模块结构、局部数据结构、重要的执行路径、出错处理和边界条件。联合测试也称为组装测试或集成测试,主要是测试模块组装之后可能会出现的问题。验收测试是以用户为主的测试,主要验证软件的功能、性能、可移植性、兼容性、容错性等,测试时一般采用实际数据。ɑ、β 测试就是属于验收测试。系统测试是将已经确认的软件、计算机硬件、外设、网络等其他元素结合在一起,进行信息系统的各种组装测试和确认,其目的是通过与系统的需求相比较,发现所开发的系统与用户需求不符或矛盾的地方。

(39) 答案:D

※ 解析:本题考查的是信息系统开发管理工具 P3/P3E 的主要作用。

信息系统开发的管理工具主要由 Microsoft Project 98/2000、P3fP3E 和 ClearQuest 构成。Micmsoft Project 98 作为桌面项目管理工具,用户界面友好,操作灵活,在企业中被广泛应用;Microsoft Project 2000 主要是帮助项目经理进行计划制定、管理和控制,实现项目进度和成本分析,进行预测和控制等;P3 软件是全球用户最多的项目进度控制软件,可以进行进度计划编制、进度计划优化,以及进度跟踪反馈、分析和控制;P3E 使得企业可基于 EPS 层次化结构的任一点进行项目执行情况的财务分析;ClearQuest 可以使管理人员和开发人员轻松了解对软件的各种修改和更新升级。

(40)(41) 答案:B C

※ 解析:本题考查的是系统管理预算的主要预算项目。

一般来说,在运作层级的系统管理中,都要进行系统管理的预算,预算的主要内容包括技术成本预算——主要是硬件和基础设施的预算;服务成本预算——主要是软件开发与维护、故障处理、帮助台支持等方面的预算;组织成本预算——主要包括会议、日常开支方面的预算等。预算工作做好了,可以帮助 IT 部门在提供服务的同时加强成本/收益分析,从而合理利用资源,提高 IT 投资效益。

(42) 答案:D

※ 解析:本题考查的是企业中 IT 部门的角色界定。

在企业中,IT 部门的传统角色仅仅是核算中心,只是简单地核算有些预算项目的投入成本,或者说传统的 IT 部门只是一个技术支持中心,只管技术,不管盈利,而现代的 IT 部门应该是一个成本中心,甚至是一个利润中心。

(43) 答案:C

※ 解析:本题考查的是系统管理的分类,系统管理按系统类型分为哪些不同的类型。

在系统管理中有两种分类方法:按系统类型分类和按流程类型分类。本试题主要考查按系统类型分类的 4 种具体情况:信息系统、网络系统、运作系统、设施及设备管理系统。要求能够正确区分 4 种系统及其各系统所包括的子系统。

(44) 答案:D

※ 解析:本题考查的是 IT 组织设计的原则。

IT 组织的设计原则,主要有目标化原则、目标管理的原则、职责化原则、人力资源管理原则、绩效化原则以及柔性化原则。柔性化是这些原则中的重要原则，要求组织的设计具有灵活性、要能适应环境的变化，因此能够较好地适应企业对IT服务需求变更及技术发展需要的IT组织设计的原则就是柔性化原则。

(45) **答案**：B

✳ **解析**：本题考查的是系统成本管理范围包括的固定成本和运行成本的界定问题。

系统成本管理的范围包括固定成本和运行成本两方面。企业信息系统的运行成本，也称可变成本，如IT工作人员在工作中使用的打印机的墨盒就是变动成本，该项成本和业务量增长之间的关系是正比例关系，即墨盒用量越大，变动成本或运行成本越大。而固定成本，也称初始成本，它与业务量的增长无关。

(46)(47) **答案**：C D

✳ **解析**：本题考查的是TCO总成本构成中直接成本和间接成本的具体成本项目。

在TCO总成本管理中，TCO成本一般包括直接成本和间接成本。软硬件费用、财务和管理费用、IT人员工资、外部采购管理成本以及支持酬劳等都属于直接成本。终端用户开发成本、本地文件维护成本、解决问题的成本、教育培训成本以及中断生产、恢复成本等都属于间接成本。具体区分了这些成本项目，就可以做出正确的选择。

(48)(49) **答案**：A D

✳ **解析**：本题考查的是软件寿命周期的3种模型及其适合项目。

软件寿命周期是软件开发全过程、活动和任务的结构框架。常见的软件寿命周期有瀑布模型、迭代模型和快速原型开发模型3种。瀑布模型适于项目需求简单清楚，在项目初期就可以明确所有需求，不需要二次开发的软件寿命周期；迭代模型适于项目事先不能完整定义产品所有需求，计划多期开发的软件寿命周期；快速原型开发适于项目需要很快给客户演示产品的软件寿命周期。通过这样的比较就可以正确做出选择。

(50) **答案**：B

✳ **解析**：本题考查的是软件寿命周期及其各寿命周期阶段的主要特点。

软件寿命周期是软件开发的全过程，这个过程由诸多阶段构成，包括需求分析、软件设计、编码及单元测试、集成及系统测试、安装、实施与维护等阶段，在由这些阶段所构成的软件寿命周期全过程中软件维护阶段是软件寿命周期中维持时间最长的阶段。因为在软件开发完成并投入使用后，由于多方面的原因，软件不能继续适应用户的需求，要延续软件的使用寿命，就必须对软件进行维护。

(51) **答案**：C

✳ **解析**：本题考查的是信息资源管理工作中各项不同管理工作的重要程度。

企业信息资源管理（IRM）不是把资源整合起来就行了，而是需要一个有效的信息资源管理体系，其中最为关键的是从事信息资源管理的人才队伍建设；其次是架构问题；第三是环境要素，主要是标准和规范，信息资源管理最核心的基础问题就是信息资源的标准和规范。

(52) **答案**：A

✳ **解析**：本题考查的是公司级的数据管理和企业信息化的最终目标。

企业信息化建设是企业适应信息技术快速发展的客观要求，企业信息化建设涉及方方面面，既有硬件建设，也有软件建设；既包括组织建设，也需要员工个人素质的全面提高；它不仅仅是部门内部的建设，更是部门间的资源共享和业务协同。因此企业信息化的最终目标是实现各种不同业务信息系统间跨地区、跨行业、跨部门的信息共享和业务协同。

(53) **答案**：B

✳ **解析**：本题考查的是管理安全中运行管理的主要特点。

安全管理包括3个方面：物理安全、技术安全和管理安全。运行管理与防犯罪管理构成管理安全的两方面重要内容。运行管理不是某一局部的管理，而是系统运行的全过程管理。因此答案是过程管理。

(54) **答案**：C

✳ **解析**：本题考查的是企业IT管理的层级结构。

企业的IT管理工作，不仅是一个技术问题，更是一个管理问题。企业的IT管理工作有3层架构：IT战略管理，主要包括IT战略制定、IT治理和IT投资管理；IT系统管理，主要包括IT管理流程、组织设计、管理制度和管理工具等；IT技术及运作管理，主要包括IT技术管理、服务支持和日常维护等。

(55) **答案**：D

✳ **解析**：本题考查的是用来测试系统性能的若干基准测试程序评价准确性的程度。

常见的一些计算机系统的性能指标大都是用某种基准程序测量出的结果。按照评价准确性的递减顺序排列，这些基准测试程序依次是：实际的应用程序方法、核心基准程序方法、简单基准测试程序、综合基准测试程序、整数测试程序Dhrystone、浮点测试程序Linpack等共10种，从现有的排序可以看出，简单基准测试程序排在最前面。

(56) **答案**：C

✳ **解析**：本题考查的是IT系统能力管理的高级活动项目。

能力管理的高级活动项目包括需求管理、能力测试和应用选型，本试题重在考查考生对能力管理、高级活动项目的熟练掌握程度，如果非常熟悉活动项目的3项内容，选择就很容易。

(57) **答案**：C

✳ **解析**：本题考查的是3种主要的安全管理及其所包括的主要内容。

安全管理主要包括物理安全、技术安全和管理安全3种，3种安全只有一起实施，才能做到安全保护。而物理安全又包括环境安全、设施和设备安全以及介质安全。因此介质安全是属于安全管理中的物理安全。

(58) 答案:C

※ 解析:本题考查的是安全管理中介质安全常见不安全情况的主要表现。

介质安全是安全管理中物理安全的重要内容。介质安全包括介质数据安全及介质本身的安全。目前,该层次上常见的不安全情况大致有三类:损坏、泄露和意外失误。"死机"现象属意外失误的表现之一。

(59) 答案:B

※ 解析:等价类划分是比较典型的黑盒测试技术,其主要思想是程序的输入数据都可以按照程序说明划分为若干个等价类,每一个等价类对于输入条件可划分为有效的输入和无效的输入,然后再对一个有效的等价类和无效的等价类设计测试用例。在测试时,只需从每个等价类中取一组输入数据进行测试即可。

根据题意,可以得出3个有效等价类:满1年不满10年的;满10年不满20年的;满20年的。一个无效等价类为小于1年的。因此,X可以划分为4个等价类。

(60) 答案:C

※ 解析:本题考查的是项目的主要特点。

现实生活和工作中,我们会遇到很多项目,到底哪些属于项目,这就必须掌握项目的特性。识别项目的标志有很多,但作为项目最大的特点就是一次性。

(61) 答案:C

※ 解析:本题考查的是运行管理工具的功能及分类。

在企业中有大量的局域网,每一局域网都有一定的管理工具,如何将这些众多实用的管理工具集成在系统管理的架构中,使得各种客户机可以连接到系统的主服务器上,使用户可以高效共享系统提供的文件、打印和各种应用服务,这是连接管理应实现的功能。

(62) 答案:C

※ 解析:删除服务器中的 ping.exe 和 cmd.exe 会影响服务器运行 ping 命令和一些基于命令行的程序。ping 命令测试机器连通情况实际上是使用了 ICMP 协议,因此,关闭服务器中的 ICMP 端口可以使别的计算机不能通过 ping 命令测试服务器的连通情况。

(63) 答案:D

※ 解析:本题考查的是网络存储的概念。

存储区域网络(Storage Area Network,SAN)是一种专用网络,可以把一个或多个系统连接到存储设备和子系统。SAN 可以看作是负责存储传输的"后端"网络,而"前端"网络(或称数据网络)负责正常的 TCP/IP 传输。

与 NAS 相比,SAN 具有下面几个特点:

① SAN 具有无限地扩展能力。

由于 SAN 采用了网络结构,服务器可以访问存储网络上的任何一个存储设备,因此用户可以自由增加磁盘阵列、服务器等设备,使得整个系统的存储空间和处理能力得以按客户需求不断扩大。

② SAN 具有更高的连接速度和处理能力。

(64) 答案:D

※ 解析:POP 是邮局协议,用于接收邮件;SNMP 是简单网络管理协议,用于网络管理;HTTP 是超文本传输协议,众多 Web 服务器都使用 HTTP,但是它不是安全的协议;HTTPS 是安全的超文本传输协议。

(65)(66) 答案:B A

※ 解析:运行 Web 浏览器的计算机与网页所在的计算机首先要建立 TCP 连接,采用 HTTP 协议传输网页文件。HTTP 是 Hyper Text Transportation Protocol(超文本传输协议)的缩写,是计算机之间交换数据的方式。HTTP 的应用相当广泛,其主要任务是用来浏览网页,但也能用来下载。用户是按照一定的规则(协议)和提供文件的服务器取得联系,并将相关文件传输到用户端的计算机中。

(67) 答案:D

※ 解析:本题考查电子邮件协议。POP3(Post Office Protocol 3)协议是适用于 C/S 结构的脱机模型的电子邮件协议。SMTP(Simple Mail Transfer Protocol)协议是简单邮件传输协议。IMAP(Internet Message Access Protocol)是由美国华盛顿大学所研发的一种邮件获取协议。MPLS(MultiProtocol Label Switch)即多协议标记交换,是一种标记(Label)机制的包交换技术。

(68) 答案:A

※ 解析:本题主要考查网络操作系统中应用服务器配置相关知识。

IIS 是建立 Internet /Intranet 的基本组件,通过超文本传输协议(HTTP)传输信息,还可配置 IIS 以提供文件传输协议(FTP)和其他服务。它不同于一般的应用程序,就像驱动程序一样,是操作系统的一部分,具有在系统启动时被同时启动的服务功能。Internet Explorer(简称 IE)是由微软公司基于 Mosaic 开发的浏览器。与 Netscape 类似,IE 内置了一些应用程序,具有浏览、发信、下载软件等多种网络功能。POP3 是邮件接收相关协议。DNS 是域名系统的缩写,该系统用于命名组织到域层次结构的映射。

(69)(70) 答案:A C

※ 解析:全 0 的 IP 地址表示本地计算机,在点对点通信中不能作为目标地址。A 类地址 100.255.255.255 属于广播地址,不能作为源地址。

(71)~(75) 答案:A C B C D

※ 解析:面向对象的分析(OOA)是一种面向对象型的半形式化描述技术。面向对象的分析包括3个步骤:第1步是用例建模,它决定了如何由产品得到各项计算结果,并以用例图和相关场景的方式展现出来;第2步是类建模,它决定了类及其属性,然后确定类之间的关系和交互;第3步是动态建模,它决定了类或每个子类的行为,并以状态图的形式进行表示。

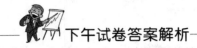

### 试题一分析

本试题主要考查企业 IT 管理工作的层级架构及其相互之间的关系。

企业的 IT 管理工作，既是一个技术问题，更是一个管理问题。就企业 IT 管理工作的层级结构而言，有 3 层架构，它们分别是：

- 战略层：即 IT 战略规划，具体包括 IT 战略制定、IT 治理、IT 投资管理。
- 战术层：即 IT 系统管理，具体包括 IT 管理流程、组织设计、管理制度、管理工具等。
- 运作层：即 IT 技术及运作管理，具体包括 IT 技术管理、服务支持、日常维护等。

目前我国企业的 IT 管理大部分还处于 IT 技术及运作管理层次，即侧重于技术性管理工作而非战略性管理工作。因此为了提升 IT 管理工作的水平，必须协助企业在实现有效的 IT 技术及运作管理基础之上，通过协助企业进行 IT 系统管理的规划、设计和建立，进而进行 IT 战略规划，真正实现 IT 与企业业务目标的融合。那么，企业 IT 战略规划进行战略性思考的时候可以从以下几方面考虑。

（1）IT 战略规划目标的制定要具有战略性，确立与企业战略目标相一致的企业 IT 战略规划目标，并且以支撑和推动企业战略目标的实现作为价值核心。

（2）IT 战略规划要体现企业核心竞争力要求，规划的范围控制要紧密围绕如何提升企业的核心竞争力来进行，切忌面面俱到的无范围控制。

（3）IT 战略规划目标的制定要具有较强的业务结合性，深入分析和结合企业不同时期的发展要求，将建设目标分解为合理可行的阶段性目标，并最终转化为企业业务目标的组成部分。

（4）IT 战略规划对信息技术的规划必须具有策略性，对信息技术发展的规律和趋势要具有敏锐的洞察力，在信息化规划时就要考虑到目前以及未来发展的适应性问题。

（5）IT 战略规划对成本的投资分析要有战术性，既要考虑到总成本投资最优，又要结合企业建设的不同阶段做出科学合理的投资成本比例分析，为企业获得较低的投资/效益比。

（6）IT 战略规划要对资源的分配和切入时机进行充分的可行性评估。

简单地说，IT 规划关注的是组织的 IT 方面的战略问题，而系统管理是确保战略得到有效执行的战术性和运作性活动。

**参考答案：**

【问题 1】

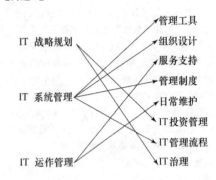

【问题 2】

另外的 4 个方面是：

（1）IT 战略规划目标的制定要具有战略性，确立与企业战略目标相一致的企业 IT 战略规划目标，并且以支撑和推动企业战略目标的实现作为价值核心。

（2）IT 战略规划要体现企业核心竞争力要求，规划的范围控制要紧密围绕如何提升企业的核心竞争力来进行，切忌面面俱到的无范围控制。

（3）IT 战略规划目标的制定要具有较强的业务结合性，深入分析和结合企业不同时期的发展要求，将建设目标分解为合理可行的阶段性目标，并最终转化为企业业务目标的组成部分。

（4）IT 战略规划对成本的投资分析要有战术性，既要考虑到总成本投资的最优，又要结合企业建设的不同阶段做出科学合理的投资成本比例分析，为企业获得较低的投资/效益比。

【问题 3】

此表述是不正确的。

正确的表述应该是：IT 战略规划不同于 IT 系统管理。IT 战略规划关注的是组织的 IT 方面的战略问题，而系统管理是确保战略得到有效执行的战术性和运作性活动。

### 试题二分析

本试题主要考查外包商的选择、外包合同关系以及外包风险的控制。

外包成功的关键因素之一是选择具有良好社会形象和信誉、相关行业经验丰富、能够引领或紧跟信息技术发展的外包商作为战略合作伙伴。因此，对外包商的资格审查应从技术能力、经营管理能力、发展能力这3个方面着手。

（1）技术能力：外包商提供的信息技术产品是否具备创新性、开放性、安全性、兼容性，是否拥有较高的市场占有率，能否实现信息数据的共享；外包商是否具有信息技术方面的资格认证；外包商是否了解行业特点，能够拿出真正适合本企业业务的解决方案；信息系统的设计方案中是否应用了稳定、成熟的信息技术，是否符合银行发展的要求，是否充分体现了银行以客户为中心的服务理念；是否具备对大型设备的运行、维护、管理经验和多系统整合能力；是否拥有对高新技术深入理解的技术专家和项目管理人员。

（2）经营管理能力：了解外包商的领导层结构、员工素质、客户数量、社会评价、项目管理水平；是否具备能够证明其良好运营管理能力的成功案例；员工间是否具备团队合作精神；外包商客户的满意程度。

（3）发展能力：分析外包服务商已审计的财务报告、年度报告和其他各项财务指标，了解其盈利能力；考查外包企业从事外包业务的时间、市场份额以及波动因素；评估外包服务商的技术费用支出以及在信息技术领域内的产品创新，确定他们在技术方面的投资水平是否能够支持银行的外包项目。

在IT外包日益普遍的浪潮中，企业应该发挥自身的作用，降低组织IT外包的风险，以最大程度地保证组织IT项目的成功实施。具体而言，可从以下几点入手：

（1）加强对外包合同的管理。对于企业IT管理者而言，在签署外包合同之前应该谨慎细致地考虑到外包合同的方方面面，在项目实施过程中也要能够积极制定计划和处理随时出现的问题，使得外包合同能够不断适应变化，以实现一个双赢的局面。

（2）对整个项目体系的规划。企业必须对组织自身需要什么、问题在何处非常清楚，从而能够协调好与外包商之间长期的合作关系。同时IT部门也要让手下的员工积极地参与到外包项目中去。比如，网络标准、软硬件协议以及数据库的操作性能等问题都需要客户方积极地参与规划。企业应该委派代表去参与完成这些工作，而不是仅仅在合同中提出需求。

（3）对新技术敏感。要想在技术飞速发展的全球化浪潮中获得优势，必须尽快掌握新出现的技术并了解其潜在的应用。企业IT部门应该注意供应商的技术简介、参加高技术研讨会并了解组织现在采用新技术的情况。不断评估组织的软硬件方案，并弄清市场上同类产品及其发展潜力等。这些工作必须由企业IT部门负责，而不能依赖于第三方。

（4）不断学习。企业IT部门应该在组织内部倡导良好的IT学习氛围，以加快用户对持续变化的IT环境的适

速度。外包并不意味着企业内部IT部门的事情就少了，整个组织更应该加强学习，因为外包的目的并不是把一个IT项目包出去，而是为了让这个项目能够更好地为组织的日常运作服务。

外包合同关系可被视为一个连续的光谱，其中一端是市场关系型外包，在这种关系下，组织可以在众多有能力完成任务的外包商中进行自由选择，合同期相对较短，合同期满后还可重新选择；另一端是伙伴关系型外包，在这种关系下，组织和同一个外包商反复制订合同，建立长期互利关系；而占据连续光谱中间范围的关系是中间关系型外包。

**参考答案：**

**【问题1】**
（1）技术能力：E、F、G、H。
（2）经营管理能力：A、B、C、D。
（3）发展能力：I、J。

**【问题2】**
（1）市场关系型外包。
（2）伙伴关系型外包。
（3）中间关系型外包。

**【问题3】**
（1）加强对外包合同的管理。包括在签署外包合同之前、在项目实施过程中都应加强。
（2）对整个项目体系的规划。清楚自身需要、协调好与外包商的合作关系，员工积极地参与到外包项目中去等。
（3）对新技术敏感。尽快掌握新出现的技术并了解其潜在的应用。不断评估组织的软硬件方案，并弄清市场上同类产品及其发展潜力等。
（4）不断学习。企业IT部门应该在组织内部倡导良好的IT学习氛围，整个组织更应该加强组织学习，以适应IT环境的变化。

**试题三分析**

本题考查数据库故障恢复措施的相关知识。

一般情况下，当信息系统运行过程中发生了数据库故障，利用数据库后备副本和数据库日志文件就可以将数据库恢复到故障前的某个一致性状态。数据库故障主要分为事务故障、系统故障和介质故障，不同故障的现象和恢复方法也是不同的。

事务故障是指事务在运行至正常终点前被终止，此对数据库可能处于不正确的状态，恢复程序要在不影响其他事务运行的情况下强行回滚该事务。事务故障的恢复由系统自动完成。

系统故障是指造成系统停止运转的任何事件，使得系统要重新启动。例如特定类型的硬件错误、操作系统故障、DBMS代码错误、突然停电等。这类故障影响正在运行的所有事务，但不会破坏数据库。系统故障的恢复是由系统在重新启动时自动完成，此时恢复子系统撤销所有未完成的事务并重做所有已提交的事务。

系统故障常被称为软故障，介质故障常被称为硬故障。

硬故障是指外存故障,例如磁盘损坏、磁头碰撞、瞬时强磁场干扰等。这类故障将破坏数据库或部分数据库,并影响正在存取这部分数据的所有事务,日志文件也将被破坏。这类故障比前两类故障发生的可能性要小,但是破坏性较大。恢复方法是重装数据库,然后重做已完成的事务,具体的步骤是:

① 装入最新的数据库后备副本。使数据库恢复到最近一次转储时的一致性状态;

② 装入相应的日志文件副本,重做已完成的事务。

介质故障的恢复需要 DBA 的介入,DBA 只需重装最近转储的数据库副本和有关的各日志文件副本,然后执行系统提供的恢复命令,具体的操作仍由 DBMS 完成。

从试题描述中可以看出,其故障是介质故障。

**参考答案:**

**【问题 1】**

数据库 3 种故障的恢复方法如下:

· 事务故障:恢复由数据库系统自动完成,不破坏数据库。

· 系统故障:恢复是由数据库系统在重新启动时自动完成,不破坏数据库。

· 介质故障:恢复无法由数据库自动恢复。恢复方法是重装数据库,然后重做已完成的事务,同时也需要 DBA 的介入。

故障类型:介质故障。

原因:根据说明中的描述,该故障在维护人员重新启动数据库后,数据库系统没有自行恢复。

根据 3 种故障的恢复方法,可以明确该故障是介质故障。

**【问题 2】**

该故障将破坏数据库或部分数据库,并影响正在存取这部分数据的所有事务,日志文件也将被破坏。

**【问题 3】**

介质故障恢复的具体步骤如下:

装入最新数据库后备副本,使数据库恢复到最近一次转储时的一致性状态;

装入相应的日志文件副本,重做已完成的事务。

DBA 重装最近转储的数据库副本和有关的日志文件副本,然后执行系统提供的恢复命令,具体的恢复操作仍由 DBMS 完成。

### 试题四分析

本题考查系统维护的基础知识。对于一个信息系统,在其开发完成并交付给用户使用后,就进入了软件运行维护阶段,此后的工作就是需要保证系统在一段相对长的时期能够正常运行。

系统维护包括应用程序(软件)维护、数据维护、代码维护、硬件设备维护、文档维护等。根据维护活动的不同原因和目标,应用程序维护分为纠错性维护、适应性维护、完善性维护和预防性维护。其中纠错性维护改正软件在功能、性能等方面的缺陷或错误;适应性维护是为了适应运行环境的变化而对软件进行修改;完善性维护是在软件的使用过程中,为满足用户提出新的功能和性能需求而对软件进行的扩充、增级和改进;预防性维护指为提高软件的可维护性和可靠性等指标,对软件的一部分进行重新开发。

软件的可维护性是衡量软件质量的重要方面,软件是否易于维护直接影响到软件维护成本。在以上 4 种软件维护中,完善性维护的工作量和成本所占比例最高。在影响可维护性的诸因素中,对完善性维护具有重要影响的因素包括软件的可理解性、可修改性和可测试性。

**参考答案:**

**【问题 1】**

信息系统维护包括应用程序维护、数据维护、代码维护、硬件设备维护、立档维护等。

**【问题 2】**

可理解性、可测试性、可修改性。

**【问题 3】**

因为"增加统计分析功能"属于软件使用期间提出的新要求,不属于系统原始需求,所以这是完善性维护。

### 试题五分析

本试题主要考核软件开发生命周期中 3 种模型的优缺点及其适合项目以及生命周期维护阶段的主要特点。

选择一个适当的软件生命周期对项目来说至关重要。在项目策划的初期,就应该确定项目所采用的软件生命周期,统筹规划项目的整体开发流程。一个组织通常能为多个客户生产软件,而客户的要求也是多样化的,一种软件生命周期往往不能适合所有的情况。常见的软件生命周期有瀑布模型、迭代模型和快速原型开发模型 3 种。

瀑布模型的优点是:强调开发的阶段;强调早期计划及需求调查;强调产品测试。

瀑布模型的缺点是:依赖于早期进行的需求调查,不能适应需求的变化,单一流程,开发中的经验教训不能反馈应用于本产品的过程;风险通常到开发后期才能显露,失去早纠正的机会。

瀑布模型的适合项目:需求简单清楚,在项目初期就可以明确所有的需求;阶段审核和文档控制要求做好;不需要二次开发。

迭代模型的优点是:开发中的经验教训能及时反馈;信息反馈及时;销售工作有可能提前进行;采取早期预防措施,增加项目成功的机率。

迭代模型的缺点是:如果不加控制地让用户接触开发中尚未测试稳定的功能,可能对开发人员及用户都产生负面的影响。

迭代模型的适合项目:事先不能完整定义产品的所有需求;计划多期开发。

快速原型开发模型的优点:直观、开发速度快。

快速原型开发模型的缺点:设计方面考虑不周全。

快速原型开发模型适合项目:需要很快给客户演示的产品。

软件开发的生命周期包括两方面的内容,首先是项目应包括哪些阶段,其次是这些阶段的顺序如何。一般的软件开发过程包括:需求分析(RA)、软件设计(SD)、编码(Coding)及单元测试(Unit Test)、集成及系统测试(Integration and System Test)、安装(Install)、实施(Implementation)等阶段。

维护阶段实际上是一个微型的软件开发生命周期,包括:对缺陷或更改申请进行分析即需求分析(RA),分析影响即软件设计(SD),实施变更即进行编程(Coding),然后进行测试(Test)。在维护生命周期中,最重要的就是对变更的管理。在软件开发完成并投入使用后,由于多方面的原因,软件不能继续适应用户的要求。要延续软件的使用寿命,就必须对软件进行维护。软件的维护包括纠错性维护和改进性维护两个方面。

**参考答案:**

【问题1】
(1)瀑布模型的优点是:A、B、C;缺点是:A、B、C。
(2)迭代模型的优点是:D、E、F、G;缺点是:D。
(3)快速原型的优点是:H;缺点是:E。

【问题2】

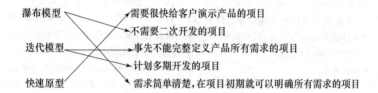

【问题3】
此表述是不正确的。
正确的表述应该是:软件开发生命周期的维护阶段实际上是一个微型的软件开发生命周期,在维护生命周期中,最重要的就是对变更的管理。

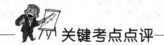

## 关键考点点评

● **考点1:信息系统开发**

**评注:**本考点考查信息系统开发概述:信息系统的开发阶段、信息系统开发方法。

创建信息系统所需的规划方法,包括结构化开发和设计方法,面向对象的开发方法及原型方法。

1. 结构化系统分析与设计方法是一种系统化、结构化和自顶向下的系统开发方法。

其基本思想是:用系统的思想,系统工程的方法,按用户至上的原则,结构化、模块化、自顶向下对信息系统进行分析与设计。具体来说,就是先将整个信息系统开发过程划分出若干个相对独立的阶段,如系统规划、系统分析、系统设计、系统实施等。在前三个阶段坚持自顶向下地对系统进行结构化划分。在系统调查或理顺管理业务时,应从最顶层的管理业务入手,逐步深入。在系统分析、提出新系统方案和系统设计时,先考虑系统整体的优化,然后再考虑局部的优化问题。在系统实施阶段,则应坚持自底向上的逐步实施。

2. 原型方法(Prototyping)

原型法基本思想是凭借着系统分析人员对用户要求的理解,在强有力的软件环境支持下,快速地给出一个实实在在的模型(或称原型、雏形),然后与用户反复协商修改,最终形成实际系统。这个模型大致体现了系统分析人员对用户当前要求的理解和用户想要实现的形式。

原型方法可表现为不同的运用方式,一般可分为以下三种类型。

(1)探索型(Exploratory Prototyping)主要是针对开发目标模糊、用户和开发人员对项目都缺乏经验的情况,其目的是弄清对目标系统的要求,确定所期望的特性来探讨多种方案的可行性。

(2)实验型(Experimental Prototyping)用于大规模开发和实现之前考核、验证方案是否合适,规格说明是否可靠。

(3)演化型(Evolutionary Prototyping)其目的不在于改进规格说明和用户需求,而是将系统改造得易于变化,在改进原型的过程中将原型演化成最终系统。它将原型方法的思想贯穿到系统开发全过程,对满足需求的改动较为适合。

3. **面向对象的开发方法(Object Oriented,OO)**

面向对象方法学的出发点和基本原则是尽可能模拟人类习惯的思维方式,使开发软件的方法与过程尽可能接近人类认识世界、解决问题的方法与过程。由于客观世界的问题都是由客观世界中的实体及实体相互间的关系构成的,因此把客观世界中的实体抽象为对象。

**历年真题链接**

| 2006年5月上午(15) | 2007年5月上午(25) |
| 2008年5月上午(25) | 2009年11月上午(26) |
| 2011年5月上午(17) | 2012年5月上午(10) |
| 2013年5月上午(11) | 2014年5月上午(58) |

● 考点2：信息系统项目管理

评注：本考点考查关于信息系统项目管理的基本概念。

项目管理是一种科学的管理方式。在领导方式上，它强调个人责任，实行项目经理负责制；在管理机构上，它采用临时性动态组织形式——项目小组；在管理目标上，它坚持效益最优原则下的目标管理；在管理手段上，它有比较完整的技术方法。

项目管理，在有限的资源约束下，运用系统的观点、方法和理论，对项目涉及的全部工作进行有效地管理。即从项目的投资决策开始到项目结束的全过程进行计划、组织、指挥、协调、控制和评价，以实现项目的目标。

项目管理具有以下基本特点。
① 一项复杂的工作。
② 具有创造性。
③ 需要集权领导并建立专门的项目组织。
④ 项目负责人起着非常重要的作用。

(1) 项目范围管理包括：① 项目启动；② 范围计划；③ 范围定义；④ 范围确认；⑤ 范围变更控制。

(2) 项目时间管理包括：① 活动定义；② 活动排序；③ 活动时间估计；④ 制定时间表；⑤ 时间表控制。

(3) 项目成本管理包括：① 资源计划；② 成本估算；③ 成本预算；④ 成本控制。

(4) 项目质量管理包括：① 质量计划；② 质量保证；③ 质量控制。

(5) 项目人力资源管理包括：① 组织的计划；② 人员获得；③ 团队建设。

(6) 项目沟通管理包括：① 沟通计划；② 信息发布；③ 绩效报告；④ 管理上的约束。

(7) 项目风险管理包括：① 风险管理计划；② 风险识别；③ 风险定性分析；④ 风险量化分析；⑤ 风险响应计划；⑥ 风险监视和控制。

(8) 项目采购管理包括：① 采购计划；② 邀请计划；③ 邀请；④ 来源选择；⑤ 合同管理；⑥ 合同结束。

(9) 项目综合管理包括：① 制定项目计划；② 执行项目计划；③ 集成的变更控制。

**历年真题链接**

| 2008年5月上午(26) | 2009年11月上午(27) |
| 2014年5月上午(27) | |

● 考点3：统一建模语言 UML

评注：本考点考查关于系统分析工具——统一建模语言(UML)；UML概述、UML的内容、UML的建模过程、UML的应用。

UML是一种可视化语言，是一组图形符号，是一种图形化语言；UML并不是一种可视化的编程语言，但用UML描述的模型可与各种编程语言直接相连。UML是一种文档化语言，适于建立系统体系结构及其所有的细节文档，UML还提供了用于表达需求和用于测试的语言，最终UML提供了对项目计划和发布管理的活动进行建模的语言。在UML中有4种关系。

① 依赖(dependency)是两个事物间的语义关系，其中一个事物(独立事物)发生变化会影响另一个事物(依赖事物)的语义。在图形上，把一个依赖画成一条可能有方向的虚线，偶尔在其上还有一个标记。

② 关联(association)是一种结构关系，它描述了一组链，链是对象之间的连接。聚合是一种特殊类型的关联，它描述了整体和部分间的结构关系。在图形上，把一个关联画成一条实线，它可能有方向，偶尔在其上还有一个标记，而且它经常还含有诸如多重性和角色名这样的修饰。

③ 泛化(generalization)是一种特殊／一般关系，特殊元素(子元素)的对象可替代一般元素(父元素)的对象。用这种方法，子元素共享了父元素的结构和行为。在图形上，把一个泛化关系画成一条带有空心箭头的实线，它指向父元素。

④ 实现(realization)是类元之间的语义关系，其中的一个类元指定了由另一个类元无保证执行的契约。在两种地方要遇到实现关系：一种是在接口和实现它们的类或构件之间；另一种是在用例和实现它们的协作之间。在图形上，把一个实现关系画成一条带有空心箭头的虚线，它是泛化和依赖关系两种图形的结合。

在UML中静态建模的图一般有用例图、类图、对象图、构件图和配置图，动态建模的图有状态图、顺序图等。

**历年真题链接**

| 2006年5月上午(28) | 2007年5月上午(30) |
| 2008年5月上午(32) | 2009年11月上午(34) |
| 2011年5月上午(20) | 2012年5月上午(12) |
| 2013年5月上午(7) | |

● 考点4：结构化分析方法

评注：本考点考查结构化分析方法：结构化分析方法的内容、结构化分析方法的工具。

结构化分析方法是一种单纯的自顶向下逐步求精的功能分解方法，它按照系统内部数据传递，以变换的关系建立抽象模型，然后自顶向下逐层分解，由粗到细、由复杂到简单。

结构化分析的核心特征是"分解"和"抽象"。"分解"就是把大问题分解成若干个小问题，然后分别解决，从而简化复杂问题的处理。"抽象"就是将一些具有某些相似性质的事物的相同之处概括出来，暂时忽略其不同之处。分解和抽象实质上是一对相互有机联系的概念。自顶向下的过程，即从顶层到第一层再到第二层的过程，被称为"分解"、自底向上的过程，即从第二层到第一层再到顶层的过程，被称为抽象。也就是说，下层是上层的分解，上层是下层的抽象。这种层次分解使我们不必去考虑过多细节，而是逐步了解更多的细节。

数据流图是一种最常用的结构化分析工具，它从数据传递和加工的角度，以图形的方式刻画系统内数据的运动情况。数据流图描述了系统的分解，即描述了系统由哪几部分组成，各部分之间的联系等，但没有说明系统中各成分的含义。

数据字典对数据流图加以补充说明。实体联系图（Entity-Relationship Diagram，E-R 图），可用于描述数据流图中数据存储及其之间的关系，最初用于数据库概念设计。

结构化语言没有严格的语法规定，使用的词汇也比形式化的计算机语言广泛，但使用的语句类型少，结构规范，表达的内容清晰、准确、易理解，不易产生歧义。适于表达数据加工的处理功能和处理过程。

**历年真题链接**

2006 年 5 月上午(31)　　2007 年 5 月上午(27)
2008 年 5 月上午(27)　　2009 年 11 月上午(19)
2011 年 5 月上午(25)　　2012 年 5 月上午(19)
2014 年 5 月上午(22,23,55)

● **考点 5：系统设计（总体和详细）**

**评注**：本考点考查关于系统设计的基本概念。

系统设计概述：系统设计的目标、系统设计的原则、系统设计的内容。

系统总体设计：系统总体布局方案、软件系统结构设计的原则、模块结构设计。

系统详细设计：代码设计、数据库设计、输入输出设计、用户接口界面设计、处理过程设计。

其中，模块设计是总体设计的重点。模块的独立程度有两个定性标准度量：聚合和耦合。聚合衡量模块内部各元素结合的紧密程度。耦合度量不同模块间互相依赖的程度。提高聚合程度，降低模块之间的耦合程度是模块设计应该遵循的最重要的两个原则。聚合与耦合是相辅相成的两个设计原则，模块内的高聚合往往意味着模块之间的松耦合。而要想提高模块内部的聚合性，必须减少模块之间的联系。

详细设计的内容一般包含代码设计、数据库设计、人机界面设计、输入/输出设计、处理过程设计等。模块结构设计不属于详细设计，应该属于系统体系结构设计的内容。

**历年真题链接**

2006 年 5 月上午(32)　　2007 年 5 月上午(33)
2008 年 5 月上午(29)　　2009 年 11 月上午(23)
2012 年 5 月上午(20)　　2013 年 5 月下午试题一
2014 年 5 月上午(43,51)

● **考点 6：结构化设计**

**评注**：本考点考查关于结构化设计的基本概念。

结构化设计方法和工具：结构化系统设计的基本原则、系统流程图、模块、HIPO 技术、控制结构图、模块结构图。

结构化方法规定了一系列模块的分解协调原则和技术，提出了结构化设计的基础是模块化，即将整个系统分解成相对独立的若干模块，通过对模块的设计和模块之间关系的协调来实现整个软件系统的功能。

结构化设计采用结构图描述系统的模块结构及模块间的联系。从数据流图出发，绘制 HIPO 图，再加上控制结构图中的模块控制与通信标志，实际上就构成了模块结构图。

结构图简明易懂，是系统设计阶段最主要的表达工具和交流工具。它可以由系统分析阶段绘制的数据流程图转换而来。但是，结构图与数据流程图有着本质的差别：数据流程图着眼于数据流，反映系统的逻辑功能，即系统能够"做什么"；结构图着眼于控制层次，反映系统的物理模型，即怎样逐步实现系统的总功能。从时间上说，数据流程图在前，控制结构图在后。数据流程图是绘制结构图的依据。总体设计阶段的任务就是要针对数据流程图规定的功能，设计一套实现办法。因此，绘制结构模块图的过程就是完成这个任务的过程。

结构图也不同于程序框图（Flow Chart），后者用于说明程序的步骤，先做什么，再做什么。结构图描述各模块的"责任"，例如一个组织机构图用于描述各个部门的隶属关系与职能。

结构图中的组成部分包括：
·模块，用长方形表示。
·调用，从一个模块指向另一模块的箭头表示前一模块调用后一个模块。箭尾的菱形表示有条件地调用，弧形箭头表示循环调用。
·数据，带空心圆圈的小箭头表示一个模块传递给另一个模块的数据。
·控制信息，带实心圆圈的小箭头表示一个模块传递给另一个模块的控制信息。

**历年真题链接**

2006 年 5 月上午(30)　　2007 年 5 月上午(31)
2008 年 5 月上午(31)　　2009 年 11 月上午(35)
2011 年 5 月上午(24)　　2012 年 5 月上午(21)
2014 年 5 月上午(49)

# 2007年5月全国计算机技术与软件专业技术资格(水平)考试信息系统管理工程师

## 上午考试

（考试时间150分钟，满分75分）

本试卷共有75空，每空1分，共75分。

- ___(1)___ 不属于计算机控制器中的部件。
  (1) A. 指令寄存器 IR      B. 程序计数器 PC
      C. 算术逻辑单元 ALU   D. 程序状态字寄存器 PSW
- 在 CPU 与主存之间设置高速缓冲存储器(Cache)，其目的是为了 ___(2)___ 。
  (2) A. 扩大主存的存储容量          B. 提高 CPU 对主存的访问效率
      C. 既扩大主存容量又提高存取速度   D. 提高外存储器的速度
- 下面的描述中, ___(3)___ 不是 RISC 设计应遵循的设计原则。
  (3) A. 指令条数应少一些
      B. 寻址方式尽可能少
      C. 采用变长指令，功能复杂的指令长度长而简单指令长度短
      D. 设计尽可能多的通用寄存器
- 计算机各功能部件之间的合作关系如下图所示。假设图中虚线表示控制流，实线表示数据流，那么 a、b 和 c 分别表示 ___(4)___ 。
  (4) A. 控制器、内存储器和运算器      B. 控制器、运算器和内存储器
      C. 内存储器、运算器和控制器      D. 内存储器、控制器和运算器

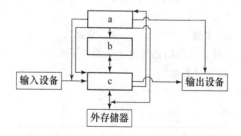

- ___(5)___ 是指系统或其组成部分能在其他系统中重复使用的特性。
  (5) A. 可扩充性   B. 可移植性   C. 可重用性   D. 可维护性
- 针对某计算机平台开发的软件系统，其 ___(6)___ 越高，越不利于该软件系统的移植。
  (6) A. 效率   B. 成本   C. 质量   D. 可靠性
- 系统响应时间和作业吞吐量是衡量计算机系统性能的重要指标。对于一个持续处理业务的系统而言，其 ___(7)___ 。
  (7) A. 响应时间越短，作业吞吐量越小

B. 响应时间越短,作业吞吐量越大
C. 响应时间越长,作业吞吐量越大
D. 响应时间不会影响作业吞吐量

- 在客户机服务器系统中,___(8)___任务最适合在服务器上处理。
  (8) A. 打印浏览　　　　　　　　　B. 数据库更新
  　　 C. 检查输入数据格式　　　　　D. 显示下拉菜单

- 某系统的进程状态转换如下图所示,图中 1、2、3 和 4 分别表示引起状态转换时的不同原因,原因 4 表示___(9)___;一个进程状态转换会引起另一个进程状态转换的是___(10)___。
  (9) A. 就绪进程调度　　　　　　　B. 运行进程执行了 P 操作
  　　 C. 发生了阻塞进程等待的事件　D. 运行进程时间片到了
  (10) A. 1—2　　B. 2—1　　C. 3—2　　D. 2—4

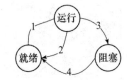

- Windows 中的文件关联是将一类文件与一个相关的程序建立联系,当用鼠标双击这类文件时,Windows 就会___(11)___。
  (11) A. 弹出对话框提示用户选择相应的程序执行
  　　 B. 自动执行关联的程序,打开文件供用户处理
  　　 C. 顺序地执行相关的程序
  　　 D. 并发地执行相关的程序

- 结构化程序中的基本控制结构不包括___(12)___。
  (12) A. 嵌套　　B. 顺序　　C. 循环　　D. 选择

- 软件开发人员通常用___(13)___软件编写和修改程序。
  (13) A. 预处理　　B. 文本编辑　　C. 链接　　D. 编译

- 关系数据库是___(14)___的集合,其结构是由关系模式定义的。
  (14) A. 元组　　B. 列　　C. 字段　　D. 表

- 职工实体中有职工号、姓名、部门、参加工作时间、工作年限等属性,其中,工作年限是一个___(15)___属性。
  (15) A. 派生　　B. 多值　　C. 复合　　D. NULL

- 诊疗科、医师和患者的关系模式及他们之间的 E-R 图如下所示:
  诊疗科(诊疗科代码,诊疗科名称)
  医师(医师代码,医师姓名,诊疗科代码)
  患者(患者编号,患者姓名)

其中,带实下划线的表示主键,虚下划线的表示外键。若关系诊疗科和医师进行自然连接运算,其结果集为___(16)___元关系。医师和患者之间的治疗观察关系模式的主键是___(17)___。
  (16) A. 5　　B. 4　　C. 3　　D. 2
  (17) A. 医师姓名、患者编号　　　　B. 医师姓名、患者姓名
  　　 C. 医师代码、患者编号　　　　D. 医师代码、患者姓名

- 通过 __(18)__ 关系运算,可以从表1和表2获得表3。

表1

| 课程号 | 课程名 |
|---|---|
| 10011 | 计算机文化 |
| 10024 | 数据结构 |
| 20010 | 数据库系统 |
| 20021 | 软件工程 |
| 20035 | UML应用 |

表2

| 课程号 | 教师名 |
|---|---|
| 10011 | 赵军 |
| 10024 | 李小华 |
| 10024 | 林志鑫 |
| 20035 | 李小华 |
| 20035 | 林志鑫 |

表3

| 课程号 | 课程名 | 教师名 |
|---|---|---|
| 10011 | 计算机文化 | 赵军 |
| 10024 | 数据结构 | 李小华 |
| 10024 | 数据结构 | 林志鑫 |
| 20035 | UML应用 | 李小华 |
| 20035 | UML应用 | 林志鑫 |

(18) A. 投影　　　　B. 选择　　　　C. 笛卡儿积　　　　D. 自然连接

- 设有一个关系EMP(职工号,姓名,部门名,工种,工资),查询各部门担任"钳工"的平均工资的SELECT语句为:
  SELECT 部门名,AVG(工资)AS 平均工资
  FROM EMP
  GROUP BY __(19)__
  HAVING 工种='钳工'

(19) A. 职工号　　　B. 姓名　　　　C. 部门名　　　　D. 工种

- 设关系模式 R(A,B,C),传递依赖指的是 __(20)__ 。
  (20) A. 若 A—B,B—C,则 A—C　　　　B. 若 A—C,A—C,则 A—BC
  　　　C. 若 A—C,则 AB—C　　　　　　D. 若 A—BC,则 A—B,A—C

- 两名以上的申请人分别就同样的发明创造申请专利的,专利权授权 __(21)__ 。
  (21) A. 最先发明的人　　　　　　B. 最先申请的人
  　　　C. 所有申请的人　　　　　　D. 协商后的申请人

- 下列标准代号中, __(22)__ 为推荐性行业标准的代号。
  (22) A. SJ/T　　　B. Q/T 11　　　C. GB/T　　　D. DB11/T

- 信息系统的硬件结构一般有集中式、分散式和分布集中式三种,下面 __(23)__ 不是分布式结构的优点。
  (23)　A. 可以根据应用需要和存取方式来配置信息资源
  　　　B. 网络上一个结点出现故障一般不会导致全系统瘫痪
  　　　C. 系统扩展方便
  　　　D. 信息资源集中,便于管理

- 信息系统的概念结构如下图所示,正确的名称顺序是 __(24)__ 。

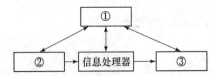

(24) A. ① 信息管理者、② 信息源、③ 信息用户
　　　B. ① 信息源、② 信息用户、③ 信息管理者
　　　C. ① 信息用户、② 信息管理者、③ 信息源
　　　D. ① 信息用户、② 信息源、③ 信息管理者

- 在信息系统建设中,为了使开发出来的目标系统能满足实际需要,在着手编程之前应认真考虑以下问题:
　　① 系统所要求解决的问题是什么?
　　② 为解决该问题,系统应干些什么?
　　③ 系统应该怎么去干?
　其中第②个问题在　(25)　阶段解决,第③个问题在　(26)　阶段解决。
　(25) A. 信息系统总体规划　　　B. 信息系统分析
　　　　C. 信息系统设计　　　　　D. 信息系统实施
　(26) A. 信息系统总体规划　　　B. 信息系统分析
　　　　C. 信息系统设计　　　　　D. 信息系统实施

- 　(27)　是一种最常用的结构化分析工具,它从数据传递和加工的角度,以图形的方式刻画系统内数据的运行情况。通常使用　(28)　作为该工具的补充说明。
　(27) A. 数据流图　B. 数据字典　C. E-R 图　D. 判定表
　(28) A. 数据流图　B. 数据字典　C. E-R 图　D. 判定表

- 下面关于 UML 的说法不正确的是　(29)　。
　(29) A. UML 是一种建模语言　　　B. UML 是一种构造语言
　　　　C. UML 是一种可视化的编程语言　D. UMI 是一种文档化语言

- 在需求分析阶段,可以使用 UML 中的　(30)　来捕获用户需求,并描述对系统感兴趣的外部角色及其对系统的功能要求。
　(30) A. 用例图　B. 类图　C. 顺序图　D. 状态图

- 在结构化设计中,　(31)　描述了模块的输入/输出关系、处理内容、模块的内部数据和模块的调用关系,是系统设计的重要成果,也是系统实施阶段编制程序设计任务书和进行程序设计的出发点和依据。
　(31) A. 系统流程图　B. IPO 图　C. HIPO 图　D. 模块结构图

- 模块的独立程度有两个定性指标:聚合和耦合。在信息系统的模块设计中,追求的目标是　(32)　。
　(32) A. 模块内的高聚合以及模块之间的高耦合
　　　　B. 模块内的高聚合以及模块之间的低耦合
　　　　C. 模块内的低聚合以及模块之间的高耦合
　　　　D. 模块内的低聚合以及模块之间的低耦合

- 下列聚合类型中聚合程度最高的是　(33)　。
　(33) A. 偶然聚合　B. 时间聚合　C. 功能聚合　D. 过程聚合

- 不属于程序或模块的序言性注释的是　(34)　。
　(34) A. 程序对硬件、软件资源要求的说明
　　　　B. 重要变量和参数说明
　　　　C. 嵌在程序之中的相关说明,与要注释的程序语句匹配
　　　　D. 程序开发的原作者、审查者、修改者、编程日期等

- 以下关于测试的描述中,错误的是　(35)　。
　(35) A. 测试工作应避免由该软件的开发人员或开发小组来承担(单元测试除外)

- B. 在设计测试用例时,不仅要包含合理、有效的输入条件,还要包括不合理、失效的输入条件
- C. 测试一定要在系统开发完成之后才进行
- D. 严格按照测试计划来进行,避免测试的随意性
- 在测试方法中,下面不属于人工测试的是 (36) 。
  - (36) A. 白盒测试　　　　B. 个人复查　　　　C. 走查　　　　D. 会审
- 在信息系统的系统测试中,通常在 (37) 中使用 MTBF 和 MTTR 指标。
  - (37) A. 恢复测试　　　B. 安全性测试　　　C. 性能测试　　　D. 可靠性测试
- 在进行新旧信息系统转换时, (38) 的转换方式风险最小。
  - (38) A. 直接转换　　　B. 并行转换　　　C. 分段转换　　　D. 分块转换
- 信息系统管理工作按照系统类型划分,可分为信息系统管理、网络系统管理、运作系统管理和 (39) 。
  - (39) A. 基础设施管理　　　　　　　B. 信息部门管理
  - C. 设施及设备管理　　　　　　D. 信息系统日常作业管理
- 实施信息系统新增业务功能的扩充工作是 (40) 的职责。
  - (40) A. 系统主管　　B. 数据检验人员　　C. 硬件维护人员　　D. 程序员
- 信息系统的成本可分为固定成本和可变成本。 (41) 属于固定成本, (42) 属于可变成本。
  - (41) A. 硬件购置成本和耗材购置成本　　B. 软件购置成本和硬件购置成本
  - C. 耗材购置成本和人员变动工资　　D. 开发成本和人员变动工资
  - (42) A. 硬件购置成本和耗材购置成本　　B. 软件购置成本和硬件购置成本
  - C. 耗材购置成本和人员变动工资　　D. 开发成本和人员变动工资
- 关于分布式信息系统的叙述正确的是 (43) 。
  - (43) A. 分布式信息系统都基于因特网
  - B. 分布式信息系统的健壮性差
  - C. 活动目录拓扑浏览器是分布式环境下可视化管理的主要技术之一
  - D. 所有分布式信息系统的主机都是小型机
- 磁盘冗余阵列技术的主要目的是为了 (44) 。
  - (44) A. 提高磁盘存储容量　　　　　B. 提高磁盘容错能力
  - C. 提高磁盘访问速度　　　　　D. 提高存储系统的可扩展能力
- 某企业欲将信息系统开发任务外包,在考查外包商资格时必须考虑的内容有 (45) 。
  - ① 外包商项目管理能力
  - ② 外包商是否了解行业特点
  - ③ 外包商的员工素质
  - ④ 外包商从事外包业务的时间和市场份额
  - (45) A. ②、④　　　B. ①、④　　　C. ②、③　　　D. ①、②、③、④
- 信息系统运行管理工具不包括 (46) 。
  - (46) A. 网络拓扑管理工具　　　　　B. 软件自动分发工具
  - C. 数据库管理工具　　　　　　D. 源代码版本管理工具
- 输入数据违反完整性约束导致的数据库故障属于 (47) 。
  - (47) A. 介质故障　　B. 系统故障　　C. 事务故障　　D. 网络故障
- 数据备份是信息系统运行与维护中的重要工作,它属于 (48) 。
  - (48) A. 应用程序维护　B. 数据维护　　C. 代码维护　　D. 文档维护
- 当信息系统交付使用后,若要增加一些新的业务功能,则需要对系统进行 (49) 。
  - (49) A. 纠错性维护　B. 适应性维护　C. 完善性维护　D. 预防性维护
- 以下关于信息系统可维护程度的描述中,正确的是 (50) 。
  - (50) A. 程序中有无注释不影响程序的可维护度程度

B. 执行效率高的程序容易维护
C. 模块间的耦合度越高,程序越容易维护
D. 系统文档有利于提高系统的可维护程度

- 以下关于维护工作的描述中,错误的是　(51)　。
  (51) A. 信息系统的维护工作开始于系统投入使用之际
      B. 只有系统出现故障时或需要扩充功能时才进行维护
      C. 质量保证审查是做好维护工作的重要措施
      D. 软件维护工作需要系统开发文档的支持

- 系统可维护性主要通过　(52)　来衡量。
  (52) A. 平均无故障时间          B. 系统故障率
       C. 平均修复时间            D. 平均失效间隔时间

- 当采用系统性能基准测试程序来测试系统性能时,常使用浮点测试程序 Linpack、Whetstone 基准测试程序、SPEC 基准程序、TPC 基准程序等。其中　(53)　主要用于评价计算机事务处理性能。
  (53) A. 浮点测试程序 Linpack    B. Whetstone 基准测试程序
       C. SPEC 基准程序           D. TPC 基准程序

- 根据信息系统的特点、系统评价的要求及具体评价指标体系的构成原则,可以从三方面进行信息系统评价,下面不属于这三个方面的是　(54)　。
  (54) A. 技术性能评价            B. 管理效益评价
       C. 经济效益评价            D. 系统易用性评价

- 信息系统经济效益评价的方法不包括　(55)　。
  (55) A. 投入产出分析法          B. 成本效益分析法
       C. 系统工程方法            D. 价值工程方法

- 表决法属于信息系统评价方法中　(56)　中的一种。
  (56) A. 专家评估法   B. 技术经济评估法   C. 模型评估法   D. 系统分析法

- 在某企业信息系统运行与维护过程中,需要临时对信息系统的数据库中某个数据表的全部数据进行临时的备份或者导出数据。此时应该采取　(57)　的备份策略。
  (57) A. 完全备份     B. 增量备份         C. 差异备份     D. 按需备份

- 具有高可用性系统应该具有较强的容错能力,在某企业该信息系统中采用了两个部件执行相同的工作,当其中的一个出现故障时,另一个则继续工作。该方法属于　(58)　。
  (58) A. 负载平衡     B. 镜像             C. 复现         D. 热可更换

- 某企业在信息系统建设过程中,出于控制风险的考虑为该信息系统购买了相应的保险,通过　(59)　的风险管理方式来减少风险可能带来的损失。
  (59) A. 降低风险     B. 避免风险         C. 转嫁风险     D. 接受风险

- 小李在维护企业的信息系统时无意中将操作系统的系统文件删除了,这种不安全行为属于介质　(60)　。
  (60) A. 损坏         B. 泄露             C. 意外失误     D. 物理损坏

- 信息系统中的数据安全措施主要用来保护系统中的信息,可以分为以下四类。用户标识与验证属于　(61)　措施。
  (61) A. 数据库安全   B. 终端识别         C. 文件备份     D. 访问控制

- 在 Windows 操作环境中,采用　(62)　命令来查看本机球地址及网卡 MAC 地址。
  (62) A. ping         B. tracert          C. ipconfig     D. nslookup

- 下面关于 ARP 协议的描述中,正确的是　(63)　。
  (63) A. ARP 报文封装在数据报中传送
       B. ARP 协议实现域名到 IP 地址的转换
       C. ARP 协议根据 IP 地址获取对应的 MAC 地址
       D. ARP 协议是一种路由协议

- 以下给出的地址中,属于 B 类地址的是 __(64)__ 。
  (64) A. 10.100.207.17     B. 203.100.218.14
       C. 192.168.0.1       D. 132.101.203.31
- 基于 MAC 地址划分 VLAN 的优点是 __(65)__ 。
  (65) A. 主机接入位置变动时无须重新配置
       B. 交换机运行效率高
       C. 可以根据协议类型来区分 VLAN
       D. 适合于大型局域网管理
- 某网络结构如下图所示。在 Windows 操作系统中配置 Web 服务器应安装的软件是 __(66)__ 。在配置网络属性时 PC1 的"默认网关"应该设置为 __(67)__ ,首选 DNS 服务器应设置为 __(68)__ 。
  (66) A. iMail        B. IIS            C. Wingate           D. IE 6.0
  (67) A. 210.110.112.113                B. 210.110.112.111
       C. 210.110.112.98                 D. 210.110.112.9
  (68) A. 210.110.112.113                B. 210.110.112.111
       C. 210.110.112.98                 D. 210.110.112.9

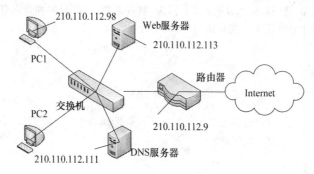

- WWW 服务器与客户机之间采用 __(69)__ 协议进行网页的发送和接收。
  (69) A. HTTP        B. URL           C. SMTP          D. HTML
- 通过局域网接入因特网,图中箭头所指的两个设备是 __(70)__ 。

  (70) A. 二层交换机                    B. 路由器
       C. 网栅                          D. 集线器
- The __(71)__ has several major components, including the system kernel, a memory management system, the file system manager, device drivers, and the system libraries.
  (71) A. application                   B. information system
       C. operating system              D. information processing
- __(72)__ means "Any HTML document on an HTTP server".
  (72) A. Web Server   B. Web Browser   C. Web Site      D. Web Page
- C++ is used with proper __(73)__ design techniques.
  (73) A. object-oriented               B. object-based
       C. face to object                D. face to target
- __(74)__ is a clickable string or graphic that points to another Web page and document.
  (74) A. Link        B. Hyperlink      C. Browser       D. Anchor

- Models drawn by the system analysts during the process of the structured analysis are ___(75)___.

(75) A. PERTs      B. ERDs      C. UMLs      D. DFDs

# 下午考试

**（考试时间 150 分钟，满分 75 分）**

## 试题一（20 分）

【说明】

信息系统管理指的是企业信息系统的高效运作和管理，其核心目标是管理业务部门的信息需求，有效地利用信息资源恰当地满足业务部门的需求。

【问题1】(8 分)

信息系统管理的四个关键信息资源分别为硬件资源、软件资源、网络资源和数据资源，请在下列 A～H 的 8 个选项中选择分别符合上述 4 个类别的具体实例（每类两个），填入(1)～(4)中。

硬件资源包括：___(1)___。
软件资源包括：___(2)___。
网络资源包括：___(3)___。
数据资源包括：___(4)___。

A. 图表      B. 数据文件      C. 集线器      D. 工作站
E. 打印机      F. 操作系统      G. 路由器      H. 软件操作手册

【问题2】(6 分)

信息系统管理通用体系架构分为三个部分，分别是信息部门管理、业务部门信息支持和信息基础架构管理，请在下列 A～F 的 6 个选项中选择各部分的具体实例（每部分两个），填入(5)～(7)中。

信息部门管理：___(5)___。
业务部门信息支持：___(6)___。
信息基础架构管理：___(7)___。

A. 故障管理      B. 财务管理      C. 简化 IT 管理复杂度
D. 性能及可用性管理      E. 配置及变更管理      F. 自动处理功能和集成化管理

【问题3】(6 分)

企业信息系统管理的策略是为企业提供满足目前的业务与管理需求的解决方案。具体而言包括以下 4 个内容，请将合适的解释填入(8)～(10)中。

(1) 面向业务处理：目前，企业越来越关注解决业务相关的问题，而一个业务往往涉及多个技术领域，因此在信息系统管理中，需要面向业务的处理方式，统一解决业务涉及的问题。

(2) 管理所有的 IT 资源，实现端到端的控制：___(8)___。

(3) 丰富的管理功能：___(9)___。

(4) 多平台、多供应商的管理：___(10)___。

## 试题二（20 分）

【说明】

信息系统管理工作主要是优化信息部门的各类管理流程，并保证能够按照一定的服务级别，为业务部门提升高质量、低成本的信息服务。

【问题1】(6 分)

信息系统管理工作可以按照两个标准分类：__(1)__ 和 __(2)__ 。

【问题2】(8分)

根据第一个分类标准，信息系统管理工作可以分为信息系统、网络系统、运作系统和设施及设备四种，请在下列A～H的8个选项中选择每种的具体实例(每种2个)，填入(3)～(6)中：

属于信息系统的是 __(3)__ ；属于网络系统的是 __(4)__ ；
属于运作系统的是 __(5)__ ；属于设施及设备的是 __(6)__ 。

 A. 入侵监测      B. 办公自动化系统    C. 广域网
 D. 备份、恢复系统    E. 数据仓库系统     F. 火灾探测和灭火系统
 G. 远程拨号系统     H. 湿度控制系统

【问题3】(6分)

根据第二个分类标准，信息系统管理工作可以分为3部分，请在下列A～F的6个选项中选择合适的实例(每部分2个)，填入(7)～(9)中。

(1) 侧重于信息部门的管理，保证能够高质量地为业务部门提供信息服务，例如 __(7)__ ；
(2) 侧重于业务部门的信息支持及日常作业，从而保证业务部门信息服务的可用性和可持续性，例如 __(8)__ ；
(3) 侧重于信息基础设施建设，例如 __(9)__ 。

 A. Web架构建设     B. 故障管理及用户支持
 C. 服务级别管理     D. 日常作业管理
 E. 系统安全管理     F. 局域网建设

## 试题三(20分)

【说明】

某银行账务处理系统，某天突然崩溃，银行被迫停业。银行的信息系统维护人员紧急集合起来处理该问题。经过简单的调查分析后，维护人员内部发生了争论，提出了两种处理方法：

(1) 根据经验，问题很可能是由于网络、硬件设备等瞬间错误原因引起，只需要系统重新启动即可。而且此类问题很难追踪，大家工作任务很重，只要系统可以正常运行即可，不必再进行问题追踪。

(2) 通过测试分析后发现网络、硬件设备等工作正常，所以问题可能是由于软件中一个隐藏很深的错误引发。系统重启后虽然可能正常营业，但业务数据可能存在隐患。因此应尽快组织人力分析问题产生的原因，从根源上解决问题，为此必须停业。

【问题1】(6分)

(1) 请说明信息系统管理中故障处理的定义。
(2) 请说明信息系统管理中问题控制的定义。
(3) 请说明故障管理和问题控制的相互关系。

【问题2】(14分)

(4) 题目给出的两种处理方法是否恰当？请分别说明。
(5) 基于不恰当的处理方式，请说明理由，并给出相应的恰当处理方式。

## 试题四(15分)

【说明】

在信息系统建设中，项目风险管理是信息系统项目管理的重要内容。项目风险是可能导致项目背离既定计划的不确定事件、不利事件或弱点。项目风险管理集中了项目风险识别、分析和管理。

【问题1】(3分)

风险是指某种破坏或损失发生的可能性。潜在的风险有多种形式，并且不只与计算机有关。信息系统建设与管理中，必须重视的风险有：__(1)__ 、__(2)__ 、__(3)__ 等。

【问题2】(6分)

在对风险进行了识别和评估后，可以利用多种风险管理方式来协助管理部门根据自身特点来制定安全策略。4种基本的风险管理方式是：__(4)__ 、转嫁风险、__(5)__ 和 __(6)__ 。

**【问题3】**(6分)

请解释对风险的定量分析和定性分析的概念。

## 上午试卷答案解析

(1) **答案**：C

**解析**：本题考查的是计算机系统硬件方面的基础知识。构成计算机控制器的硬件主要有指令寄存器IR、程序计数器PC、程序状态字寄存器PSW、时序部件和微操作形成部件等。而算术逻辑单元ALU不是构成控制器的部件。

(2) **答案**：B

**解析**：为了提高CPU对主存的存取速度，又不至于增加很大的价格。现在，通常在CPU与主存之间设置高速缓冲存储器(Cache)，其目的就在于提高速度而不增加很大代价。同时，设置高速缓冲存储器并不能增加主存的容量。

(3) **答案**：C

**解析**：本题考查的是计算机系统硬件方面的基础知识。在设计RISC时，需要遵循如下一些基本的原则。
① 指令条数少，一般为几十条指令。
② 寻址方式尽可能少。
③ 采用等长指令，不管功能复杂的指令还是简单的指令，均用同一长度。
④ 设计尽可能多的通用寄存器。

因此，采用变长指令、功能复杂的指令长度长而简单指令长度短不是应采用的设计原则。

(4) **答案**：B

**解析**：本题考查的是计算机硬件方面的基础知识。在一台计算机中，有以下6种主要的部件。

控制器(Control Unit)：统一指挥并控制计算机各部件协调工作的中心部件，所依据的是机器指令。

运算器(亦称为算术逻辑单元，Arithmetic and Logic Unit，ALU)：对数据进行算术运算和逻辑运算。

内存储器(Memory 或 Primary Storage，简称为内存)：存储现场待操作的信息与中间结果，包括机器指令和数据。

外存储器(Secondary Storage 或 Permanent Storage，简称为外存)：存储需要长期保存的各种信息。

输入设备(Input Devices)：接收外界向计算机输送的信息。

输出设备(Output Devices)：将计算机中的信息向外界输送。

现在的控制器和运算器是被制造在同一块超大规模集成电路中的，称为中央处理器，即CPU(Central Processing Unit)。CPU和内存，统称为计算机的系统单元(System U-nit)。外存、输入设备和输出设备，统称为计算机的外部设备(Peripherals，简称为外设)。

计算机各功能部件之间的合作关系如下图所示。

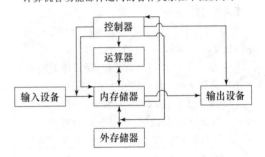

(5) **答案**：C

**解析**：系统可扩充性是指系统处理能力和系统功能的可扩充程度，分为系统结构的可扩充能力、硬件设备的可扩充性和软件功能可扩充性等。可移植性是指将系统从一种硬件环境、软件环境下移植到另一种硬件环境、软件环境下所付出努力的程度，该指标取决于系统中软硬件特征以及系统分析和设计中关于其他性能指标的考虑。可维护性是指将系统从故障状态恢复到正常状态所需努力的程度，通常使用"平均修复时间"来衡量系统的可维护性。系统可重用性是指系统和(或)其组成部分能够在其他系统中重复使用的程度，分为硬件可重用性和软件可重用性。

(6) **答案**：A

**解析**：一个系统的性能通常需要多个方面的指标来衡量，而且多个性能指标之间存在着有利的和不利的影响，所以在设计一个系统时，应充分考虑利弊，全面权衡。系统的可移植性指将系统从一种硬件环境、软件环境下移植到另一种硬件环境、软件环境下所需付出努力的程度。在给出的各选项中，可维护性、可靠性和可用性等方面的提高，将有利于提高系统可移植性。而由于要提高系统效率，则势必存在一些与具体硬件、软件环境相关的部分，这些都是不利于系统移植工作的因素。

(7) **答案**：B

**解析**：系统响应时间是指用户发出完整请求到系统完成任务给出响应的时间间隔。作业吞吐量是指单位时间内系统完成的任务量。若一个给定系统持续地收到用户提交的任务请求，则系统的响应时间将对作业吞吐量造成一定影响。若每个任务的响应时间越短,则系统的空闲资源越多,整个系统在单位时间内完成的任务量将越大,整个系统在单位时间内完成的任务量将越小。

(8) 答案:B

✿ 解析:通常,采用客户机/服务器结构的系统,有一台或多台服务器以及大量的客户机。服务器配备大容量存储器并安装数据库系统,用于数据的存放和数据检索;客户端安装专用的软件,负责数据的输入、运算和输出。在客户机/服务器系统中,数据库更新任务最适于在服务器上处理。客户服务器结构的优点是:显著减少了网络上的数据传输量;提高了系统的性能、吞吐量和负载能力;客户服务器结构的数据库往往更加开放(多种不同的硬件和软件平台、数据库应用开发工具),应用程序具有更强的可移植性,同时也可以减少软件维护开销。

(9)(10) 答案:C B

✿ 解析:本题考查的是计算机操作系统进程管理方面的基础知识。图中原因1是由于调度程序的调度引起;原因2是由于时间片用完引起;原因3是由于请求引起,例如进程执行了P操作,由于申请的资源得不到满足进入阻塞队列;原因4是由于I/O完成引起的,例如某进程执行了V操作将信号量值减1,若信号量的值小于0,意味着有等待该资源的进程,将该进程从阻塞队列中唤醒使其进入就绪队列。因此试题(9)的正确答案是C。

试题(10)选项A"1—2"不可能,因为调度程序从就绪队列中调度一个进程投入运行,不会引起另外一个进程时间片用完;选项B"2—1"可能,因为当现运行进程的时间片用完,会引起调度程序调度另外一个进程投入运行;选项C"3—2"不可能,因为现运行进程由于等待某事件而阻塞,使得CPU空闲,此时调度程序会从处于就绪状态的进程中挑选一个新进程投入运行;选项D"4—1"不可能,一般一个进程从阻塞状态变化到就绪状态时,不会引起另一个进程从就绪状态变化到运行状态。

(11) 答案:B

✿ 解析:本题考查的是 Windows 操作系统中文件关联方面知识。

试题(11)的正确答案是B。因为 Windows 中的文件关联是为了更方便用户操作,将一类数据文件与一个相关的程序建立联系,当用鼠标双击这类文件时,Windows 就会自动启动关联的程序,打开数据文件供用户处理。例如,通用的ASCII码文本文件扩展名为.TXT,Windows 系统中默认的关联程序就是记事本编辑程序。此时,当用户在 Windows 的文件窗口中双击 TXT 文件,TXT 关联的记事本便启动起来,读入 TXT 文件的内容,以便查看和编辑。需要说明的是,Windows 系统预先建立了许多文件的关联程序,初学者不必知道哪些文件必须由什么样的程序来打开,对于大部分数据文件直接双击关联图标就可以调用相关的程序来查看和处理了。

(12) 答案:A

✿ 解析:本题考查的是程序设计语言方面的基本概念。控制成分指语言允许表述的控制结构,程序员使用控制成分来构造程序中的控制逻辑。理论上已经证明可计算问题的程序都可以用顺序、选择和循环这三种基本的控制结构来描述。

(13) 答案:B

✿ 解析:本题考查的是程序设计语言方面的基本概念。软件开发人员通常用文本编辑软件编写和修改程序。

(14) 答案:D

✿ 解析:本题考查的是关系数据库系统中的基本概念。关系模型是目前最常用的数据模型之一。关系数据库系统采用关系模型作为数据的组织方式,在关系模型中用表格结构表达实体集,以及实体集之间的联系,其最大特色是描述的一致性。可见,关系数据库是表的集合,其结构是由关系模式定义的。

(15) 答案:A

✿ 解析:本题考查的是关系数据库系统中的基本概念。派生同性可以从其他属性得来。职工实体集中有"参加工作时间"和"工作年限"属性,那么"工作年限"的值可以由当前时间和参加工作时间得到。这里,"工作年限"就是一个派生属性。综上所述,(15)的正确答案是A。

(16)(17) 答案:B C

✿ 解析:本题考查的是关系数据库 E-R 模型的相关知识。根据题意,关系诊科和医师进行自然连接运算,应该去掉一个重复属性"诊疗科代码",自然连接运算的结果集为4元关系。试题(16)的正确答案是B。

医师和患者之间的治疗观察之间是一个多对多的联系,多对多联系向关系模式转换的规则是:多对多联系只能转换成一个独立的关系模式,关系模式的名称取联系的名称,关系模式的属性取该联系所关联的两个多方实体的主键及联系的属性,关系的码是多方实体的主键构成的同性组。由于医师关系的主键是医师代码,患者关系的主键是患者编号,因此,根据该转换规则,试题(17)医师之间的治疗观察关系模式的主键是医师代码和患者编号。试题(17)的正确答案是C。

(18) 答案:D

✿ 解析:本题考查的是数据库关系运算方面的基础知识。自然连接是一种特殊的等值连接,它要求两个关系中进行比较的分量必须是相同的属性组,并且在结果集中将重复属性列去掉。一般连接是从关系的水平方向运算,而自然连接不仅要从关系的水平方向,而且要从关系的垂直方向运算。因为自然连接要去掉重复属性,如果没有重复属性,那么自然连接就转化为笛卡儿积。题中表1和表2具有相同的属性课程号,进行等值连接后,去掉重复属性列得到表3。若关系中的某一属性或属性组的值能唯一地标识一个元组,则称该属性或属性组为主键。从表3可见"课程号、教师名"才能决定表中的每一行,因此"课程号、教师名"是表3的主键。

(19) 答案:C

● 解析：本题考查应试者对SQL语言的掌握程度。

试题(19)正确的答案是选项C。因为根据题意查询不同部门中担任"钳工"的职工的平均工资，需要先按"部门名"进行分组，然后再按条件工种＝钳工进行选取，因此正确的 SELECT 语句如下：

SELECT 部门名,AVG(工资)AS 平均工资
FROM EMP
　　GROUP BY 部门名
　　　HAVING 工种＝'钳工'

**(20) 答案：A**

● 解析：本题考查对函数依赖概念和性质的掌握。

试题(20)正确的答案是选项A。所谓传递依赖是指在关系R(U,F)中，如果X—Y,Y不包含于X,Y得不到X,Y—Z,则称Z对X传递依赖。显然，选项A满足传递规则。

**(21) 答案：B**

● 解析：根据我国专利法第九条规定"两个以上的申请人分别就同样的发明创造申请专利的，专利权应授予最先申请的人"，针对两名以上的申请人分别就同样的发明创造申请专利，专利权应授予最先申请的人。

**(22) 答案：A**

● 解析：依据我国"标准化法"，我国标准可分为国家标准、行业标准、地方标准和企业标准。其中，国家标准、行业标准、地方标准又可分为强制性标准和推荐性标准。它们分别具有其代号和编号，通过标准的代号可确定标准的类别。行业标准是由行业标准化组织制定和公布适应于其业务领域标准，其推荐性标准，由行业汉字拼音大写字母加"/T"组成，已正式公布的行业代号有 QJ(航天)、SJ(电子)、JB(机械)和 JR(金融系统)等。试题中给出的供选择答案，分别依序是行业推荐性标准、企业标准、国家推荐性标准和地方推荐性标准。

**(23) 答案：D**

● 解析：信息系统硬件结构方式中的分布式，其优点有可以根据应用需要和存取方式来配置信息资源；有利于发挥用户在系统开发、维护和信息资源管理方面的积极性和主动性，提高了系统对用户需求变更的适应性和对环境的应变能力；系统扩展方便，增加一个网络结点一般不会影响其他结点的工作，系统建设可以采取逐步扩展网络结点的渐进方式，以合理使用系统开发所需的资源；系统的健壮性好，网络上一个网络结点出现故障一般不会导致全系统瘫痪。

信息资源集中，便于管理是集中式硬件结构的优点。分布式中信息资源是分散的，管理比较复杂。

**(24) 答案：A**

● 解析：信息系统从概念上来看是由信息源、信息处理器、信息用户和信息管理者4个部分组成，它们之间的关系如下图所示。

**(25)(26) 答案：B C**

● 解析：在总体规划阶段，通过初步调查和可行性分析，建立了信息系统的目标，已经回答了"系统所要求解决的问题是什么"；而"为解决该问题系统应干些什么"的问题，正是系统分析阶段的任务；"系统应该怎么去干"则由系统设计阶段解决。

**(27)(28) 答案：A B**

● 解析：数据流图是一种常用的结构化分析工具，它从数据传递和加工的角度，以图形的方式刻画系统内数据的运行情况。数据流图是一种能全面描述信息系统逻辑模型的主要工具，它可以用少数几种符号综合地反映出信息在系统中的流动、处理和存储的情况。

通常使用数据字典对数据流图加以补充说明。数据字典是以特定格式记录下来的、对系统的数据流图中各个基本要素的内容和特征所做的完整的定义和说明。

**(29) 答案：C**

● 解析：UML是一种可视化语言，是一组图形符号，是一种图形化语言；UML 并不是一种可视化的编程语言，但用 UML 描述的模型可与各种编程语言直接相连，这意味着可把用UML描述的模型映射成编程语言，甚至映射成关系数据库或面向对象数据库的永久存储。UML 是一种文档化语言，适于建立系统体系结构及其所有的细节文档，UML 还提供了用于表达需求和用于测试的语言，最终 UML 提供了对项目计划和发布管理的活动进行建模的语言。

**(30) 答案：A**

● 解析：用例图从用户角度描述系统功能，并指出各功能的操作者，因此可在需求阶段用于获取用户需求并建立用例模型；类图用于描述系统中类的静态结构；顺序图显示对象之间的动态合作关系，强调对象之间消息发送的顺序，同时显示对象之间的交互；状态图描述类的对象所有可能的状态以及事件发生时状态的转移条件。

**(31) 答案：B**

● 解析：系统流程图是表达系统执行过程的描述工具；IPO图描述了模块的输入/输出关系、处理内容、模块的内部数据和模块的调用关系；HIPO图描述了系统自顶向下的模块关系；模块结构图描述了系统的模块结构以及模块间的关系，同时也描述了模块之间的控制关系。

**(32) 答案：B**

● 解析：模块的独立程度有两个定性标准度量：聚合和耦合。聚合衡量模块内部各元素结合的紧密程度。耦合

度量不同模块间互相依赖的程度。提高聚合程度,降低模块之间的耦合程度是模块设计应该遵循的最重要的两个原则。集合与耦合是相辅相成的两个设计原则,模块内的高聚合往往意味着模块之间的松耦合。而要想提高模块内部的聚合性,必须减少模块之间的联系。

(33) **答案**:C

**解析**:模块的独立程度有两个定性标准度量:聚合和耦合。聚合衡量模块内部各元素结合的紧密程度。耦合度量不同模块间互相依赖的程度。按照聚合程度从低到高排列,聚合包括偶然聚合、逻辑聚合、时间聚合、过程聚合、通信聚合、顺序聚合和功能聚合,其中功能聚合的聚合程度最高。按照耦合程度从低到高的排列,耦合包括数据耦合、控制耦合、公共耦合和内容耦合,其中数据耦合的耦合程度最低。

(34) **答案**:C

**解析**:在每个程序或模块开头的一段说明,起到对程序理解的作用,称之为序言性注释,一般包括:程序的表示、名称和版本号;程序功能描述;接口与界面描述,包括调用及被调用关系、调用形式、参数含义以及相互调用的程序名;输入/输出数据说明,重要变量和参数说明;开发历史,包括原作者、审查者和日期等;与运行环境有关的信息,包括对硬件、软件资源的要求,程序存储与运行方式。

解释性注释一般嵌在程序之中,与要注释的部分匹配。

(35) **答案**:C

**解析**:题中的A、B、D为在进行信息系统测试时应遵循的基本原则。同时,应尽早并不断地进行测试。有的人认为"测试是在应用系统开发完之后才进行",将这种想法应用于测试工作中是非常危险的。尽早进行测试,可以尽快地发现问题,将错误的影响缩小到最小范围。

(36) **答案**:A

**解析**:人工测试指的是采用人工方式进行测试。目的是通过对程序静态结构的检查,找出编译时不能发现的错误。经验表明,组织良好的人工测试可以发现程序中30%～70%的编码错误和逻辑设计错误。包含个人复查、走查和会审。机器测试是把事先设计好的测试用例作用于被测程序,比较测试结果和预期结果是否一致。它包括白盒测试和黑盒测试。

(37) **答案**:D

**解析**:对于系统分析说明书中提出的可靠性要求,通常使用以下两个指标来衡量系统的可靠性:平均失效间隔时间(Mean Time Between Failures,MTBF)和因故障而停机时间(Mean Time To Repairs,MTTR)。

(38) **答案**:B

**解析**:对于系统分析说明书中提出的可靠性要求,通常使用以下两个指标来衡量系统的可靠性:平均失效间隔时间(Mean Time Between Failures,MTBF)和因故障而停机时间(Mean Time To Repairs,MTTR)。

(39) **答案**:C

**解析**:信息系统管理工作的分类可按照系统类型或流程类型进行划分。若按照系统类型划分,则可分为信息系统管理、网络系统管理、运作系统管理和设施及设备管理。

(40) **答案**:D

**解析**:信息系统运行管理中需要配备多种职责的人员。系统主管的责任是组织各方面人员协调一致地完成系统所担负信息处理任务,保证系统结构完整,确定系统改善或扩充的方向,并组织系统的修改及扩充工作。数据检验人员的职责是保证交给数据录入人员的数据正确地反映客观事实。硬件、软件维护人员的职责是按照系统规定的规程进行日常的运行管理。程序员的职责是在系统主管人员的组织下,完成系统的修改和扩充,为满足临时要求编写所需要的程序。

(41)(42) **答案**:B C

**解析**:根据系统建设、运行过程中产生的成本形态,可将系统成本划分为固定成本和可变成本。固定成本指为购置长期使用的资产而发生的成本,主要包含建筑费用及场所成本、人力资源成本、外包服务成本。可变成本指系统运行过程中发生的与形成有形资产无关的成本,包括相关人员的变动工资、耗材和电力的耗费等。

(43) **答案**:C

**解析**:分布式信息系统采用分布式结构,通过因特网、企业内部网和专业网络等形式将分布在不同地点的计算机硬件、软件和数据等资源联系在一起,并服务于一个共同目标。

分布式系统的网络中存在多个结点,所以当一个结点出现故障时一般不会导致整个系统瘫痪,其健壮性比集中式系统好。在分布式系统管理中,可视化的管理使管理环境更快捷、更简易。活动目录拓扑浏览器可以自动发现和绘制系统的整个活动目录环境,是可视化管理的主要技术之一。

(44) **答案**:B

**解析**:计算机采用磁盘冗余阵列(RAID)技术,可以提高磁盘数据的容错能力。使用这种技术,当计算机硬盘出现故障时,可保证系统的正常运行,让用户有足够时间来更换故障硬盘。RAID技术分为几种不同的等级,分别可以提供不同的速度、安全性和性价比。

根据实际情况选择适当的RAID级别可以满足用户对存储系统可用性、性能和容量的要求。常用的RAID级别有 NRAID、RAID0、RAID0、RAID 0＋1、RAID3 和 RAID5 等。

目前经常使用的是 RAID5 和 RAID(0+1)。

(45) 答案:D

✿ 解析:软件外包必须选择具有良好的社会形象和信誉、相关行业经验丰富、能够引领或紧跟信息技术发展的外包商。对外包商的资格审查需要从其技术能力、经营管理能力和发展能力三方面进行。外包商的技术能力主要包括其信息技术产品是否拥有较高的市场份额、是否具有技术方面的资格认证、是否了解本行业特点、采用的技术是否成熟稳定。经营管理能力主要包括其领导层结构、员工素质、社会评价和项目管理能力等。发展能力包括其盈利能力、从事外包业务的时间和市场份额等。

(46) 答案:D

✿ 解析:信息系统运行管理工具服务于系统运行维护阶段,使得系统管理工作更加有效。运行管理工具包含的种类有系统性能管理、网络资源管理、日常作业管理、系统监控及事件处理、安全管理、存储管理、软件自动分发、用户连接管理、资源管理、帮助服务台、数据库管理合同IT服务流程管理等。

(47) 答案:C

✿ 解析:数据库故障主要分为事务故障、系统故障和介质故障。其中数据库故障指事务在运行到正常终点前被终止,此时数据库可能处于不正确的状态,此时需要撤销该事务已经做出的任何对数据库的修改。撤销后,数据就像没有发生故障一样。这种故障通常不会导致系统数据库破坏。

(48) 答案:B

✿ 解析:数据资源是信息系统中最为重要的资源,并且数据也会经常被更新。因此,在系统相同运行过程中,应使得系统数据正确完整,而数据备份工作是实现此目的的必然途径。完好的备份数据可在系统出现故障时,确保系统能尽快完整地恢复到故障时刻。

(49) 答案:C

✿ 解析:软件维护是信息系统维护工作的重点,按照维护性质可分为纠错性维护、适应性维护、完善性维护和预防性维护4种类型。其中完善性维护指在应用系统使用期间,为不断改善、加强系统的功能和性能以满足新的业务需求所进行的维护工作。适应性维护指为了让应用软件适应运行环境的变化而进行的维护工作。

(50) 答案:D

✿ 解析:信息系统可维护程度取决于多个方面,主要有系统的可理解性、可测试性和可修改性。程序的编码风格、注释等对于提高软件的可理解性起着重要作用,同时系统文档中包括了系统需求、系统目标、软件架构、程序设计策略和程序实现思路等内容,这些内容的完整、细化程度也直接影响着系统的可维护程度。文档编写越规范、越完整、越细致,越有利于提高系统的可理解性。只有正确地理解才能进行正确的修改。模块化是一种可提高软件质量的有效方法,在系统开发中,应做到模块内部耦合度高,而模块间耦合度低,这样将有利于提高软件质量和可维护程度。而系统执行效率的高低通常不是影响系统可维护程度的因素。

(51) 答案:B

✿ 解析:信息系统在完成系统实施、投入运行之后,就进入了系统运行和维护阶段。维护工作是系统正常运行的重要保障。针对系统的不同部分(如设备、硬件、程序和数据等),可以采用多种方式进行维护,如每日检查、定期维护、事后维护或建立预防性维护设施等。质量保证审查对于获取和维持系统各阶段的质量是一项很重要的技术,审查可以检测系统在开发和维护阶段发生的质量变化,也可及时纠正出现的问题,从而延长系统的有效声明周期。

(52) 答案:C

✿ 解析:可维护性是指为满足用户新要求,或运行中发现错误后,对系统进行修改、诊断并在规定时间内可被修复到规定运行水平的能力。可维护性用系统发生一次失败后,系统返回正常状态所需的时间来度量,通常采用平均修复时间来表示。平均无故障时间、平均故障率和平均失效间隔时间等用来衡量系统的可靠性。

(53) 答案:D

✿ 解析:常见的一些计算机相同的性能指标大都是用某种基准程序测量的结果。Linpack 主要测试计算机的浮点数运算能力。SPEC 基准程序是 SPEC 开发的一组用于计算机性能综合评价的程序,它以 VAX11/780 机的测试结果作为基数表示其他计算机的性能。

Whetstone 基准测试程序主要由浮点运算、整数算术运算、功能调用、数组变址和条件转移等程序组成,其测试结果用千条 Whetstone 指令每秒表示计算机的综合性能。

TPC(Transaction Processing Council)基准程序是评价计算机事务处理性能的测试程序,用以评价计算机在事务处理、数据库处理、企业管理与决策支持系统等方面的性能。

(54) 答案:D

✿ 解析:根据信息系统的特点、系统评价的要求与具体评价指标体系的构成原则,可从技术性能评价、管理效益评价和经济效益评价三个方面对信息系统进行评价。系统易用性不能单独作为一个方面,它只是技术性能评价中评价指标体系的一部分。

(55) 答案:C

✿ 解析:投入产出分析法是经济学中衡量某一个经济系统效益的重要方法,分析手段主要是采用投入产出表,该方法适用于从系统角度对系统做经济性分析;成本效益分析法即用一定的价格,分析测算系统的效益和成本,从而计算系统的净收益,以判断该系统在经济上的合理性;价值工程方法中的基本方程式可以简单表述为一种产品的价值等于其功能与成本之比。信息系统获得最佳经济效益必须使得方程式中的功能和费用达到最佳配合比例。系统工程方法为迷惑选项。

(56) **答案**：A

❀ **解析**：系统评价方法可以分为专家评估法、技术经济评估法、模型评估法和系统分析法。

其中，专家评估法又分为特尔菲法、评分法、表决法和检查表法；技术经济评估法可分为净现值法、利润指数法、内部报酬率法和索别尔曼法；模型评估法可分为系统动力学模型、投入产出模型、计量经济模型、经济控制论模型和成本效益分析；系统分析方法可分为决策分析、风险分析、灵敏度分析、可行性分析和可靠性分析。

(57) **答案**：D

❀ **解析**：备份策略常常有以下几种：完全备份，将所有文件写入备份介质中；增盈备份，只备份上次备份之后更改过的文件；差异备份，备份上次完全备份后更改的所有文件；按需备份，在正常的备份安排之外额外进行的备份。

(58) **答案**：B

❀ **解析**：提供容错的途径有：①使用空闲条件，配置一个备用部件，平时处于空闲状态，当原部件出现错误时则取代原部件的功能；②负载平衡，使两个部件共同承担一项任务，当其中一个出现故障时，另一个部件就承担两个部件的全部负载；③镜像，两个部件执行完全相同的工作，当其中一个出现故障时，另一个则继续工作；④复现：也称为延迟镜像，即辅助系统从原系统接收数据时存在着延时，原系统出现故障时，辅助系统就接替原系统的工作，但也存在着延时；⑤热可更换，某一个部件出现故障时，可以立即拆除该部件并换上一个好的部件，这样就不会导致系统瘫痪。

(59) **答案**：C

❀ **解析**：对风险进行了识别和评估后，控制风险的风险管理方式有以下几种：降低风险（例如安装防护措施）、避免风险、转嫁风险（例如买保险）和接受风险（基于投入/产出比考虑）。

(60) **答案**：C

❀ **解析**：介质安全包括介质数据的安全以及介质本身的安全。目前，该层次上常见的不安全情况大致有三类：损坏、泄露和意外失误。损坏包括自然灾害、物理损坏和设备故障等；泄露即信息泄露，主要包括电磁辐射、乘机而入和痕迹泄露等；意外失误包括操作失误和意外疏漏。

(61) **答案**：D

❀ **解析**：信息系统的数据安全措施主要分为四类：数据库安全，对数据库系统所管理的数据和资源提供安全保护；终端识别，系统需要对联机的用户终端位置进行核定；文件备份，备份能在数据或系统丢失的情况下恢复操作，备份的频率应与系统，应用程序的重要性相联系；访问控制，指防止对计算机及计算机系统进行非授权访问和存取，主要采用两种方式实现，一种是限制访问系统的人员，另一种是限制进入系统的用户所能做的操作。前一种主要通过用户标识与验证来实现，后一种依靠存取控制来实现。

(62) **答案**：C

❀ **解析**：ping 是 Windows 系统自带的一个可执行命令，用于验证与远程计算机的连接。该命令只有在安装了 TCP/IP 协议后才可以使用。ping 命令的主要作用是通过发送数据包并接收应答信息来检测两台计算机之间的网络是否连通。当网络出现故障的时候，可以用这个命令来预测故障和确定故障地点。ping 命令成功只是说明当前主机与主机之间存在一条连通的路径。如果不成功，则考虑网线是否连通、网卡设置是否正确以及 IP 地址是否可用等。利用它可以检查网络是否能够连通。ping 命令应用格式：ping IP 地址。

tracert 命令主要用来显示数据包到达目的主机所经过的路径。执行结果返回数据包到达目的主机前所经历的中继站清单，并显示到达每个中继站的时间。该功能同 ping 命令类似，但它所看到的信息要比 ping 命令详细得多，它把用户送出的到某一站点的请求包，所走的全部路由都告诉用户，并且告诉用户通过该路由的 IP 是多少，通过该 IP 的时延是多少。具体的 tracert 命令后还可跟参数，输入 tracert 后按 Enter 键，其中会有很详细的说明。

ipconfig 命令用以显示和修改"地址解析协议"缓存中的项目。ARP 缓存中包含一个或多个表，它们用于存储口地址及其经过解析的以太网或令牌环物理地址。计算机上安装的每一个以太网或令牌环网络适配器都有自己单独的表。如果在没有参数的情况下使用，则 ipconfig 命令将显示帮助信息。

nslookup 命令的功能是查询一台机器的 IP 地址和其对应的域名。它通常需要一台域名服务器来提供域名服务。如果用户已经设置好域名服务器，就可以用这个命令查看不同主机的 IP 地址对应的域名。

(63) **答案**：C

❀ **解析**：ARP 协议的作用是由目标的 IP 地址发现对应的 MAC 地址。如果源站要和一个新的目标通信，首先由源站发出 ARP 请求广播包，其中包含目标的 IP 地址，然后目标返回 ARP 响应包，其中包含了自己的 MAC 地址。这时，源站一方面把目标的 MAC 地址装入要发送的数据帧中，一方面把得到的 MAC 地址添加到自己的 ARP 表中。当一个站与多个目标进行了通信后，在其 ARP 表中就积累了多个表项，每一项都是 IP 地址与 MAC 地址的映射关系。ARP 报文封装在以太帧中传送。

(64) **答案**：D

❀ **解析**：IP 地址分为网络部分和主机部分，其中网络部分是网络的地址编码,主机部分是网络中一个主机的地址编码。网络地址和主机地址构成了IP地址。

IP地址分为5类。A、B、C三类是常用地址。全0地址表示本地地址,即本地网络或本地主机。全1地址表示广播地址,任何网站都能接收。除去全0和全1地址外,A类有126个网络地址,每个网络有1 600万个主机地址;B类有16 382个网络地址,每个网络有64 000个主机地址;C类有200万个网络地址,每个网络有254个主机地址。

IP地址通常用点分十进制表示,即把整个地址划分为4个字节,每个字节用一个十进制数表示,中间用点分隔。根据IP地址的第一个字节,就可判断它是A类、B类还是C类地址。

(65) 答案:A

✻ 解析:基于MAC地址划分VLAN称为动态分配VLAN。一般交换机都支持这种方法。其优点是无论一台设备连接到交换网络的任何地方,接入交换机通过查询VLAN管理策略服务器(VLAN Management Policy Server,VMPS),根据设备的MAC地址就可以确定该设备的VLAN成员身份。这种方法使得用户可以在交换网络中改变接入位置,而仍能访问所属的VLAN,但是当用户数量很多时,对每个用户设备分配VLAN的工作量是很大的管理负担。

(66)~(68) 答案:B D B

✻ 解析:IIS是Internet Information Server的简称。IIS作为当今流行的Web服务器之一,提供了强大的Internet和Intranet服务功能。Windows Server 2003系统中自带Internet信息服务6.0(IIS 6.0),在可靠性、方便性、安全性、扩展性和兼容性等方面进行了增强。IMail作为Windows操作系统上的第一个邮件服务器软件,目前已经有了10年的历史,全世界来自不同行业的用户使用IMail作为他们的邮件服务平台。Wingate是一个代理服务器软件,IE 6.0则是一个浏览器软件。

PCI的"默认网关"应该设置为路由器上PC1端IP地址,即210.110.112.9。

域名系统(DNS)是一种TCP/IP的标准服务,负责IP地址和域名之间的转换。DNS服务允许网络上的客户机注册和解析DNS域名。这些名称用于为搜索和访问网络上的计算机提供定位。PCI的首选DNS服务器应设置为210.110.112.111。

(69) 答案:A

✻ 解析:HTTP(Hypertext Transfer Protocol,超文本传输协议)是用于从WWW服务器传输超文本到本地浏览器的传送协议。

在浏览器的地址栏里输入的网站地址称为URL(Uniform Resource Locator,统一资源定位符)。就像每家每户都有一个门牌地址一样,每个网页也都有一个Internet地址。当用户在浏览器的地址框中输入一个URL或是单击一个超级链接时,URL就确定了要浏览的地址。浏览器通过超文本传输协议,将Web服务器上站点的网页代码提取出来,并翻译成漂亮的网页。

SMTP(Simple Mail Transfer Protocol,简单邮件传输通信协议)是因特网上的一种通信协议,主要功能是用于传送电子邮件,当用户通过电子邮件程序,寄E-mail给另外一个人时,必须通过SMTP通信协议,将邮件送到对方的邮件服务器上,等到对方上网的时候,就可以收到用户所寄的信。

HTML(Hyper Text Mark-up Language,超文本标记语言)是WWW的描述语言。设计HTML语言的目的是为了能把存放在一台计算机中的文本或图形与另一台计算机中的文本或图形方便地联系在一起,形成有机的整体,人们不用考虑具体信息是在当前计算机上还是在网络的其他计算机上。这样,只要使用鼠标在某一文档中单击一个图标,Internet就会马上转到与此图标相关的内容上去,而这些信息可能存放在网络的另一台计算机中。

(70) 答案:B

✻ 解析:局域网接入因特网要通过路由器,图中箭头所指的两个设备是路由器。

(71) 答案:C

✻ 解析:操作系统包含以下主要部件:系统内核、内存管理系统、文件管理系统、设备驱动程序和系统库。

(72) 答案:D

✻ 解析:Web页面表示HTTP服务器上任意的HTML文档。

(73) 答案:A

✻ 解析:C++通常与面向对象设计技术结合起来使用。

(74) 答案:B

✻ 解析:超级链接是指可以连接到另外一个Web页面或文档的可单击的字符串或图片。

(75) 答案:D

✻ 解析:在结构化分析过程中,系统分析员所绘制的模型是DFD模型。

## 下午试卷答案解析

**试题一分析**

本题主要考查的是信息系统管理的基本知识。

信息系统管理指的是企业信息系统的高效运作和管理，其核心目标是管理业务部门的信息需求，有效地利用信息资源恰当地满足业务部门的需求。

信息系统管理的4个关键信息资源分别为硬件资源、软件资源、网络资源和数据资源。

硬件资源：包括各类服务器（如小型机、UNIX和Windows等）、工作站、台式计算机/笔记本、各类打印机和扫描仪等硬件设备；软件资源：指在企业整个环境中运行的软件和文档，其中包括操作系统、中间件、市场上买来的和本公司开发的应用软件、分布式环境软件、服务于计算机的工具软件以及所提供的服务等，文档包括应用表格、合同、手册和操作手册等；网络资源：包括通信线路、企业网络服务器等、网络传输介质互联设备、网络物理层互联设备（集线器等）、数据链路层互联设备以及应用互联设备（路由器）、企业所用的网络软件；数据资源：是企业生产及管理过程中所涉及的一切文件、资料、图表和数据等的总称。

信息系统管理通用体系架构分为三个部分，分别是信息部门管理、业务部门信息支持和信息基础架构管理。

（1）IT部门管理包括IT组织结构及智能管理，以及通过达成的服务水平协议实现对业务的IT支持。不断改进信息服务，包括信息财务管理、服务级别管理、问题管理、配置及变更管理、能力管理、业务持续性管理。

（2）业务部门信息支持通过帮助服务台实现在支持用户的日常运作过程中涉及的故障管理、性能及可用性管理、日常作业调度管理等。

（3）信息基础架构管理会从信息技术的角度监控和管理信息机构架构，提供自动处理能力和集成化管理，简化信息管理复杂度，保障信息基础架构有效、安全、持续地运行，并为服务管理提供信息支持。

企业信息系统管理的策略是为企业提供满足目前的业务与管理需求的解决方案。具体而言包括以下4个内容。

（1）面向业务处理：目前，企业越来越关注解决业务相关的问题，而一个业务往往涉及多个技术领域，因此在信息系统管理中，需要面向业务的处理方式，统一解决业务涉及的问题。

（2）信息系统管理中，所有信息资源必须作为一个整体来处理，企业信息部门只使用一个管理解决方案就可以管理企业的所有信息资源，包括不同的网络、系统、应用软件和数据库。集中管理功能的解决方案横跨了传统的分离的资源。

（3）信息系统管理应该包括范围广泛的、丰富的管理功能来管理各种IT资源。包括从网络发现到进度规划，从多平台安全到数据库管理，从存储管理到网络性能等丰富的管理能力，集成在一起提供统一的管理。

（4）信息系统管理必须面对各种不同的环境：TCP/IP、SNA和IPX等不同的网络；Windows、UNIX等不同的服务器；各种厂商的硬件设备和数据库等，信息系统管理须提供相联系的集成化的管理方式。

**参考答案：**

【问题1】
（1）D、E
（2）F、H
（3）C、G
（4）A、B

【问题2】
（5）B、E
（6）A、D
（7）C、F

【问题3】

（8）信息系统管理中，所有信息资源必须作为一个整体来管理，企业信息部门只使用一个管理解决方案就可以管理企业的所有信息资源，包括不同的网络、系统、应用软件和数据库。集中管理功能的解决方案横跨了传统的分离的资源。

（9）信息系统管理应该包括范围广泛的、丰富的管理功能来管理各种IT资源。包括从网络发现到进度规划，从多平台安全到数据库管理，从存储管理到网络性能等丰富的管理能力，集成在一起提供统一的管理。

（10）信息系统管理必须面对各种不同的环境：TCP/IP、SNA和IPX等不同的网络；Windows、UNIX等不同的服务器；各种厂商的硬件设备和数据库等，信息系统管理须提供相联系的集成化的管理方式。

**试题二分析**

本题主要考查的是信息系统管理分类的基本知识。

信息系统管理工作主要是优化信息部门的各类管理流程，并保证能够按照一定的服务级别，为业务部门提供高质量、低成本的信息服务。信息系统管理工作可以按照系统类型和流程类型两个标准分类。

按照系统类型分类，可分为信息系统、网络系统、运作系统和设施及设备。

(1) 信息系统是企业信息处理的基础平台,直接面向业务部,包括办公自动化系统、企业资源计划、客户关系管理、供应链管理、数据仓库系统和知识管理平台等。

(2) 网络系统,作为企业的基础架构,是其他方面的核心支撑平台。包括企业内部网、IP 地址管理、广域网和远程拨号系统等。

(3) 运作系统,作为企业 IT 运行管理的各类系统,是核心管理平台。包括备份、恢复系统、入侵检测、性能监控、安全管理、服务级别管理、帮助服务台和作业调度等。

(4) 设施及设备,是为了保证计算机处于适合其连续工作的环境中,并把灾难的影响降到最低程度。包括有效的环境控制机制、火灾探测和灭火系统、湿度控制系统、双层地板、隐藏的线路铺设、安全设置水管位置等。

按照流程类型分类,可以分为三个部分。

(1) 侧重于信息部门的管理,保证能够高质量地为业务部门提供信息服务。包括财务管理、服务级别管理、IT 资源管理、能力管理、系统安全管理、新系统转换和系统评价等。

(2) 侧重于业务部门的信息支持及日常作业从而保证业务部门信息服务的可用性和可持续性。包括日常作业管理、帮助服务台管理、故障管理及用户支持、性能及可用性保障等。

(3) 侧重于信息基础设施建设,主要是建设企业的局域网、广域网、Web 架构和因特网连接等。

**参考答案:**

【问题1】
(1) 系统类型
(2) 流程类型

【问题2】
(3) B、E
(4) C、G
(5) A、D
(6) F、H

【问题3】
(7) C、E
(8) B、D
(9) A、F

**试题三分析**

本题主要考查的是信息管理中故障处理和问题控制的基本知识。

故障是系统运行过程中出现的任何系统本身的问题,或者是不符合标准的操作、已经引起或可能引起服务中断和服务质量下降的事件。故障处理是指在发现故障之时为尽快恢复系统 IT 服务而采取必要的技术上或管理上的办法。

问题是存在某个未知的潜在故障原因的一种情况,这种原因会导致一起或多起故障。问题经常是分析多个呈现相同症状的故障后被发现的。问题控制流程是一个如何有效处理问题的过程,其目的是发现故障产生的根本原因并向服务台提供有关应急措施的意见和建议。

故障处理过程和问题控制过程极为相似并密切相关。故障处理是问题控制的前提和基础,其目的是解决故障并提供相应的应急措施;问题控制记录故障处理时的应急措施,同时提供对这些措施的意见和建议,其目的是分析故障产生的根本原因,防止再次发生相同故障。

本题中的争论实质上是故障处理和问题控制的关系问题。恰当的处理方式如下:

A. 系统崩溃后,首先作为故障处理,尽快重新提供信息服务。采取重新热、冷启动的方式恢复系统。

B. 恢复系统并重新提供信息服务后,进入问题控制流程,对该故障产生的根本原因进行深入分析。

C. 针对问题控制所得出的故障原因,按照企业内部维护流程进行修改维护。

**参考答案:**

【问题1】
(1) 故障处理:是指在发现故障之时为尽快恢复系统信息服务而采取必要的技术上或者管理上的办法。
(2) 问题控制:是一个有关怎样有效处理问题的过程,其目的是发现故障产生的根本原因并提供有关应急措施的意见和建议。
(3) 故障处理过程和问题控制过程极为相似并密切相关。故障处理是问题控制的前提和基础,其目的是解决故障并提供相应的应急措施;问题控制记录故障处理时的应急措施,同时提供对这些措施的意见和建议,其目的是分析故障产生的根本原因,防止再次发生相同故障。

【问题2】
(4) 第一种处理方式不恰当。
第二种处理方式不恰当。
(5) 分析如下:

第一种处理方式不恰当的原因:
故障处理在发现故障之时应尽快恢复系统,提供信息服务。但需要发现故障产生的根本原因,从根本上解决问题。

第二种处理方式不恰当的原因:
虽然需要从根本上解决问题,但对故障处理而言,其最主要的目标是尽可能快地恢复信息服务,而不是在停业的情况下去分析问题产生的原因。

恰当的处理方式如下:

A. 系统崩溃后,首先作为故障处理,尽快重新提供信息服务。采取重新热、冷启动的方式恢复系统。

B. 恢复系统并重新提供信息服务后,进入问题控制流程,对该故障产生的根本原因进行深入分析。

C. 针对问题控制所得出的故障原因,按照企业内部维护流程进行修改维护。

**试题四分析**

本题主要考查的是项目风险管理的基本知识。

风险是指某种破坏或损失发生的可能性。考虑信息安全时,必须重视的风险有物理破坏、人为错误、设备故障、内/外部攻击、数据误用、数据丢失和程序错误等。

风险管理是指识别、评估、降低风险到可以接受的程度并实施适当机制控制风险保持在此程度之内的过程。在对风险进行了识别和评估后,可通过降低风险(例如安装防护措施)、避免风险、转嫁风险(例如买保险)和接受风险等多种风险管理方式得到的结果来协助管理部门根据自身特点来制定安全策略。

风险分析的方法与途径可以分为定量分析和定性分析。

定量分析:是试图从数字上对安全风险进行分析评估的方法,通过定量分析可以对安全风险进行准确的分级。

定性分析:是通过列出各种威胁的清单,并对威胁的严重程度及资产的敏感程度进行分级,定性分析技术包括判断、直觉和经验。

**参考答案:**

【问题1】

以下选项中任选三个即可:物理破坏、人为错误、设备故障、内/外部攻击、数据误用、数据丢失、程序错误。

【问题2】

(4)降低风险

(5)避免风险

(6)接受风险

【问题3】

定量分析:是试图从数字上对安全风险进行分析评估的方法,通过定量分析可以对安全风险进行准确的分级。

定性分析:是通过列出各种威胁的清单,并对威胁的严重程度及资产的敏感程度进行分级,定性分析技术包括判断、直觉和经验。

关键考点点评

● **考点1:关系数据库的数据操作**

评注:本考点考查关于关系数据库的数据操作的基本概念。

关系模型由关系数据结构、关系操作集合和关系完整性约束三部分组成。关系模型的数据结构单一,现实世界的实体以及实体间的各种联系均用关系来表示。在用户看来,关系模型中数据的逻辑结构是一张二维表。关系模型中常用的关系操作包括选择、投影、连接、除、并、交、差等查询操作和增加、删除、修改操作两大部分。早期的关系操作能力通常用关系代数和关系演算来表示,关系代数是用对关系的运算来表达查询要求的方式,关系演算是用谓词来表达查询要求的方式。另外还有一种介于关系代数和关系演算之间的语言 SQL,它不仅具有丰富的查询功能,而且具有数据定义和数据控制功能,是关系数据库的标准语言。

关系是笛卡儿积的有限子集,所以关系也是一个二维表,表的每行对应一个元组,表的每列对应一个域。一个元组就是该关系所涉及的属性集的笛卡儿积的一个元素。

**历年真题链接**

| 2006 年 5 月上午(71) | 2007 年 5 月上午(20) |
| --- | --- |
| 2008 年 5 月上午(16) | 2009 年 11 月上午(15) |
| 2012 年 5 月上午(23) | 2014 年 5 月上午(12,13) |

● **考点2:IP 地址**

评注:本考点考查关于 IP 地址的基本内容。

IP 地址具有固定、规范的格式,TCP/IP 协议规定,每个地址由 32 位二进制数组成,分成四段,其中每 8 位构成一段,这样每段所能表示的十进制数的范围最大不超过 255。段与段之间用"."隔开。

每个 IP 地址可以分为两个组成部分:网络号标识和主机号标识。网络号标识确定了某一主机所在的网络,主机号标识确定了在该网络中特定的主机。在 TCP/IP 协议中,IP 地址主要分为三类:A 类、B 类、C 类。

A 类 IP 地址用 8 位来标识网络号,24 位标识主机号。最前面一位为"0",这样 A 类 IP 地址所能表示的网络数范围为 0~127。第一段数字范围为 1~126。每个 A 类地址可连接 16 387 064 台主机,Internet 有 126 个 A 类地址。只要第一段数字为 1~126 格式的 IP 地址,都属于 A 类地址。A 类 IP 地址通常用于大型网络。

一个 B 类 IP 地址由 2 个字节的网络地址和 2 个字节(16 位)的主机地址组成,网络地址的最高位必须是"10",因此,第一段数字范围为 128~191。每个 B 类地址可连接 64 516 台主机。Internet 有 16 256 个 B 类地址。通常,B 类 IP 地址适用于中等规模的网络,例如各地区和网络管理中心。

C类地址是由3个字节的网络地址和1个字节（8位）的主机地址组成，网络地址的最高位必须是110，因此第一段数字范围为192～223。每个C类地址可连接254台主机；Internet有2054512个C类地址。C类IP地址一般是用于校园网等小型网络。

**历年真题链接**

2006年5月上午(59)　　2007年5月上午(64)
2008年5月上午(69)　　2012年5月上午(70)
2013年5月上午(69)

## ●考点3：局域网、域名分析

**评注**：本考点考查关于局域网的基本概念

按拓扑结构分，局域网可分成总线状、树状、环状和星状。按使用介质分，可分为有线网和无线网两类。

局域网的介质访问控制方式主要有载波侦听多路访问/冲突检测法、令牌环访问控制方式、令牌总线访问控制方式三种。

载波侦听多路访问（CSMA）是一种适合于总线型结构的具有信道检测功能的分布式介质访问控制方法，其控制手段称为"载波侦听"。

发送信息后进行冲突检测，如发生冲突，立即停止发送，并向总线上发出一串阻塞信号（连续几个字节全是1，通知总线上各站点冲突已发生，使各站点重新开始侦听与竞争。

已发出信息的各站点收到阻塞信号后，等待一段随机时间，重新进入侦听发送阶段。

CSMA按其算法的不同分为：非坚持CSMA、P-坚持CSMA、1-坚持CSMA三种方式。

令牌环是一种适用于环状网络的分布式介质访问控制方式，即IEEE 802.5标准。

令牌环网中，令牌也称通行证，它具有特殊的格式和标记。令牌有"忙（Busy）"和"空闲（Free）"两种状态。具有广播特性的令牌环访问控制方式，还能使多个站点接收同一个信息帧，同时具有对发送站点自动应答的功能。

令牌总线访问控制方式（Token-Bus）是在综合了CSMA/CD访问控制方式和令牌环访问控制方式的优点基础上形成的一种介质访问控制方式。令牌总线控制方式主要用于总线型或树形网络结构中，该方式是在物理总线上建立一个逻辑环。

局域网的组网技术根据局域网的不同主要有以太网、快速以太网、千兆位太网、令牌环网络、FDDI光纤环网、ATM局域网等几种。

域名系统DNS是一个遍布在Internet上的分布式主机信息数据库系统，采用客户机/服务器的工作模式。域名系统的基本任务是将文字表示的域名翻译成IP协议能够理解的IP地址格式。

**历年真题链接**

2006年5月上午(60)　　2007年5月上午(65)
2009年11月上午(5)　　2012年5月上午(68)
2014年5月上午(33)

## ●考点4：因特网应用

**评注**：本考点考查关于因特网的相关应用。

WWW全称为World Wide Web，中文名为万维网或环球信息网，是以超文本标记语言（HTML）和超文本传输协议（HTTP）为基础，由全球各种形式的信息（文本、图片、声音、动画和多媒体等）组成的分布式超媒体信息查询系统。

除了WWW服务外，因特网还有一些其他的常见服务。

电子邮件（Electronic Mail，E-mail），是传统邮件的电子化。与传统的信件相比，电子邮件具有速度快、价格低的优点。电子邮件系统是一种新型的信息系统，是通信技术和计算机技术结合的产物。它是一种"存储转发式"的服务，属异步通信方式，这正是电子邮件系统的核心。

电子邮件的传输则是通过电子邮件简单传输协议SMTP（Simple Mail Transfer Protocol）这一系统软件来实现的。SMTP协议是TCP/IP的一部分，它用于描述邮件是如何在Internet上传输的。遍布全球的邮件服务器根据SMTP协议来发送和接收邮件，SMTP就像Internet上的通用语言一样，负责处理邮件服务器之间的消息传递。

电子邮件的发送由简单邮件传输协议（SMTP）服务器来完成。

搜索引擎是指为用户提供信息检索服务的程序，通过服务器上特定的程序把Internet上的所有信息分析，整理并归类，以帮助用户在Internet中搜索所需要的信息。当用户通过搜索引擎查找信息时，搜索引擎就会对用户的需求产生响应，并根据查找的关键字检索数据库，最后将与搜索标准匹配的站点列表返回给用户。用户可以从列表中选择需要的网站，单击链接即可进入相应的页面。

FTP是英文File Transfer Protocol（文件传输协议）的缩写，用于两台计算机间的文件互传。同大多数Internet服务一样，FTP也是一个客户机/服务器系统，用户通过一个客户机的FTP程序连接至远程计算机，通过客户机程序向服务器程序发出命令，服务器程序执行用户所发出的命令。

新闻组/讨论组、公告牌系统能使网上的用户与其他人在网上交流思想、公布公众注意事项、寻求帮助等。

实际上Internet提供的服务远远不止这些，还有软件上传或下载服务、各类信息查询、网上聊天室、网上寻呼机（OICQ、ICQ等）、BBS电子公告栏、免费个人主页空间、网上游戏、网上炒股、网上购物或商务活动、短信服务、视频会议和多媒体娱乐（VOD点播、网上直播、MP3、Flash欣赏等）等，而且随着Internet的飞速发展，每天都在诞生新的服务。

**历年真题链接**

2006年5月上午(64)　　2007年5月上午(66)
2008年5月上午(64)　　2009年11月上午(69)
2012年5月上午(69)　　2013年5月上午(66)
2014年5月上午(32)

## ●考点5：数据库技术基础及管理系统

**评注**：本考点考查关于数据库技术基础及管理系统的

基本概念。

**历年真题链接**

2007年5月上午(8)　　2008年5月上午(14)
2009年11月上午(18)　2011年5月上午(9)
2012年5月上午(24)　　2014年5月上午(14,15)

## ●考点6:多媒体基础知识

**评注**:本考点考查多媒体技术基本概念、多媒体关键技术和应用。

媒体包括两重含义:一是指信息的物理载体,即存储和传递信息的实体,如手册、磁盘、光盘、磁带以及相关的播放设备等;二是指承载信息的载体即信息的表现形式,如文字、声音、图像、动画和视频等,即 CCITT 定义的存储媒体和表示媒体。表示媒体又可以分为三种类型:视觉类媒体(如位图图像、矢量图形、图表、符号、视频和动画等)、听觉类媒体(如音响、语音和音乐等)和触觉类媒体(如点、位置跟踪,力反馈与运动反馈)。视觉和听觉类媒体是信息传播的内容,触觉类媒体是实现人机交互的手段。

多媒体技术应用:数字图像处理技术、数字音频处理技术、多媒体应用系统的创作。

在多媒体技术中,对静止图像和活动图像的处理是很重要的内容。图像是人类视觉器官所感受到的形象化的媒体信息。处理图像首要将客观世界中存在的视觉信息变成数字化图像,然后在计算机上用数学方法进行处理,从而产生了多种图像存储格式、压缩编码方法和图像处理方法。

图像和视频信号的数字化过程包括:采样(抽样)和量化 2 个步骤。

数字图像处理技术:改善图像的像质(锐化、增强、平滑、校正)、将图像复原、识别和分析图像、重建图像、编辑图像、图像数据的压缩编码。

图像分析技术包括:高频增强、检测边缘与线条、抽取轮廓、分割图像区域、测量形状特征、纹理分析、图像匹配。

图像重建包括二维和三维;典型的图像重建应用包括:测绘、工业检测、医学 CT 投影图像重建。

图像编辑包括图像的剪裁、缩放、旋转、修改、插入文字或图片。

彩色视频信号是动态的图像信息。当需要将电视信号转换成计算机视频信号时,多媒体计算机系统可以将彩色电视信号数字化,即将传统的模拟信号数字化并输入计算机。

多媒体压缩编码技术包括多媒体数据压缩的基本原理、多媒体数据压缩的编码方法、编码的国际标准。

**历年真题链接**

2006年5月上午(12)　　2009年11月上午(20)
2011年5月上午(10)　　2012年5月上午(31)
2014年5月上午(29,30,31)